高等职业教育 土建施工类专业教材

GAODENG ZHIYE JIAOYU TUJIAN SHIGONG LEI ZHUANYE JIAOCAI

BUILDING

地基与
基础工程

DIJI YU JICHU GONGCHENG

主　编　王丽英　雷李梅　覃　钢

副主编　杨博文　孙晓勇　周　亮

　　　　毛晓光　郭盈盈　骆文进

主　审　张银会

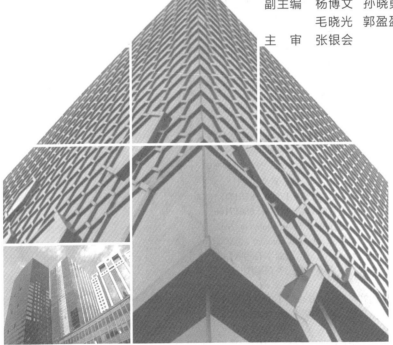

重庆大学出版社

内容提要

本书根据新形势下高职高专建筑工程技术等土建类专业教学改革的要求,主要依据现行的国家标准《建筑地基基础设计规范》(GB 50007—2011)、《岩土工程勘察规范》(GB 50021—2001)、《建筑抗震设计规范》(GB 50011—2010)、《建筑边坡工程技术规范》(GB 50330—2013),以及行业标准《建筑地基处理技术规范》(JGJ 79—2012)、《建筑基坑支护技术规程》(JGJ 120—2012)、《建筑桩基技术规范》(JGJ 94—2008)等进行编写。

全书共10个项目,包括土力学知识和基础工程施工两大部分。第一部分为土力学知识,主要介绍土的基本性质、土中应力、土的变形和沉降、土体抗剪、土压力和土坡稳定等内容;第二部分为基础工程施工,主要介绍岩土工程勘察、浅基础、桩基础、地基处理,基坑工程等内容。为了便于理解和掌握本书的重点和难点,方便学生自学,每个项目包括了项目导读、小结、习题等内容,习题设置与当前职业能力考试紧密结合。

本书既可作为高职高专建筑工程技术以及土建类其他相关专业的教材,还可作为工程技术人员和施工管理人员的参考用书。

图书在版编目(CIP)数据

地基与基础工程/王丽英,雷李梅,覃钢主编. --
重庆:重庆大学出版社,2022.1
高等职业教育土建施工类专业教材
ISBN 978-7-5689-3021-5

Ⅰ.①地… Ⅱ.①王… ②雷… ③覃… Ⅲ.①地基—
基础(工程)—高等职业教育—教材 Ⅳ.①TU47

中国版本图书馆 CIP 数据核字(2021)第 268407 号

高等职业教育土建施工类专业教材
地基与基础工程
主 编 王丽英 雷李梅 覃 钢
副主编 杨博文 孙晓勇 周 亮
毛晓光 郭盈盈 骆文进
主审:张银会
策划编辑:范春青
责任编辑:文 鹏 版式设计:范春青
责任校对:王 倩 责任印制:赵 晟
*
重庆大学出版社出版发行
出版人:饶帮华
社址:重庆市沙坪坝区大学城西路 21 号
邮编:401331
电话:(023)88617190 88617185(中小学)
传真:(023)88617186 88617166
网址:http://www.cqup.com.cn
邮箱:fxk@ cqup.com.cn(营销中心)
全国新华书店经销
重庆天旭印务有限责任公司印刷
*
开本:787mm×1092mm 1/16 印张:19.75 字数:494 千
2022 年 1 月第 1 版 2022 年 1 月第 1 次印刷
印数:1—2 000
ISBN 978-7-5689-3021-5 定价:49.00 元

本书编委会

王丽英　重庆建筑工程职业学院　副教授\工程师　一级水利建造师

雷李梅　重庆建筑工程职业学院　讲师\工程师

覃　钢　重庆建筑工程职业学院　讲师\工程师

杨博文　重庆建筑工程职业学院　讲师　哥伦比亚大学硕士

郭盈盈　重庆建筑工程职业学院　高级工程师　注册岩土工程师　注册结构工程师

骆文进　重庆建筑工程职业学院　副教授　一级建筑建造师

孙晓勇　重庆市 208 勘察设计院　高级工程师

周　亮　重庆建筑科学研究院　高级工程师　一级监理工程师

毛晓光　宁夏公路勘察设计院有限责任公司重庆分公司高级工程师　注册岩土工程师

刘　菲　重庆市 208 勘察设计院　高级工程师

王红梅　重庆工程学院　副教授　一级监理工程师

邬志红　重庆交通职业学院　副教授　注册土木工程师(港航)

蒲　瑜　重庆建筑工程职业学院　教授　一级建筑建造师

彭　红　重庆建筑工程职业学院　副教授　一级市政建造师/一级建筑建造师

张　春　重庆建筑工程职业学院　讲师

卢　艳　重庆建筑工程职业学院　讲师

段　鹏　重庆建筑工程职业学院　副教授

张银会　重庆建筑工程职业学院　教授　注册结构工程师

前　言

　　本书按照《职业院校教材管理办法》的要求以及高等职业教育建筑工程技术专业的教学要求,根据《建筑地基基础设计规范》(GB 50007—2011)和其他新规范、新技术、新标准、新工艺进行编写。本书以训练学生的职业技能为基本要求,以培养学生的工作能力为最终目的,遵循由浅入深、层次分明、重点突出、理论联系实际的原则,结合国内外近年来有关土力学与地基基础的最新研究成果和发展水平,按照知识够用、实用、适量拓展的原则,力求更好、更全面地培养土建施工及其相关领域的应用型人才。

　　全书内容包括土力学知识和基础工程施工两大部分。第一部分为土力学知识,包含项目1—项目5,主要介绍土的基本性质、土中应力、土的变形和沉降、土体抗剪、土压力和土坡稳定等内容;第二部分为基础工程施工,包含项目6—项目10,主要介绍岩土工程勘察、浅基础、桩基础、地基处理,基坑工程等内容。

　　本书坚持"实用为主,够用为度"的基本原则,突出实用性,加强对基本概念的引导性讲解,为了使学生能够更加直观地认识和了解基本概念和施工技术,更快速地读懂基础施工图纸,方便教师教学,编者整理了本书的配套数字资源,以二维码形式在书中呈现,供学生使用。本书注重趣味性和知识的拓展和巩固,精选例题,适当增加工程实例题,便于实施范例教学或项目教学,有助于学生在做中学、学中做、边学边做。

　　本书为集体成果,由重庆建筑工程职业学院王丽英、雷李梅、覃钢任主编,杨博文、孙晓勇、周亮、毛晓光、郭盈盈、骆文进任副主编。具体编写分工为:王丽英、郭盈盈负责编写绪论、项目1、项目3、项目4、项目9;雷李梅、骆文进负责编写项目2、项目7、项目8;覃钢负责编写项目6、项目10;杨博文负责项目5;孙晓勇、毛晓光、周亮主要负责校企双元教材设计、案例资源,工作岗位能力分析与教材模块的结合等;参与本书编写的有王红梅、刘菲、段鹏、彭红、邬志红、卢艳、蒲瑜、张春等,主要负责提供教材案例素材、图片及视频资源等。全书由王丽英、雷李梅、覃钢、杨博文、郭盈盈等多次校稿修改,王丽英负责全书统稿、定稿。张银会担任本书主审。

在本书编写过程中,参考了国内外同行和同类教材的相关资料,得到了相关企业家、工程师及兄弟院校专家同行的帮助和支持,在此表示感谢。由于编者水平有限,不当之处在所难免,恳请使用本书的广大师生、专家、企业工作人员及其他读者提出宝贵意见和建议。

编　者

2021 年 7 月

目 录

绪论 ……………………………………………………………………………… 1

0.1 土力学与地基基础的研究对象及重要性 ……………………………… 2

0.2 本课程的特点与学习要求 ……………………………………………… 4

项目1 土的物理性质及工程分类 ……………………………………… 7

1.1 土的形成与工程性质 …………………………………………………… 7

1.2 土的物理性质指标 ……………………………………………………… 15

1.3 土的物理状态指标 ……………………………………………………… 20

1.4 土的工程分类与鉴别 …………………………………………………… 28

项目2 土中的应力 ……………………………………………………… 36

2.1 土中自重应力 …………………………………………………………… 36

2.2 基底压力 ………………………………………………………………… 39

2.3 土中附加应力 …………………………………………………………… 43

项目3 土的压缩性与地基沉降 ……………………………………… 51

3.1 土的压缩性和压缩指标 ………………………………………………… 52

3.2 地基最终沉降量 ………………………………………………………… 57

3.3 地基沉降的时间效应 …………………………………………………… 63

3.4 建筑物沉降观测与地基变形允许值 …………………………………… 68

项目4 土的抗剪强度与地基承载力 ………………………………… 74

4.1 土的抗剪强度 …………………………………………………………… 75

4.2 土的抗剪强度的测定 …………………………………………………… 80

4.3 地基承载力 ……………………………………………………………… 88

项目5 土压力与土坡稳定 …………………………………………… 102

5.1 概述 ……………………………………………………………………… 102

5.2 认识土压力 ……………………………………………………………… 103

5.3　挡土墙设计 ……………………………………………… 117

5.4　土坡稳定分析 …………………………………………… 128

项目6　岩土工程勘察 ………………………………………… 134

6.1　岩土工程勘察的阶段与分级 …………………………… 134

6.2　工程地质勘察的基本要求 ……………………………… 136

6.3　岩土工程勘察的方法 …………………………………… 142

6.4　岩土工程的报告及应用 ………………………………… 147

6.5　与勘察相关的常见设计问题分析 ……………………… 156

项目7　浅基础工程 …………………………………………… 160

7.1　基础工程概述 …………………………………………… 160

7.2　认识浅基础 ……………………………………………… 165

7.3　独立基础工程 …………………………………………… 173

7.4　条形基础工程 …………………………………………… 179

7.5　筏板基础工程 …………………………………………… 184

7.6　减轻建筑物不均匀沉降的措施 ………………………… 186

7.7　基础施工图识读 ………………………………………… 190

项目8　深基础工程 …………………………………………… 197

8.1　认识深基础 ……………………………………………… 197

8.2　桩基础基本知识 ………………………………………… 199

8.3　灌注桩基础工程 ………………………………………… 214

8.4　预制桩基础工程 ………………………………………… 222

8.5　其他深基础 ……………………………………………… 226

项目9　基坑工程 ……………………………………………… 234

9.1　认识基坑工程 …………………………………………… 235

9.2　基坑支护结构的形式和选用 …………………………… 239

9.3　排桩支护 ………………………………………………… 246

9.4　土钉墙和复合土钉墙支护 ……………………………… 250

9.5　逆作法 …………………………………………………… 255

9.6　基坑降水与排水 ………………………………………… 260

9.7　基坑开挖与监测 ………………………………………… 265

项目10　地基处理 …………………………………………… 273

10.1　地基处理的基本规定 …………………………………… 273

10.2　地基处理方法 …………………………………………… 278

10.3　特殊土地基 ……………………………………………… 290

10.4　地基与基础工程事故预防及处理 ……………………… 295

参考文献 ……………………………………………………… 306

配套微课资源列表 …………………………………………… 308

绪　论

当人们开始学习土力学地基基础这门课程时,可能会想:为何要学本课程? 本课程有何特点? 在土木建筑有关专业中究竟起什么作用? 如果土力学理论掌握不好,地基基础工程处理不当,会产生什么样的后果? 这些问题,通过地基基础工程失事的案例可以得到启示。

案例:

建于 1173 年的比萨斜塔从地基到塔顶高 58.36 m,从地面到塔顶高 55 m,钟楼墙体在地面上的宽度为 4.09 m,塔顶宽 2.48 m,总质量约 14 453 t,重心在地基上方 22.6 m 处。圆形地基面积为 285 m²,对地面的平均压强为 497 kPa。倾斜角度为 3.99°,偏离地基外沿 2.5 m,顶层突出 4.5 m,1174 年首次发现倾斜,如图 0.1 所示。比萨斜塔之所以会倾斜,是由于它地基下面土层的特殊性造成的。比萨斜塔下有好几层不同材质的土层,各种软质粉土的沉淀物和非常软的黏土相间形成,而在深约 1 m 的地方则是地下水层。这个结论是在对地基土层成分进行观测后得出的。

图 0.1　比萨斜塔

最新的挖掘资料表明,钟楼建造在古代的海岸边缘,土质在建造时已经沙化和下沉。而 1838 年的一次工程导致了比萨斜塔突然加速倾斜,不得不对其采取紧急维护措施。当时建筑师在原本密封的斜塔地基周围进行了挖掘,以探究地基的形态,揭示圆柱柱础和地基台阶是否与设想的相同。这一行为使得斜塔失去了原有的平衡,地基开始开裂,最严重的是发生了地下水涌入的现象。这次工程后的勘测结果表明倾斜加剧了 20 cm,而此前 267 年的倾斜总和不过 5 cm。1838 年的工程结束以后,比萨斜塔的加速倾斜又持续了几年,然后又趋于平稳,减少到每年倾斜约 0.1 cm,塔身偏离“自然姿势”已有 5 m 多。

近年来的“楼歪歪”和“楼脆脆”事件更是被人们广泛关注。2009 年 7 月中旬的一场大雨后,某市校园春天小区 6 号楼和 7 号楼的一些住户忽然发现,他们两栋楼之间的距离比以往近了很多,两栋斜靠在一起,楼越向上贴得越近。靠得最近的地方,相邻阳台的窗户已经无法打开。经测量,两栋楼相邻的墙壁已经呈 20°夹角(图 0.2)。校园春天的业主把楼房倾斜的原因归结于在小区旁正在施工的德馨苑小区。业主们认为,德馨苑小区开挖地基后,楼房才发生了问题。而德馨苑小区开发商委托的鉴定机构给出的鉴定报告却认为,楼房倾斜主要是没有按照设计和规范设置排水沟,加上暴雨导致地面积水,引起地基土软化,最后导致建筑物基础沉降。网友们给了这两栋本不该亲密接触的大楼一个响亮的名字:楼歪歪(图0.2)。2009年6月27日清晨5时30分左右,某市莲花河畔景苑小区内一栋在建的13层住宅楼全部倒塌(图0.3),由于倒塌的高楼尚未竣工交付使用,因此,事故并没有酿成特大居民伤亡事故,但造成了一名施工人员死亡。

图0.2 "楼歪歪"实景图　　　　图0.3 某市"楼脆脆"事故现场

0.1 土力学与地基基础的研究对象及重要性

建造在地球上的建筑物的全部荷载都由地球的表面地层来承担,这里所说的建筑物不仅指一般的住宅、办公楼和厂房等,而且泛指桥梁、码头、水电站、高速公路等工程结构物,还包括穿越土层的隧道或地下铁道等地下结构物,以及用土作为材料建造的大坝或路堤等土工构筑物。与地基接触并传递荷载给地基的结构物称为基础。

0.1.1 土力学的概念

土力学是地基基础设计的理论依据。它运用力学的基本原理和土工测试技术研究土的问题。土力学是力学的一个分支。土力学研究的对象主要是土的物理性质、物理状态以及土的应力、变形、强度和渗流等力学特性。土体的多孔性使得土体具有易变性、多样性,其物理、化学和力学性质与一般刚性或弹性固体有所不同,必须通过专门的土工测试技术进行探讨。

0.1.2 地基与基础的概念

地基与基础是两个完全不同的概念。

当土层承受建筑物的荷载作用后,在一定范围内改变了原有的应力状态,产生附加应力和变形,该附加应力和变形随着深度的增加向周围土中扩散并逐渐减弱。人们将受建筑物影响在土层中产生附加应力和变形所不能忽略的那部分土层称为地基,即承受这些建筑物荷载的地层称为地基。

地基是有一定深度和范围的,当地基由两层及两层以上土层组成时,通常将直接与基础底面接触的土层称为持力层;在地基范围内持力层以下的土层称为下卧层(当下卧层的承载力低于持力层的承载力时,称为软弱下卧层),如图0.4所示。

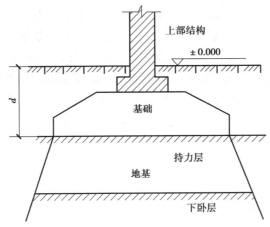

图0.4　地基与基础示意图

良好的地基应该具有较高的承载力和较低的压缩性,如果地基土较软,工程性质较差,需对地基进行人工加固处理后才能作为建筑物地基的,称为人工地基;未经加固处理直接利用天然土层作为地基的,称为天然地基。

建筑物下部通常要埋入土层一定深度,使之坐落在较好的土层上。人们将埋入土层一定深度的建筑物下部承重结构称为基础,它位于建筑物上部结构和地基之间,承受上部结构传来的荷载,并将荷载传递给下部的地基。

基础起着上承和下传的作用,如图0.4所示。基础都有一定的埋置深度(简称埋深),根据基础埋深的不同,可分为浅基础和深基础。一般房屋的基础,若土质较好,埋深不大($d < 5$ m),采用一般方法与设备施工的基础,称为浅基础,如独立基础、条形基础、筏板基础、箱形基础及壳体基础等;如果建筑物荷载较大或下部土层较软弱,需要将基础埋置于较深处($d > 5$ m)的良好土层上,并需采用特殊的施工方法和机械设备施工的基础,称为深基础,如桩基础、沉井基础及地下连续墙基础等。

0.1.3　地基与基础工程的重要性

随着我国国民经济的快速发展、城市化进程的加快以及城市用地的日益紧缺。城市建设向多层、高层和地下建筑发展已成必然趋势。各种新型基础形式和施工方法层出不穷,各种复杂、异形的基础平面形式的使用,给基础的设计、施工带来一系列的新课题。地铁或其他地下结构的大量兴建也为基础工程开辟了新的领域。

地基与基础的勘察、设计与施工是工程建设的关键性阶段,整个工程的成败在很大程度上取决于基础工程的质量和水平。地基基础是隐蔽工程,施工条件极为复杂,影响工程质量的因素很多,稍有不慎,轻则留下隐患,重则造成事故。基础工程的造价占工程造价的比例很大,在地质条件复杂地区,可高达20% ~30%,节约建设资金的潜力很大,但如果盲目提高安全度,有时多花费了建设资金却不能收到良好的效果。具有丰富工程经验的工程技术人员十分重视地基与基础的勘察、设计与施工阶段的工作。要求从事土木、水利工程技术工作的人员必须掌握土力学基础工程的理论知识和实际技能，正确地解决工程中的地基基础技术问题。

正确解决工程中的地基基础问题，其根本目的在于保证工程的质量，使工程结构物能安全、正常地使用。"万丈高楼从地起"，基础的质量是整个建筑物安全的根本所在。基础工程的质量包括在建筑物荷载作用下地基应当是足够稳定的；地基的沉降对结构物的变形和建筑物的正常使用是可以允许的；在各种不利因素的影响下基础的耐久性是可靠的；所使用的施工工艺和施工方法适合场地的工程地质条件、符合工程特点的要求，并且有利于实现上述有关地基稳定、沉降和耐久性要求。这是地基基础设计与施工的目标，也是这门学科研究的主要内容。

地基与基础质量的好坏关系建筑物的安全、经济和正常使用。工程实践表明，建筑物工程事故中，因地基基础勘察设计或施工不当引起的数量占多数，且一旦造成事故，很难补救，损失极大。随着高层建筑物的兴起，深基础工程越来越多，这对施工与设计人员提出了更高的要求。

为了保证建筑物的安全和正常使用，地基与基础设计应满足以下基本要求：

①地基承载力要求：应使地基具有足够的承载力（大于基础底面的压力），在荷载作用下地基不发生剪切破坏或失稳。

②地基变形要求：不使地基产生过大的沉降和不均匀沉降（小于建筑物的允许变形值），保证建筑的正常使用。

③基础结构本身应具有足够的强度和刚度，在地基反力作用下不会发生强度破坏，并且具有改善地基沉降与不均匀沉降的能力。

0.2　本课程的特点与学习要求

土力学与地基基础这门课，对于土木工程相关专业（包括建筑工程技术、路桥、岩土和地下工程）来说，是一门重要的技术基础课和重要的专业课。它由两个重要的部分组成：一部分是关于地基基础设计与施工的知识，即基础工程学的内容；另一部分是有关土的物理力学性质以及土的强度理论、渗透理论和变形理论的知识，即解决土力学各种课题的基本理论和试验研究方法。前者具有极强的技术性和应用性，后者则为前者提供解决工程问题的试验方法和理论基础。本课程是实践性和理论性都比较强的一门课程，在整个教学计划中，从基础课过渡到专业课，具有承上启下的作用，是专业教学前的一个重要环节。

土力学与地基基础课涉及工程地质学、土力学、结构设计和施工等几个学科，内容广泛、综合性强。土是自然历史的产物，以及土的分散性，使得土力学除了运用材料力学的基本原理外，还应密切结合土的实际情况进行研究。特别要注意土中水的变化对土的性质、应力、变形和强度的影响。

土力学原理是本课程学习的基础，其计算理论和公式是在作出某些假设和忽略某些因素的前提下建立的。在学习时，一方面，应当了解这些理论不完善之处，注意这些理论在工程实际使用中的适用条件；另一方面，要认识到这些理论和公式仍然是目前解决工程实际问题的理论依据。它们在长期的工程实践中发挥着无可替代的作用，并且在不断完善与发展中。应该全面掌握这些基本理论,并学会将它们应用到工程实际中。

本课程与工程地质学、水文地质学、建筑力学、建筑材料、建筑结构、建筑施工等学科有着密切的联系。要学好本课程,还应熟练掌握上述相关课程的知识,特别是工程地质勘察知识,能正确阅读、理解、应用岩土工程勘察报告。除此之外,还必须认真学习国家和各级行政部门颁发的技术规范、规程及标准,如《建筑地基基础设计规范》(GB 50007—2011)《岩土工程勘察规范》(GB 50021—2001,2009 版)等,能正确使用现行《建筑地基基础设计规范》(GB 50007—2011)及其他相关规范、规程及标准,理论联系实际,解决地基基础上遇到的问题,提高分析问题和解决问题的能力。

根据本课程的特点,应牢固掌握土的性质、应力、变形和强度等基本理论知识,从而能够应用这些基本原理和概念,结合力学概念、结构理论及施工知识,分析和解决地基基础问题。

(1)重视工程地质勘察及现场原位测试

土力学计算和基础设计中所需的各种参数,必须通过土的现场勘察和室内土工试验测定。要学会阅读和使用工程地质勘察资料,重视原位测试结果和原位测试方法,如静力触探、动力触探、测斜仪、压力传感器(土压力盒)和孔隙水压力测定仪等原位测试方法。各种可贵的实测资料,已越来越普遍地被用作设计、研究和施工的辅助手段。

(2)重视地区经验

由于土的复杂性,目前在解决地基基础问题时,还带有一定程度的经验性,因此,土力学中有大量的经验公式。《建筑地基基础设计规范》(GB 50007—2011)就是理论和经验的总结。

土的成因和分类不同,使土的性质存在极大的差异,土力学的许多公式以及地基基础的各种分析方法,都适用于某一种特定的条件。例如,仅地基极限承载力的理论公式就有几十种,它们各适用于不同的土质情况。除了国家颁布的《建筑地基基础设计规范》(GB 50007—2011)外,还有不少地区性的规范与规程。世界各国的规范更是不相同。学习时,必须仔细地阅读各种公式的基本假定及其适用条件,并结合当地的建筑经验来应用,力戒不分地区机械地套用地质资料和地基基础设计。

(3)考虑地基、基础和上部结构的共同作用

地基、基础和上部结构是一个统一的整体,它们相互依存、相互影响。设计时应该考虑三者的共同作用。特别在软土地基上的建筑物,考虑共同作用的整体分析表明,结构的应力、基础的内力甚至群桩中各单桩的分担作用,均与单一分析有很大的差别,而且"共同作用"分析结果更接近实测的结果。目前,"共同作用"分析和设计方法已在全国和地方规范中有了反映,它将是理论计算的发展方向,应注意这方面的进展。

(4)施工质量的重要性

地基基础工程深埋于地下,是隐蔽工程,往往被人们所忽视。如果施工马虎,甚至偷工减料,必会酿成大祸。地基基础工程的施工质量必须引起足够的重视,才能使土木工程安全可靠。

习 题

简答题

1. 什么是地基和基础? 什么是持力层和下卧层?
2. 地基和基础的类型有哪些?
3. 简述地基与基础设计的基本要求。
4. 联系工程实际说明基础工程的重要性。

项目 1

土的物理性质及工程分类

项目导读

在进行土力学计算及处理地基基础问题时,不仅要了解土的物理性质特征及其变化规律,还必须熟悉反映土三相组成比例和状态的各种指标的定义、试验或计算方法,以及按土的有关特征和指标确定地基土的工程分类。本项目主要从土的成因与组成入手,了解土的结构与构造,牢固掌握土的物理性质指标的定义、换算、试验和应用,掌握土的物理性质指标和物理状态指标,熟悉地基土的工程分类与鉴定。

1.1 土的形成与工程性质

1.1.1 土的生成

地球表面 30~80 km 厚的范围是地壳。地壳中原来整体坚硬的岩石,经风化、剥蚀、搬运、沉积,形成固体矿物、水和气体的集合体,称为土。

不同的风化作用形成不同性质的土,风化作用有下列 3 种:

1)物理风化

岩石经受风、霜、雨、雪的侵蚀,温度、湿度的变化,发生不均匀膨胀与收缩,产生裂隙,崩解为碎块。这种风化作用,只改变颗粒的大小与形状,不改变原来的矿物成分,即没有新矿物生成——原生矿物,称为物理风化。

由物理风化生成的土一般为粗粒土,颗粒间没有黏性,如碎石土、砾石和砂土等,这种土统称为无黏性土。

2)化学风化

岩石的碎屑与水、氧气和二氧化碳等物质相接触时,逐渐发生化学变化,原来组成矿物的成分发生了改变,产生新的矿物——次生矿物。这类风化称为化学风化。

经化学风化生成的土为细粒土,颗粒间具有黏结力,如黏土与粉质黏土,统称为黏土。

3)生物风化

由动物、植物和人类活动对岩体的破坏称为生物风化。例如,长在岩石缝隙中的树,因树根伸展使岩石缝隙扩展开裂。而人们开采矿山、石材,修铁路打隧道,劈山修公路等活动形成的土,其矿物成分没有变化。

在自然界中,土的物理风化与化学风化时刻都在进行,而且相互加强。这就形成了碎散的、三相的和具有强烈自然变异性的产物——土。仅根据土的堆积类型还远不足以确定土的工程特性。要进一步描述和确定土的性质,必须具体分析和研究土的三相组成,土的物理状态和土的结构,并以适当的指标表示。

1.1.2 土的三相组成

土是由构成土骨架的固体颗粒以及土骨架孔隙中的水和气体三部分组成,通常称为土的三相组成(固相、液相和气相)。

同一地点的土体,它的三相组成的比例是否固定不变呢? 不是。随着环境的变化,土的三相比例也发生相应的变化。例如,天气的晴雨、季节变化、温度高低以及地下水的升降等,都会引起土的三相之间的比例产生变化。

土体三相比例不同,土的状态和工程性质也随之各异。例如,固体+气体(液体=0)为干土,此时黏土呈坚硬状态。固体+液体+气体为湿土,此时黏土多为可塑状态。固体+液体(气体=0)为饱和土,此时松散的粉细砂或粉土遇强烈地震,可能产生液化,而使工程遭受破坏。黏土地基受建筑荷载作用发生沉降,有时需几十年才能稳定。

由此可知,研究土的各项工程性质,首先要从最基本的组成土的三相(即固相、液相和气相)本身开始研究。

1)固相——固体颗粒

土的固体颗粒构成土的骨架,其大小、形状、矿物成分及其粒组相对含量对土的物理力学性质起着决定性的作用。

(1)土的矿物成分

土的矿物成分取决于母岩的成分及其所经历的风化作用。不同的矿物成分对土的性质有着不同的影响。土中的矿物成分可分为原生矿物、次生矿物和腐殖质3类。土的固相部分包含物质矿物颗粒和有机质,主要是土粒,有时还有粒间胶结物和有机质,它们构成土的骨架。

• 原生矿物

原生矿物由岩石经物理风化而成,其成分与母岩相同,化学性质比较稳定。它包括:单矿物颗粒,即一个颗粒为单一的矿物,如常见的石英、长石、云母、角闪石与辉石等,砂土即为单矿物颗粒;多矿物颗粒,即一个颗粒中包含多种矿物,如巨粒土的漂石、卵石和粗粒土的砾石,往往为多矿物颗粒。

• 次生矿物

次生矿物是母岩岩屑经过化学风化改造成的新生矿物,其化学组成和构造都经过改变,主要是黏土矿物,粒径 $d < 0.005$ mm,用电子显微镜观察为鳞片状,成分与母岩完全不同,其性质较不稳定,具有较强的亲水性,遇水易膨胀。

常见的黏土矿物有高岭石、伊利石和蒙脱石。蒙脱石结构单元联结较弱,亲水性最大,具有较强的吸水膨胀和失水收缩的特性。伊利石亲水性低于蒙脱石。高岭石结构单元的相互联结力较强,水分子不易进入,亲水性最小。

• 腐殖质

腐殖质是已死的生物体在土壤中经微生物分解而形成的有机物质。腐殖质呈黑褐色,它可以让空气和水进入的空隙产生植物生长发育所必需的氮、硫、钾和磷。如果土中腐殖质含量多,土的压缩性会增大。对有机质含量超过 3% ~ 5% 的土应予以注明,不宜作为填筑材料。

(2)土的颗粒级配

颗粒的大小通常用粒径来表示。土粒的粒径变化时,土的性质也相应地发生变化。工程上将各种不同的土粒按粒径范围的大小分组,即某一级粒径的变化范围,称为粒组。土的各粒组的相对含量称为土的颗粒级配。土的颗粒级配是确定土(尤其是无黏性土)的工程名称和建筑材料选用的主要指标和依据。

土的颗粒级配通过土的颗粒大小分析试验来确定。实验室常用的有筛分法和沉降分析法(密度计法或移液管法)。对粒径大于 0.075 mm 的粗颗粒土采用筛分法测定。对粒径小于 0.075 mm 的土颗粒,其难以筛分,可以采用密度计法或移液管法来测定其颗粒级配。

常用的土的颗粒级配的表示方法有表格法、颗粒级配曲线法和三角坐标法。下面主要介绍表格法和颗粒级配曲线法。

• 表格法

同一粒组的土粒一般具有相类似的性质,自然界中的土体往往不是由单一粒组的土粒所组成,而是由多种粒组的土粒混合组成。显然,土中所含各粒组的相对含量不同,所表现出来的物理力学性质也不同。表 1.1 是常用的土粒粒组的划分法。

表 1.1   土颗粒组划分

粒组名称		粒径范围/mm	一般特征
漂石或块石颗粒		>200	透水性很大、无黏性、无毛细水
卵石或碎石颗粒		60 ~ 200	
圆砾或角砾颗粒	粗	20 ~ 60	透水性大、无黏性、毛细水上升高度不超过粒径大小
	中	5 ~ 20	
	细	2 ~ 5	
砂粒	粗	0.5 ~ 2	易透水,当混入云母等杂质时透水性减小,而压缩性增加;无黏性,遇水不膨胀,干燥时松散;毛细水上升高度不大,随粒径变小而增大
	中	0.25 ~ 0.5	
	细	0.1 ~ 0.25	
	极细	0.075 ~ 0.1	

续表

粒组名称		粒径范围/mm	一般特征
粉粒	粗	0.01 ~ 0.075	透水性小,湿时稍有黏性,遇水膨胀小,干时稍有收缩; 毛细水上升高度较大、较快,极易出现冻胀现象
	细	0.01 ~ 0.005	
黏粒		<0.005	透水性很小,湿时有黏性、可塑性,遇水膨胀大,干时收缩 显著;毛细水上升高度大,但速度较慢

- **颗粒级配曲线法**

土的颗粒级配曲线法是一种方法,如图 1.1 所示。图中横坐标采用对数坐标,表示颗粒粒径;纵坐标表示小于某粒径的土粒质量分数。不同的土有不同的级配曲线。根据颗粒级配曲线的坡度和曲率可以大致判断土粒的均匀程度或级配是否良好。工程上希望得到密实度高的土,如果土的颗粒组成合理,有粗有细,则大颗粒间的孔隙可由小颗粒填充,土就容易密实;反之,颗粒比较均匀(如一筐乒乓球),孔隙比较大,就不容易得到密实的土。

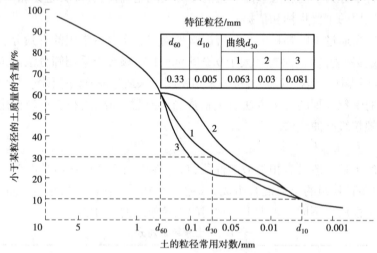

图 1.1 颗粒级配曲线

如果曲线平缓,则表示粒径分布范围较宽,土中颗粒大小悬殊,土粒不均匀,级配良好;如果曲线较陡,则表示粒径分布范围较窄,土颗粒大小均匀,级配不良。为了定量反映土的级配特征,在工程上常采用不均匀系数 C_u 和曲率系数 C_c 来定量地分析颗粒级配的不均匀程度。

不均匀系数:
$$C_u = \frac{d_{60}}{d_{10}} \qquad (1.1)$$

曲率系数:
$$C_c = \frac{d_{30}^2}{d_{60} d_{10}} \qquad (1.2)$$

式中:d_{10}——粒径级配曲线上纵坐标为 10% 所对应的粒径,称有效粒径,mm;

d_{30}——粒径级配曲线上纵坐标为 30% 所对应的粒径,mm;

d_{60}——粒径级配曲线上纵坐标为 60% 所对应的粒径,称限定粒径,mm。

不均匀系数 C_u 表示颗粒级配曲线的倾斜度,反映不同粒组的分布情况及土颗粒大小的均匀程度。C_u 越大,表示土颗粒粒径的分布范围越广,土粒越不均匀,其级配良好。作为填方工程的土料时,比较容易获得较大的密实度。工程上一般把 $C_u \leqslant 5$ 的土称为均匀土,属级配不良;$C_u > 10$ 的土则称为级配良好的土。

单独用一个指标 C_u 确定土的级配情况是不够的,还必须同时考虑级配曲线的整体形状。曲率系数 C_c 可以反映颗粒级配曲线的平滑度。C_c 值接近1,曲线平滑,表示土中含有大小不同的土颗粒。

一般认为 $C_u > 10$ 且 $C_c = 1 \sim 3$ 时,为级配良好的土,其密实度高,如果作为地基土,其强度高,稳定性好,透水性和压缩性小,一般为良好地基;如果作为填方工程的建筑材料,则较易获得较大的密实度,是良好的填方用土。

2) 液相——土中水

在天然状态下,土孔隙中总是存在着水,土中水按其形态可分为固态水、液态水和气态水。土中细粒越多,即土的分散度越大,水对土的性质的影响也越大。研究土中水,必须考虑水的存在状态及其与土粒的相互作用。

(1)液态水

根据土中水与土粒表面的相互作用,存在于土中的液态水可分为结合水和自由水。

● 结合水

实验表明,大多数矿物颗粒,尤其是细小土粒表面都带有负电荷,在土粒周围形成静电引力场。在土粒电场范围内的水分子以及水溶液中的阳离子(如 Na^+,Ca^{2+} 等),一同被吸附在土粒表面。另外,由于水分子是极性分子(氢原子端显正电荷、氧原子端显负电荷),因此它受土粒电场的作用而定向排列,被紧紧吸附在土粒表面,如图 1.2 所示。这样在电场范围内就形成了包围土粒的极薄水膜,称为结合水。

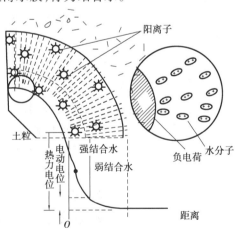

图 1.2 土粒与水分子的相互作用示意图

随着与土粒表面距离的增大,吸附力逐渐减弱,结合水膜的黏滞性变小,结合水可分为强结合水和弱结合水。

①强结合水。紧紧吸附在土粒表面的结合水称为强结合水,又称吸着水,它所受的压力可达几百兆帕。

强结合水的力学性质接近于固态,不传递静水压力,不能流动,无溶解能力,密度大(为1.2~2.4 g/cm³),冰点为 -78 ℃,具有极大的黏滞性、弹性和抗剪强度,不受重力作用,不易与土粒分离,只有温度在 105 ℃以上时才能蒸发。当黏性土仅含强结合水时,呈固态;磨碎后,呈粉末状态。

②弱结合水。在强结合水外围的一层水膜,又称薄膜水,其厚度远比强结合水厚,具有较高的黏滞性和抗剪强度,不能传递静水压力,但能以水膜的形式从较厚处向较薄处转移。弱结合水的存在直接影响黏性土的性质。弱结合水膜越厚,土的可塑性越高、变形越大、强度越低。

• 自由水

自由水是在土粒表面电场影响范围以外的水,不受土粒表面电场的引力作用。自由水能传递静水压力,有溶解能力,冰点为 0 ℃,自由水按移动时所受作用力不同分为重力水和毛细水。

①重力水。重力水在压力差或重力作用下,在土孔隙中能自由流动,一般存在于地下水位以下的透水层中。重力水对土粒有浮力作用,在孔隙中流动时会产生动水压力。

在分析土中应力状态时,要考虑重力水对土中应力的影响;在开挖基坑和修筑地下构筑物时,应采取排水、防渗等措施,以避免重力水的不良影响。

②毛细水。受水与空气交界面处表面张力作用的自由水,就是毛细水。毛细水一般存在于地下水位以上透水层的细小孔隙中。

由于表面张力的作用,地下水沿着不规则的毛细孔上升,形成毛细上升带。毛细上升带的上升高度与孔隙的大小有关:孔隙较大,粒径大于 2 mm 的颗粒,一般无毛细现象;极细小的孔隙,土粒周围被结合水充满,也无毛细现象;毛细现象主要发生在 0.002~0.5 mm 的土粒孔隙中,如砂土、粉土及粉质黏土中。

在工程中,要注意毛细上升水的高度和速度,毛细水的上升对建筑物地下部分的防潮措施及地基土的浸湿和冻胀等有重要影响。毛细水上升到地表会引起沼泽化、盐渍化,而且还会浸湿地基土、降低强度、增大变形量。在施工现场常常可以看到稍湿状态的砂堆,能保持垂直陡壁达几十厘米高而不坍塌,就是因为砂粒间具有毛细黏聚力的缘故。在饱水的砂或干砂中,土粒之间的毛细压力消失,原来的陡壁就变成边坡,其天然坡面与水平面所形成的最大坡角称为砂土的自然坡度角。此外,在干旱地区,地下水中的可溶盐随毛细水上升后不断蒸发,盐分便积聚于靠近地表处而形成盐渍土。在寒冷地区还会加剧冻土的冻胀等。

(2)固态水

当气温降至 0 ℃以下时,液态的自由水结冰为固态水。水在结冰后会发生膨胀,体积增大,使土体产生冻胀,破坏土的结构,冻土非常坚硬,但融化后强度大大降低。寒冷地区基础的埋置深度要考虑冻胀问题。

(3)气态水

气态水即水蒸气,对土的性质影响不大。

3)气相——土中气

土的固体颗粒之间的孔隙中,没有被水填充的部分都是气体。土中气体分以下两种:

（1）自由气体

这类气体常与大气相连通,其含量取决于孔隙的体积和孔隙被水所填充的程度。当土体受压时,易被排出,对土的工程性质影响不大。

（2）封闭气泡

封闭气泡与大气隔绝,存在于黏性土中,这类气体的存在增大了土的弹性变形和压缩性,降低了土的透水性。当土层受荷载作用时,封闭气泡被压缩,卸荷时气泡又会恢复原状,增大了土的弹性,使土不易压实,这类土在工程上称为"橡皮土"。土中封闭气泡很多时,土的渗透性将降低。

在淤泥、泥炭等有机土中,由于微生物的分解作用,在土中蓄积了一定数量的可燃和有害气体(如硫化氢、甲烷等),含气的土层在自重作用下长期得不到压密而形成高压缩性土层。施工时,要注意土中有害气体的危害。

1.1.3　土的结构与工程性质

1)土的结构

土在沉积过程中,颗粒单元的大小、形状、相互排列及粒间联结关系等因素形成的综合特征,称为土的结构。它一般分为单粒结构、蜂窝结构和絮状结构3种基本类型。

（1）单粒结构

粗颗粒在重力的作用下独立下沉并与其他稳定的颗粒相接触,稳定下来就形成了单粒结构。单粒结构可以是疏松的,也可以是紧密的,如图1.3所示。

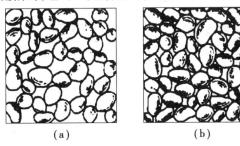

(a)　　　　　　　　(b)

图1.3　单粒结构

疏松的单粒结构,土粒间排列疏松,孔隙较大,土颗粒容易发生相对移动,产生较大的压缩变形,这类土层如果未经处理,不宜作建筑物的天然地基;紧密的单粒结构,土粒呈紧密状单粒结构,排列紧密,在动、静荷载作用下都不会产生较大的沉降,其强度较大,压缩性较小,是较为良好的天然地基。

（2）蜂窝结构

较细的颗粒在水中单独下沉时,碰到已沉积的土粒,因土粒间的分子引力大于土粒自重,故下沉的土粒被吸引不再下沉,依次一粒粒被吸引,最终形成具有很大孔隙的蜂窝状结构,如图1.4所示。

（3）絮状结构

粒径极细的黏土颗粒在水中长期悬浮,这种土粒在水中运动,相互碰撞而吸引,逐渐形成小链环状的土集粒,质量增大而下沉,当一个小链环碰到另一个小链环时相互吸引,不断扩大形成大链环状的絮状结构,如图1.5所示。

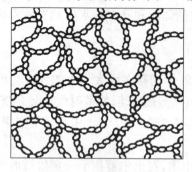

图1.4　蜂窝结构　　　　　　　　　　图1.5　絮状结构

以上3种结构中,以密实的单粒结构工程性质最好,蜂窝结构与絮状结构如被扰动破坏了天然结构,则强度低、压缩性高,不可用作天然地基。

2)土的构造

同一土层中颗粒或颗粒集合体相互间的特征就是土的构造,一般有层状构造、分散构造、裂隙状构造和结核状构造。

（1）层状构造

土粒在沉积过程中,沉积的阶段不同,使得不同物质成分、颗粒大小或颜色的沉积物,沿竖向呈现层状特征,这种层状构造反映不同年代、不同搬运条件形成的土层,为细粒土的一个重要特征。常见的有水平层理构造和带有夹层、尖灭和透镜体等的交错层理构造,如图1.6所示。

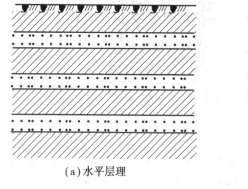

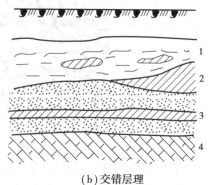

（a）水平层理　　　　　　　　　　（b）交错层理

图1.6　层状构造

1—淤泥灰黏土透镜体;2—黏土尖灭;3—砂土夹黏土层;4—基岩

（2）分散构造

在搬运和沉积过程中,经分选的卵石、砾石、砂等沉积厚度常较大,无明显的层理,呈现分散构造。具有分散构造的土分布均匀,各部分性质相近,可以看作是各向同性体,如图1.7所示。

（3）裂隙状构造

土体被许多不连续的小裂隙分割,不少坚硬和硬塑状态的黏性土具有这种裂隙构造,如黄土具有柱状裂隙。裂隙破坏了土体的整体性,增大了透水性,降低了土体强度,对工程有不利影响,如图1.8所示。

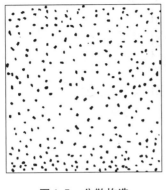

图1.7 分散构造

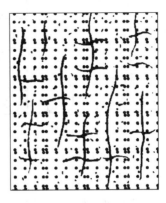

图1.8 裂隙状构造

(4)结核状构造

在细粒土中混有粗颗粒或各种结核,如含砾石的粉质黏土、含砾石的冰碛黏土等,均属结核状构造。

在以上4种土的构造中,通常分散构造的工程性质最好;结核状构造工程性质好坏取决于细粒土部分;在裂隙状构造中,裂隙附近强度低、渗透性大,工程性质差。

3)土的形成与工程特性的关系

各类土的生成条件不同,其工程特性相差也很大。

①搬运、沉积条件。流水搬运沉积的土优于风力搬运沉积的土。

②沉积年代。土的沉积年代越长,土的工程性质越好。

③沉积的自然地理环境。我国地域辽阔,各地区的地形高低、气候冷热、雨量悬殊,所生成的土的工程特性具有较大的差异。

1.2 土的物理性质指标

土的物理性质指标是反映土的工程性质的特征指标。土由固体矿物颗粒、水、气体三部分组成,这三部分本身的性质、比例关系和相互作用决定了土的物理性质。土的各组成部分的质量和体积之间的比例关系,用土的三相比例指标表示,对评价土的物理、力学性质有重要意义。

1.2.1 土的三相图

土的三相比例指标是物理性质的反映,土中三相之间相互比例不同,土的工程性质也不同。固相成分的比例越高,其压缩性越小,抗剪强度越大,承载力越高。需要定量研究三相之间的比例关系,即土的物理性质指标的物理意义和数值大小。工程实际中常用三相图来表示,如图1.9所示。图中把自然界中土的三相混合分布的情况分别集中起来:固相集中于下部,液相集中于中部,气相集中于上部,图左边标出各相的质量,图右边标明各相的体积,图中符号含义如下:

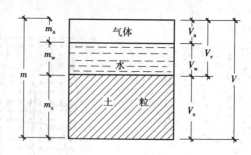

图 1.9　土的三相组成示意图

图中符号的意义如下：

m_s——土中固体颗粒质量，g；m_w——土中水的质量，g；m_a——土中气体质量，g；

m——土的总质量，$m = m_s + m_w + m_a$，g；

V_s——土固体颗粒体积，cm^3；V_w——土中水的体积，cm^3；V_a——土中气体体积，cm^3；

V_v——土中孔隙体积，$V_v = V_w + V_a$，cm^3；

V——土的总体积，$V = V_s + V_v = V_s + V_w + V_a$，$cm^3$。

1.2.2　土的物理性质指标的确定

土的物理性质
指标

土的物理性质指标一共有 9 个。反映土松密程度的指标有土的孔隙比 e、孔隙率 n；反映土的含水程度的指标有含水量 ω、饱和度 S_r；特定条件下土的密度有天然密度 ρ、干密度 ρ_d、饱和密度 ρ_{sat}、浮密度 ρ' 以及土粒相对密度 G_s，其中土的三相基本物理性质指标(密度 ρ、土粒相对密度 G_s、含水量 ω)由实验室直接测定。

1) 土的密度(重度)指标

(1) 土的天然密度 ρ(重度 γ)

在天然状态下，土体单位体积的质量称为土的天然密度，简称密度(单位为 g/cm^3)，表达式为

$$\rho = \frac{土的总质量}{土的总体积} = \frac{m}{V} \tag{1.3}$$

式中：m——土的总质量，g；

　　V——土的体积，等于 cm^3 或 m^3。

土的密度与重度的关系为(单位为 kN/m^3)

$$\gamma = \frac{W}{V} = \frac{mg}{V} = \rho g \tag{1.4}$$

式中：W——土的总重度，kN，$W = mg$；

　　V——土的体积，cm^3 或 m^3；

　　g——重力加速度，$g = 9.8\ m/s^2$，为计算方便，取 $g = 10\ m/s^2$。

土的密度取决于土粒的质量、孔隙体积的大小和孔隙中水的质量，它综合反映了土的组成和结构特征。土的密度随着土的矿物成分、孔隙体积和水的含量而异，一般变化于 1.6 ~ 2.2 g/cm^3。测定土重度的方法有环刀法和灌水法。其中，环刀法适用于黏性土、粉土和砂土，灌水法适用于卵石、砾石和原状砂。

（2）土的干密度 ρ_d（干重度 γ_d）

土的干密度为土单位体积所含固体颗粒的质量（单位为 g/cm³），表达式为

$$\rho_d = \frac{\text{土的颗粒质量}}{\text{土的总体积}} = \frac{m_s}{V} \tag{1.5}$$

土的干重度为单位土体体积干土所受的重力（单位为 kN/m³），表达式为

$$\gamma_d = \frac{W_s}{V} \tag{1.6}$$

土的干密度一般为 1.3 ~ 2.0 g/cm³；土的干重度一般为 13 ~ 20 kN/m³。

土的干密度通常用作填方工程，包括土坝、路基和人工压实地基，是土体压实质量控制的标准。土的干密度 ρ_d（或干重度 γ_d）越大，表明土体压得越密实，即工程质量越好。

（3）土的饱和密度 ρ_{sat}（饱和重度 γ_{sat}）

土的饱和密度为孔隙中全部充满水时单位土体体积的质量。

$$\rho_{sat} = \frac{m_s + V_v \rho_w}{V} \tag{1.7}$$

土的饱和重度为孔隙中全部充满水时单位土体体积所受的重力。

$$\gamma_{sat} = \frac{W_s + V_v \gamma_w}{V} \tag{1.8}$$

式中：ρ_w——水的密度，近似取 $\rho_w = 1.0$ g/cm³；

γ_w——水的重度，近似取 $\gamma_w = 10$ kN/m³。

土的饱和密度一般为 1.8 ~ 2.3 g/cm³；土的饱和重度一般为 18 ~ 23 kN/m³。

（4）土的有效密度（浮密度）ρ' 或土的有效重度（浮重度）γ'

土的有效密度为在地下水位以下，单位体积中土粒的质量扣除同体积水的质量后，即单位土体体积中土粒的有效质量。

$$\rho' = \frac{m_s - V_s \rho_w}{V} \tag{1.9}$$

土的有效重度为地下水位以下，土体单位体积所受重力再扣除浮力，即单位土体体积中土粒的有效重度。

$$\gamma' = \rho' g \tag{1.10}$$

土的有效重度一般为 8 ~ 13 N/m³。

2）反映土松密程度的指标

（1）土的孔隙比 e

土中孔隙体积与固体颗粒体积之比称为孔隙比 e，表达式为

$$e = \frac{V_v}{V_s} \tag{1.11}$$

土的孔隙比以小数表示，它是一个重要的物理性质指标。孔隙比用来评价天然土的密实程度，或从孔隙比的变化推算土的密实程度。常见值：砂土为 0.5 ~ 1.0；当砂土的 $e < 0.6$ 时呈密实状态，为良好地基；黏性土为 0.5 ~ 1.2，当黏性土的 $e > 10$ 时为软弱地基。粉土的密实度根据孔隙比 e 指标值划分为密实、中密和稍密 3 种状态，其划分标准见表 1.2。

确定方法:e 的值可根据 ρ 与 ω 的实测值计算而得(读者可自行推导)。

表 1.2　粉土密实度分类表

孔隙比 e	密实度
$e < 0.75$	密实
$0.75 \leqslant e \leqslant 0.9$	中密
$e > 0.9$	稍密

注:当有经验时,也可用原位测试或其他方法划分粉土的密实度。

(2)土的孔隙率 n

土中孔隙的体积 V_v 与土的总体积 V 之比,称为孔隙率,用百分数表示,表达式为

$$n = \frac{V_v}{V} \times 100\% \tag{1.12}$$

常见值:30% ~50%。

土的孔隙率也用来反映土的密实程度,一般粗粒土的孔隙率比细粒土的小。

孔隙比与孔隙率的关系为 $n = \dfrac{e}{1+e}$。

3)反映土的含水程度的指标

(1)含水量 ω

土中水的质量与土粒质量之比,称为土的含水量,以百分数表示,表达式为

$$\omega = \frac{m_w}{m_s} \times 100\% \tag{1.13}$$

$$\omega = \frac{W_w}{W_s} \times 100\% \tag{1.14}$$

式中:W_w——土中水的质量,kg;

W_s——土粒质量,kg。

不同土的天然含水量变化范围很大,它与土的种类、埋藏条件及其所处的自然地理环境等有关。例如,上海表土层的含水量为 20% ~30%,淤泥质粉质黏土或淤泥质黏土含水量为 40% ~60%;日本北海道的泥炭土含水量高达 1 000% ~1 300%。土的含水量高,土的力学性质就差。

土的含水量一般用"烘干法"测定,适用于黏性土、粉土与砂土常规试验。

(2)土的饱和度

土中水的体积 V_w 与土的孔隙体积 V_v 之比,称为土的饱和度 S_r,用百分数表示,表达式为

$$S_r = \frac{V_w}{V_v} \times 100\% \tag{1.15}$$

土的饱和度反映土中孔隙含水的程度。常见值 $S_r = 0 \sim 100\%$。工程上,砂土与粉土的饱和度可作为湿度的划分标准,具体分为稍湿的、很湿的和饱和的 3 种湿度状态,如图1.10 所示。

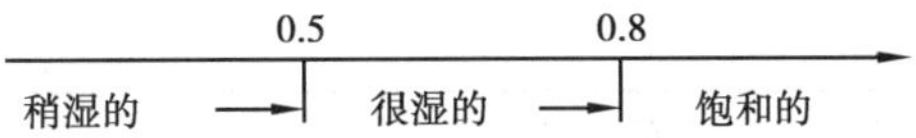

图 1.10 砂土与粉土的湿度标准

4)其他指标——土粒比重(土粒相对密度)G_s

土固体颗粒的质量与同体积的 4 ℃时纯水的质量之比称为土粒相对密度 G_s,无量纲,表达式为

$$G_s = \frac{\text{土颗粒的密度}}{\text{纯水 4 ℃ 时的密度}} = \frac{m_s}{V_s} \cdot \frac{1}{\rho_w} = \frac{\rho_s}{\rho_w} \qquad (1.16)$$

式中:ρ_s——土粒密度,g/cm³;

ρ_w——纯水在 4 ℃时的密度,g/cm³ 或 kg/m³。

测定方法有比重瓶法和经验法。土粒相对密度主要取决于土的矿物成分,同一土类的土粒相对密度变化幅度很小,在有经验的地区,可按经验值选用。一般土的土粒相对密度值见表 1.3。

表 1.3 土粒相对密度 G_s 参考表

土的名称	砂 土	一般黏性土				有机质土	泥炭土
		砂质粉土	黏质粉土	粉质黏土	黏 土		
土粒相对密度	2.65 ~ 2.69	2.7	2.71	2.7 ~ 2.73	2.74 ~ 2.76	2.4 ~ 2.5	1.5 ~ 1.8

值得注意的是,土的各项物理性质指标并不是相互独立的,实际上,只要测定 ρ,G_s 和 ω 后,就可以推导出其他 6 个指标。由于土的各项物理性质指标都是反映土中三相物质成分的相对含量的比值,因此可用下述简便方法由已知指标导出其他物理性质指标。

步骤:

①假设 $V_s = 1$($V = l$ 或 $m_s = 1$),并画出三相简图。

②解出各相物质成分的质量和体积。

③利用定义式导出所求的物理性质指标。土的三相比例指标换算公式见表 1.4。

表 1.4 土的三相比例指标换算公式

名 称	符号	表达式	单 位	常见值	换算公式
密度	ρ	$\rho = \dfrac{m}{V}$	g/cm³	1.6 ~ 2.2	$\rho = \rho_d(1 + w)$
重度	γ	$\gamma \approx 10\rho$	kN/m³	16 ~ 22	$\gamma = \gamma_d(1 + w)$
比重	G_s	$G_s = \dfrac{m_s}{V_s \rho_w}$		砂土 2.65 ~ 2.69 粉土 2.7 ~ 2.71 黏性土 2.72 ~ 2.75	
含水量	w	$w = \dfrac{m_w}{m_s} \times 100$	%	砂土 0 ~ 40 黏性土 20 ~ 60	$w = \dfrac{\gamma}{\gamma_d} - 1 \times 100$
孔隙比	e	$e = \dfrac{V_v}{V_s}$		砂土 0.5 ~ 1 黏性土 0.5 ~ 1.2	$e = \dfrac{n}{1 - n}$

续表

名　称	符号	表达式	单　位	常见值	换算公式
孔隙度	n	$n=\dfrac{V_v}{V}\times 100\%$	%	$30\sim 50$	$n=\dfrac{e}{1+e}\times 100$
饱和度	S_t	$S_t=\dfrac{V_w}{V_v}$	%	$0\sim 100$	
干密度	ρ_d	$\rho_d=\dfrac{m_s}{V}$	g/cm³	$1.3\sim 2$	$\rho_d=\dfrac{\rho}{1+w}$
干重度	γ_d	$\gamma_d\approx\rho_d$	kN/m³	$13\sim 20$	$\gamma_d=\dfrac{\gamma}{1+w}$
饱和密度	ρ_{sat}	$\rho_{sat}=\dfrac{m_v+m_s+V_s\rho_w}{V}$	g/cm³	$1.8\sim 2.3$	
饱和重度	γ_{sat}	$\gamma_{sat}\approx 10\rho_{sat}$	kN/m³	$18\sim 23$	
浮密度	ρ'	$\rho'=\rho_{sat}-\rho_w$	g/cm³	$0.8\sim 1.3$	
浮重度	γ'	$\gamma'=\gamma_{sat}-\gamma_w$	kN/m³	$8\sim 13$	

例 1.1 某土样在天然状态下的体积为 200 cm³,质量为 334 g,烘干后质量为 290 g,土的颗粒比重为 2.66,计算该土样密度、含水量、干密度、孔隙比、孔隙率。

解:依题意得,土样质量 $m=334$ g,颗粒质量 $m_s=290$ g,$G_s=2.6$ 则

土中水的质量　　　　　$m_w=334\text{ g}-290\text{ g}=44\text{ g}$

土样密度　　　　　$\rho=\dfrac{m}{V}=\dfrac{334\text{ g}}{200\text{ cm}^3}=1.67\text{ g/cm}^3$

含水量　　　　　$\omega=\dfrac{m_w}{m_s}\times 100\%=\dfrac{44\text{ g}}{290\text{ g}}\times 100\%=15.17\%$

干密度　　　　　$\rho_d=\dfrac{m_s}{V}=\dfrac{290\text{ g}}{200\text{ cm}^3}=1.45\text{ g/cm}^3$

孔隙比　　　　　$e=\dfrac{G_s\rho_w}{\rho_d}-1=\dfrac{2.66\times 1\text{ g/cm}^3}{1.45\text{ g/cm}^3}-1=0.83$

孔隙比　　　　　$n=\dfrac{e}{1+e}\times 100\%=\dfrac{0.83}{1+0.83}\times 100\%=45.4\%$

1.3　土的物理状态指标

已知土的 9 个物理性质指标后,还需要判别土的松密和软硬,需要研究土的物理状态指标。

1.3.1　无黏性土的物理特性

无黏性土一般是指具有单粒结构的碎石土和砂土,土粒之间无黏结力,呈松散状态。影响无黏性土工程性质的主要因素是密实度。无黏性土的密实度

土的物理状态指标

是指碎石土和砂土的疏密程度,它与工程性质有着密切关系。若土颗粒排列紧密,其结构就稳定,压缩变形小,强度大,可作为良好的天然地基;反之,密实度小,结构疏松、不稳定,压缩变形大。工程中常用密实度判断无黏性土的工程性质。土的密实度通常是指单位体积中固体颗粒的含量。

1) 碎石土的密实度

（1）碎石土的密实度的分类

碎石土的颗粒较粗,试验时不易取得原状土样,《建筑地基基础设计规范》（GB 50007—2011）根据圆锥动力触探锤击数将碎石土按表 1.5 或表 1.6、表 1.7 确定。

表 1.5 碎石土的密实度按 $N_{63.5}$ 分类

重型圆锥动力触探锤击数 $N_{63.5}$	密实度	重型圆锥动力触探锤击数 $N_{63.5}$	密实度
$N_{63.5} \leq 5$	松散	$10 < N_{63.5} \leq 20$	中密
$5 < N_{63.5} \leq 10$	稍密	$N_{63.5} > 20$	密实

注:本表适用于平均粒径等于或小于 50 mm,且最大粒径小于 100 mm 的碎石土。对平均粒径大于 50 mm 或最大粒径大于 100 mm 的碎石土,可用超型圆锥动力触探或野外观察鉴别。

表 1.6 碎石土的密实度按 N_{120} 分类

超重型圆锥动力触探锤击数 N_{120}	密实度	超重型圆锥动力触探锤击数 N_{120}	密实度
$N_{120} \leq 3$	松散	$11 < N_{120} \leq 14$	密实
$3 < N_{120} \leq 6$	稍密	$N_{120} > 14$	很密
$6 < N_{120} \leq 11$	中密	—	—

表 1.7 碎石土的密实度野外鉴别方法

密实度	骨架颗粒含量和排列	可挖性	可钻性
密实	骨架颗粒含量大于总重的 70%,呈交错排列,连续接触	锹镐挖掘困难,用撬棍方可松动,井壁一般稳定	钻进极困难,冲击钻探时,钻杆、吊锤跳动剧烈,孔壁较稳定
中密	骨架颗粒含量等于总重的 60%～70%,呈交错排列,大部分接触	锹镐可挖掘,井壁有掉块现象,从井壁取出大颗粒处能保持颗粒凹面形状	钻进较困难,冲击钻探时,钻杆、吊锤跳动不剧烈,孔壁有坍塌现象
稍密	骨架颗粒含量等于总重的 55%～60%,排列混乱,大部分不接触	锹可挖掘,井壁易坍塌,从井壁取出大颗粒砂土立即塌落	钻进较容易,冲击钻探时,钻杆、吊锤稍有跳动,孔壁易坍塌
松散	骨架颗粒含量小于总重的 55%,排列十分混乱,绝大部分不接触	锹易挖掘,井壁极易坍塌	钻进很容易,冲击钻探时,钻杆、吊锤无跳动,孔壁极易坍塌

（2）碎石土土工试验

圆锥动力触探是利用一定的锤击动能,将一定规格的圆锥探头打入土中,据每打入土中一定深度的锤击数或动贯入阻力判别土层的变化,确定土的工程性质,对地基土进行岩土工程评价的一种原位测试方法。国外使用的动力触探种类繁多,国内按其锤击能量划分为轻型(锤质量 10 kg)、重型(锤质量 63.5 kg)和超重型(锤质量 120 kg)。

圆锥动力触探的类型见表 1.8。

表 1.8 圆锥动力触探的类型

类 型		轻 型	重 型	超重型
落锤	锤的质量/kg	10	63.5	120
	落距/cm	50	76	100
探头	直径/mm	40	74	74
	锥角	60	60	60
探杆直径/mm		25	42	50 ~ 60
指 标		贯入 30 cm 的锤击数 N_{10}	贯入 10 cm 的锤击数 $N_{63.5}$	贯入 10 cm 的锤击数 N_{120}

圆锥动力触探的优点如下:

①设备简单,坚固耐用。

②操作及测试方法容易。

③适用性广。

④快速,经济,能连续测试土层。

⑤有些动力触探,可同时取样,观察描述。

⑥经验丰富,使用广泛。

圆锥动力触探的缺点如下:

①不能采样对土进行直观描述,直观性差。

②实验误差大。

2)砂土的密实度

砂土通常采用相对密度来辨别,即以最大孔隙比 e_{max} 与天然孔隙比 e 之差和最大孔隙比 e_{max} 与最小孔隙比 e_{min} 之差的比值 D_r 表示,即

$$D_r = \frac{e_{max} - e}{e_{max} - e_{min}}$$ (1.17)

式中:D_r——砂土的相对密实度;

e_{max}——砂土在最疏松状态下的孔隙比,即最大孔隙比,一般用"松砂器法"测定;

e_{min}——砂土在最密实状态下的孔隙比,即最小孔隙比,一般用"振击法"测定。

根据 D_r 值可把砂土的密实状态划分为密实、中密、松散 3 类,见表 1.9。

表 1.9 砂土的密实状态按 D_r 值分类

相对密度 D_r 值	密实度
$\frac{2}{3} < D_r \leqslant 1$	密实

相对密度 D_r 值	密实度
$\frac{1}{3} < D_r \leq \frac{2}{3}$	中密
$0 < D_r \leq \frac{1}{3}$	松散

相对密实度是无黏性土粗粒土密实度的指标,它对土作为土工构筑物和地基的稳定性,特别是抗震稳定性方面具有重要意义。

对砂土也可用天然孔隙比 e 来评定其密实度。由于矿物成分、级配、颗粒成分等因素对砂土的密实度都有影响,并且在具体的工程中难于取得砂土原状土样,因此利用标准贯入试验、经历触探等原位测试方法来评价砂土的密实度得到了工程技术人员的广泛采用。

根据标准贯入试验的锤击数 N 把砂土的密实状态划分为密实、中密、稍密、松散 4 类,见表 1.10。

表 1.10　砂土的密实状态按标准贯入试验的锤击数 N 分类

标准贯入试验的锤击数	密实度	标准贯入试验的锤击数	密实度
$N \leq 10$	松散	$15 < N \leq 30$	中密
$10 < N \leq 15$	稍密	$N > 30$	密实

轻型和中型动力触探,适用于一般黏性土;标准贯入试验除适用于一般黏性土外,还可适用于粉土、砂土。对粗砂、砾砂以及圆砾、卵石等碎石土类,则应采用重型动力触探。

标准贯入试验锤击数 N 值,可对粉土、砂土和黏性土的物理状态、土的强度、变形参数、地基承载力、单桩承载力、粉土和砂土的液化、成桩的可能等作出评价。

1.3.2　黏性土的物理特性

黏性土随着含水量不断增加,由固态到半固态到可塑状态到液体状态,相应的地基土的承载力逐渐下降。由此,黏性土的物理特性可以用稠度表示。稠度是指黏性土含水量不同时所表现出的物理状态,它反映了土的软硬程度或土对外力引起的变化或破坏的抵抗能力的性质。

1)黏性土的界限含水量

黏性土由一种状态转到另一种状态的分界含水量,称为界限含水量,如图 1.11 所示;土由可塑状态转到流动状态的界限含水量称为液限,用符号 ω_L 表示;土由半固态转到可塑状态的界限含水量称为塑限,用符号 ω_P 表示;土由半固体状态转到固态时的界限含水量称为缩限,用符号 ω_s 表示。它们都以百分数表示。

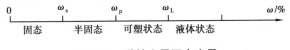

图 1.11　黏性土界限含水量

在实验室中,目前我国采用锥式液限仪来测定黏性土的液限 ω_L,如图 1.12 所示。黏性土的塑限 ω_P 采用搓条法测定。

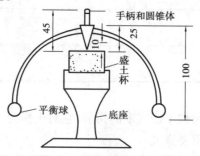

图 1.12　锥式液限仪

测定塑限的搓条法存在着较大的缺点,主要是由于采用手工操作,受人为因素的影响较大,因此测试结果不稳定。近年来,许多单位都在探索一些新方法,以便取代搓条法,如以联合法测定液限和塑限,如图 1.13 所示。而缩限 ω_s 是通过烘干箱的烘干试验测定的。

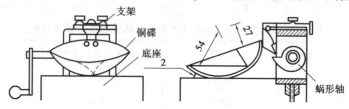

图 1.13　碟式液限仪

2)塑性指数和液性指数

塑性指数是指液限和塑限的差值(省去%符号),即土处在可塑状态的含水量变化范围,用符号 I_P 表示,即

$$I_P = \omega_L - \omega_P \tag{1.18}$$

ω_L 与 ω_P 是分界含水量,都以百分数表示,而 I_P 是 $\omega_L - \omega_P$ 去掉百分数来表示。例如,某一土样,$\omega_L = 28.5\%$,$\omega_P = 13.1\%$,则 I_P 不是 15.4%,而是 15.4。

塑性指数越大,土处于可塑状态的含水量范围也越大,土能吸附的结合水就越多,即土粒越细,且细颗粒(黏粒)的含量越高,则其比表面和可能的结合水含量越高,I_P 也随之增大。从矿物成分来说,黏土矿物可能具有的结合水量大(其中尤以蒙脱石类为最大),I_P 也大。

在工程上常按塑性指数对黏性土进行分类。《建筑地基基础设计规范》(GB 50007—2011)规定黏性土按塑性指数 I_P 值可划分为黏土、粉质黏土,其标准为:

$$10 < I_P \leqslant 17 \quad 粉质黏土; I_P > 17 \quad 黏土$$

液性指数是指黏性土的天然含水量和塑限的差值与塑性指数之比,用符号 I_L 表示。

$$I_L = \frac{\omega - \omega_P}{\omega_L - \omega_P} = \frac{\omega - \omega_P}{I_P} \tag{1.19}$$

液性指数 I_L 可用来表示黏性土所处的软硬状态。黏性土根据液性指数值划分为坚硬、硬塑、可塑、软塑及流塑 5 种软硬状态,见表 1.11。

表 1.11　黏性土的状态

液性指数 I_L	状　态
$I_L \leq 0$	坚硬
$0 < I_L \leq 0.25$	硬塑
$0.25 < I_L \leq 0.75$	可塑
$0.75 < I_L \leq 1$	软塑
$I_L > 1$	流塑

注:当用静力触探探头阻力判定黏性土的状态时,可根据当地经验确定。

例 1.2　已知某黏性土天然含水量 $\omega = 40\%$,液限 $\omega_L = 38\%$,塑限 $\omega_P = 18\%$,给该黏性土定名并确定其状态。

解:塑性指数 $I_P = \omega_L - \omega_P = 38 - 18 = 20$,因为 $20 > 17$,所以该土为黏土。

液性指数 $I_L = \dfrac{\omega - \omega_P}{\omega_L - \omega_P} = \dfrac{0.40 - 0.18}{0.38 - 0.18} = 1.10 > 1$,因此土的软硬状态为流塑。

3)灵敏度

土的结构形成后就获得某种强度,且结构强度随时间而增长。从地层中取出能保持原有结构及含水量的土称为原状土。土体结构受到破坏或含水量发生变化时称为扰动土。将扰动土再按原状土的密度和含水量制备成的试样,称为重塑土。黏性土的原状土无侧限抗压强度与原状土结构完全破坏的重塑土的无侧限抗压强度的比值,称为土的灵敏度 S_t,工程上常用来衡量黏性土结构性对强度的影响,即

$$S_t = \frac{q_u}{q_u'} \tag{1.20}$$

式中:q_u——原状土试样的无侧限抗压强度,kPa;

$\quad\quad q_u'$——重塑土试样的无侧限抗压强度,kPa。

根据灵敏度可以将黏性土分为低灵敏度($1 < S_t \leq 2$)、中灵敏度($2 < S_t \leq 4$)和高灵敏度($S_t > 4$)。土的灵敏度越高,其结构性越强,受扰动后土的强度降低就越明显。在基础工程施工中必须注意保护基槽,尽量减少对土结构的扰动。

黏性土的结构受到扰动后,土的强度降低,但随着静置时间增加,土粒、离子、水分子之间又组成新的平衡体系,土的强度逐渐恢复,这种性质称为土的触变性。

4)在工程实践中的应用

对黏性土物理特性的研究,既是土的基本性质和基本理论问题,又具有明确的工程应用的目的。

(1)触变性质的利用

在沉井下沉或顶管顶进过程中,为了减小施工时的阻力,在井、管壁和土体之间注入用含蒙脱石为主的膨润土制备的触变泥浆,施工时在动力作用下泥浆呈胶溶状态,阻力很小。但施工结束以后由于强度的触变恢复,使沉井或顶管与土之间的摩阻力得到恢复,保证了结构的稳定性。

（2）路基冻胀的机理分析

北方路基的冻胀和翻浆是道路工程的严重病害，冻胀的原因是冻结时土中水分向冻结区迁移和集聚。由于结合水的过冷现象，即使地温在零度以下，结合水仍然处于液体状态，成为水分向冰晶体补充的通道。冰晶体附近的结合水膜因失水而使离子浓度增大，与未冻结区的结合水膜中原来的离子浓度构成浓度差，浓度差形成的渗附压力驱使水化离子从离子浓度低处向高处渗流，源源不断地从未冻结区向冻结区补充水分。只要地下水位比较高且从地下水面至冻结区之间存在毛细通道，便具备了冻胀的地质条件，负温持续的时间越长，冻胀就越严重。对冻胀机理的正确分析为预防冻胀病害提供了理论依据和有针对性的处理方法。

1.3.3　土的压实

在工程建设中，经常遇到填土压实的问题，如修筑道路、水库、堤坝、飞机场、运动场、挡土墙，埋设管道，建筑物地基的回填等。为了提高填土的强度，增加土的密实度，降低其透水性和压缩性，通常用分层压实的办法来处理地基。

1）压实原理

土的压实性是指土在反复冲击荷载作用下能被压密的特性。土压实的实质是将水包裹的土料挤压填充到土粒间的空隙里，排走空气占有的空间，使土料的孔隙率减少，密实度提高。同一种土，干密度越大，孔隙比越小，土越密实。研究土的压实性是通过在实验室或现场进行击实试验，以获得土的最大干密度与对应的最优含水量的关系，以含水量为横坐标，干密度为纵坐标，绘制一条含水量与干密度曲线（ω-ρ），即击实曲线，如图 1.14 所示。

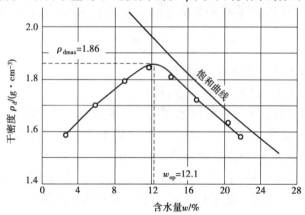

图 1.14　含水量与干密度关系曲线

击实曲线具有以下特点：

①峰值。土的干密度与含水量的关系（击实曲线）出现干密度峰值 ρ_{dmax}，对应该峰值的含水量为最优含水量 ω_{op}。

②饱和曲线是一条随含水量增大干密度下降的曲线。实际的压实曲线在饱和曲线的左侧，两条曲线不会相交。

③击实曲线位于理论饱和曲线左侧。理论饱和曲线假定土中空气全部被排除，空隙完全被水占据，而实际上不可能做到。

④击实曲线在峰值以右逐渐接近于饱和曲线,且大致与饱和曲线平行;在峰值以左,击实曲线和饱和曲线差别很大,随着含水量的减小,干密度迅速减小。

2)影响击实效果的因素

影响击实的因素很多,比较重要的因素有土的性质、含水量和压实功。

(1)土的性质

当采用压实机械对土进行碾压时,土颗粒彼此挤紧,孔隙减小,顺序重新排列,形成新的密实体,粗粒土之间摩擦和咬合增强,细粒土之间的分子引力增大,从而土的强度和稳定性都得以提高。

在同一压实功作用下,含粗粒越多的土,其最大干重度越大,而最佳含水量越小,即随着粗粒土的增多,击实曲线的峰点越向左上方移动。土的颗粒级配对压实效果也有影响。颗粒级配越均匀,压实曲线的峰值范围就越宽广而平缓。对黏性土,压实效果与其中的黏土矿物成分含量有关。添加木质素和铁基材料可改善土的压实效果。

(2)含水量

含水量的大小对击实效果的影响显著。随着含水量增大,土的击实干密度增大,至最优含水量时,干密度达到最大值。当含水量超过最优含水量后,水所占据的体积增大,限制了颗粒的进一步接近,含水量越大,水占据的体积越大,颗粒能够占据的体积越小,干密度逐渐变小。含水量改变了土中颗粒间的作用力,并改变了土的结构与状态,在一定的击实功下,改变击实效果。

试验统计证明:最优含水量 ω_{op} 与土的塑限 ω_P 有关,大致为 $\omega_{op} = \omega_P + 2\%$。土中黏土矿物含量越大,则最优含水量越大。

(3)击实功

夯击的击实功与夯锤的质量、落高、夯击次数以及被夯击土的厚度等有关;碾压的压实功则与碾压机具的质量、接触面积、碾压遍数以及土层的厚度等有关。

对同一种土,用不同的功击实,得到的击实曲线如图1.15所示。曲线表明,在不同的击实功下,曲线的形状不变,但最大干密度的位置却随着击实功的增大而增大,并向左上方移动。也就是说,当击实功增大时,最优含水量减小,相应最大干密度增大。在工程实践中土的含水量较小时,应选用击实功较大的机具,才能把土压实至最大干密度。

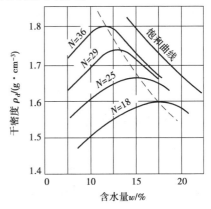

图1.15 击实功对击实曲线的影响

3)压实标准与工程控制

含水量比最优含水量偏高或偏低,填土的性质各有优缺点,在设计土料时要根据对填土提出的要求和当地土料的天然含水量,选定合适的含水量。工程上常采用压实度 D_c 作为衡量填土达到的压密标准,其表达式为

$$D_c = \frac{填土实际干密度}{室内标准功击实的最大干密度} \times 100\% \qquad (1.21)$$

压实度 D_c 一般为 $0 \sim 1$,D_c 值越大压实质量越高,反之则差,但 $D_c > 1$ 时实际压实功超过标

准击实功。工程等级越高要求压实度越大,反之可以略小。大型或重点工程要求压实度都在95%以上,小型堤防工程通常要求80%以上。在填方碾压过程中,如果压实度 D_c 要求很高,当碾压机具多遍碾压后,压实度 D_c 的增长十分缓慢或达不到要求的压实度,这时切不可盲目增加碾压遍数,使得碾压成本增大、施工时间延长,而且很可能造成土体的剪切破坏,降低干密度,应该认真检查土的含水量是否符合设计要求,否则就是由于使用的碾压机是单遍压实功过小而达不到设计要求,只能更换压实功更大的碾压机械才能达到目的。

我国土石坝设计规范中规定,1级、2级坝和高坝的压实度不小于98%~100%,3级及其以下的坝(高坝除外)压实度应不小于96%~98%。太低得不到好的压密效果。实践经验表明,细粒土可以采用击实试验得到的最优含水量 ω_{op} 进行控制。粗粒土的压实标准,一般用相对密实度 D_r 来控制。

1.4 土的工程分类与鉴别

土的工程分类是地基基础勘察与设计的前提,一个正确的设计必须建立在对土的正确评价的基础上,而土的工程分类正是工程勘察评价的基本内容。土的工程分类是岩土工程界普遍关心的问题之一,也是勘察、设计规范的首要内容。

分类只能提供一些最基本的信息,指导工程师选择合适的勘察方法与试验方法,明确评价的重点,建议必要的施工措施,但分类不能代替试验和评价。在进行分类研究的时候,要遵循同类土的工程性质最大程度相似和异类土的工程性质显著差异的原则来选择分类指标和确定分类界限。离开了对工程性质变化规律的研究这一前提,就不可能得出正确的工程分类结果。

根据《建筑地基基础设计规范》(GB 50007—2011)中地基土的工程分类标准,作为建筑地基的岩土,可分为岩石、碎石土、砂土、粉土、黏性土和人工填土,不包括膨胀土、湿陷性黄土、软土等特殊类土的分类方法。

1.4.1 岩石

颗粒间牢固联结、呈整体或具有节理裂隙的岩体称为岩石。作为建筑物地基,除应确定岩石的地质名称外,还应划分其坚硬程度和完整程度。

1)按坚硬程度划分

岩石的坚硬程度应根据岩块的饱和单轴抗压强度 f_r 按表1.12分为坚硬岩、较硬岩、较软岩、软岩和极软岩。当缺乏饱和单轴抗压强度资料或不能进行该项试验时,可在现场通过观察定性划分。岩石的风化程度可分为未风化、微风化、中等风化、强风化和全风化。

表1.12 岩石坚硬程度的划分

坚硬程度类别	坚硬岩	较硬岩	较软岩	软岩	极软岩
饱和单轴抗压强度标准值/MPa	$f_r > 60$	$60 \geqslant f_r > 30$	$30 \geqslant f_r > 15$	$15 \geqslant f_r > 5$	$f_r \leqslant 5$

注:①当无法取得饱和单轴抗压强度标准值数据时,可用点荷载试验强度换算,换算方法按现行国家标准《工程岩体分级标准》(GB/T 50218—2014)执行。

②当岩体完整程度极破碎时,可不进行坚硬程度分类。

2）按完整程度划分

岩体完整程度应按表 1.13 划分为完整、较完整、较破碎、破碎和极破碎。

表 1.13　岩体完整程度划分

完整程度等级	完整	较完整	较破碎	破碎	极破碎
完整性指数	>0.75	0.75～0.55	0.55～0.35	0.35～0.15	<0.15

注:完整性指数为岩体纵波波速与岩块纵波波速之比的平方。选定岩体、岩块测定波速时应有代表性。

当缺乏单轴饱和抗压强度资料或不能进行该项试验时,可在现场通过观察定性划分,见表 1.14。

表 1.14　岩石坚硬程度的定性划分

名　　称		定性鉴定	代表性岩石
硬质岩石	坚硬岩	锤击声清脆,有回弹,震手,难击碎;基本无吸水反应	未风化、微风化的花岗岩、闪长岩、辉绿岩、玄武岩、安山岩、片麻岩、石英岩、硅质砾岩、石英砂岩、硅质石灰岩等
	较硬岩	锤击声较清脆,有轻微回弹,稍震手,较难击碎;有轻微吸水反应	1. 微风化的坚硬岩 2. 未风化、微风化的大理岩、板岩、石灰岩、钙质砂岩等
软质岩石	较软岩	锤击声不清脆,无回弹,较易击碎;指甲可刻出印痕	1. 中风化的坚硬岩和较硬岩 2. 未风化、微风化的凝灰岩、千枚岩、砂质泥岩、泥灰岩等
	软岩	锤击声哑,无回弹,有凹痕,易击碎;浸水后,可捏成团	1. 强风化的坚硬岩和较硬岩 2. 中风化的较软岩 3. 未风化、微风化的泥质砂岩、泥岩等
极软岩		锤击声哑,无回弹,有较深凹痕,手可捏碎;浸水后,可捏成团	1. 风化的软岩 2. 全风化的各种岩石 3. 各种半成岩

1.4.2　碎石土

碎石土是指粒径大于 2 mm 的颗粒含量超过全重的 50% 的土。

碎石土按颗粒级配、颗粒形状分为漂石、块石、卵石、碎石、圆砾和角砾,见表 1.15。碎石土颗粒较粗,不容易取原状土样,也难将贯入器贯入其中,其密实度只能根据野外观察,以考察其颗粒含量、排列土体的可挖性和可钻性来鉴别,具体办法参见 1.3.1 节。

表 1.15　碎石土的分类

土的名称	颗粒形状	粒组含量
漂石块石	圆形及亚圆形为主棱角形为主	粒径大于 200 mm 的颗粒含量超过全重 50%

续表

土的名称	颗粒形状	粒组含量
卵石碎石	圆形及亚圆形为主棱角形为主	粒径大于 20 mm 的颗粒含量超过全重 50%
圆砾角砾	圆形及亚圆形为主棱角形为主	粒径大于 2 mm 的颗粒含量超过全重 50%

注:分类时应根据粒组含量栏从上到下以最先符合者确定。

常见的碎石土强度大,压缩性小,渗透性大,为优良地基。其中,密实碎石土为优等地基;中等密实碎石土为优良地基;稍密碎石土为良好地基。

1.4.3　砂土

砂土为粒径大于 2 mm 的颗粒含量不超过全重 50%、粒径大于 0.075 mm 的颗粒超过全重 50% 的土。影响砂土工程性质的主要因素是土粒的组成和砂土的密实度。砂土按粒组含量可以分为砾砂、粗砂、中砂、细砂和粉砂。砂土的分类见表 1.16。

表 1.16　砂土的分类

土的名称	粒组含量
砾砂	粒径大于 2 mm 的颗粒含量占全重 25% ~ 50%
粗砂	粒径大于 0.5 mm 的颗粒含量超过全重 50%
中砂	粒径大于 0.25 mm 的颗粒含量超过全重 50%
细砂	粒径大于 0.075 mm 的颗粒含量超过全重 85%
粉砂	粒径大于 0.075 mm 的颗粒含量超过全重 50%

注:定名时应根据颗粒级配由大到小以最先符合者确定。

①密实与中密状态的砾砂、粗砂、中砂属低压缩性土,具有较高的强度,为优良地基;稍密状态的砾砂、粗砂、中砂为良好地基。

②粉砂与细砂要具体分析:密实状态时为良好地基,饱和疏松状态时为不良地基。疏松的饱和粉砂和细砂,在受到振动时,结构容易被破坏,强度大幅度下降,变形增加,形成所谓"砂土液化"现象,给工程带来极大的危害。

砂土的野外鉴别方法见表 1.17。

表 1.17　砂土的野外鉴别方法

鉴别特征	砾砂	粗砂	中砂	细砂	粉砂
观察颗粒粗细	约有 1/4 以上颗粒比荞麦或高粱粒(粒径 2 mm)大	约有一半以上颗粒比小米粒(粒径 0.5 mm)大	约有一半以上颗粒与砂糖或白菜籽近似(粒径 >0.25 mm)	大部分颗粒与粗玉米粉近似(粒径 >0.1 mm)	大部分颗粒与小米粉近似(粒径 < 0.1 mm)近似
干燥时状态	颗粒完全分散	颗粒完全分散,个别胶结	颗粒基本分散,部分胶结,胶结部分一碰即散	颗粒大部分分散,少量胶结,胶结部分稍加碰撞即散	颗粒少部分分散,大部分胶结(稍加压即能分散)

续表

鉴别特征	砾砂	粗砂	中砂	细砂	粉砂
湿润时用手拍后的状态	表面无变化	表面无变化	表面偶有水印	表面有水印(翻浆)	表面有显著翻浆现象
黏着程度	无黏着感	无黏着感	无黏着感	偶有轻微黏着感	有轻微黏着感

1.4.4　粉土

粒径大于 0.075 mm 的颗粒质量且不超过总质量的 50%,且塑性指数小于或等于 10 的土,应定名为粉土。

粉土的湿度根据饱和度 S_r 分为三等,数值与砂土湿度相同。$0 < S_r \le 0.5$ 为稍湿,$0.5 < S_r \le 0.8$ 为很湿,$0.8 < S_r \le 1$ 为饱和。

粉土的性质介于砂类土与黏性土之间。它既不具有砂土透水性大、容易排水固结、抗剪强度较高的优点,又不具有黏性土防水性能好、不易被水冲蚀流失、具有较大黏聚力的优点。在许多工程问题上,表现出较差的性质,如受振动容易液化、冻胀性大等。密实的粉土为良好地基;饱和稍密的粉土地震时易产生液化,为不良地基。粉土的野外鉴别方法见表1.18。

1.4.5　黏性土

黏性土为塑性指数 I_P 大于 10 的土,可分为黏土、粉质黏土。

黏性土的工程性质与其含水率的大小密切相关。硬塑状态的黏性土为优良地基;流塑状态的黏性土为软弱地基。鉴别方法见表1.18。

表 1.18　黏性土、粉土的野外鉴别方法

鉴别方法	分类		
	黏土	粉质黏土	粉土
	塑性指数		
	$I_P > 17$	$10 < I_P \le 17$	$I_P \le 17$
湿润时用刀切	切面非常光滑,刀刃有黏腻的阻力	稍有光滑面,切面规则	无光滑面,切面比较粗糙
用手捻摸时的感觉	湿土用手捻摸有滑腻感,当水分较大时极易粘手,感觉不到有颗粒的存在	仔细捻摸感觉到有少量细颗粒,稍有滑腻感,有黏滞感	感觉有细颗粒存在或感觉粗糙,有轻微黏滞感或无黏滞感
黏着程度	湿土极易黏着物体(包括金属与玻璃),干燥后不易剥去,用水反复洗才能去掉	能黏着物体,干燥后较易剥掉	一般不黏着物体,干燥后一碰就掉

续表

鉴别方法	分 类		
	黏 土	粉质黏土	粉 土
	塑性指数		
	$I_p > 17$	$10 < I_p \leqslant 17$	$I_p \leqslant 17$
湿土搓条情况	能搓成小于 0.5 mm 的土条（长皮不短于手掌），手持一端不易断裂	能搓成 0.5~2 mm 的土条	能搓成 2~3 mm 的土条
干土的性质	坚硬，类似陶器碎片，用锤击方可打碎，不易击成粉末	用锤易击碎，用手难捏碎	用手很易捏碎

1.4.6 人工填土

人工填土，是指由人类活动而形成的堆积物，其物质成分复杂，均匀性差。

人工填土按组成和成因分为素填土、杂填土、冲填土和压实填土 4 类，见表 1.19。

表 1.19 人工填土按组成物质分类

土的名称	组成物质
素填土	素填土由碎石土、砂土、粉土、黏性土等组成
杂填土	杂填土为含有建筑物垃圾、工业废料、生活垃圾等杂物的填土
冲填土	冲填土为由水力冲填泥砂形成的填土
压实填土	经过压实或夯实的素填土为压实填土

人工填土按堆积年代分为老填土和新填土。凡黏性土填筑时间超过 10 年，粉土超过 5 年，称为老填土。若黏性土填筑时间小于等于 10 年，粉土填筑时间少于 5 年，则称为新填土。

通常，人工填土的工程性质不良，强度低、压缩性大且不均匀。其中，压实填土相对较好。杂填土因成分复杂，平面与立面分布很不均匀、无规律，工程性质最差。

以上 6 类岩土，在工业与民用建筑工程中经常遇到。此外，还有几种特殊性质的土与上述 6 类岩土不同，需要特别加以注意。

1.4.7 特殊土

特殊土是在特定地理环境或人为条件下形成的具有特殊性质的土。它的分布一般有其明显的区域性。特殊土的种类很多，包括淤泥和淤泥质土、红黏土、湿陷性土和膨胀土。此外，软土也可算作区域性特殊土。

特殊土通常有专门的分类方法和地基设计规范，碰到这种情况，应该查阅有关的资料和规定。这里介绍几种常见特殊土的特征，便于区别。

1）淤泥和淤泥质土

淤泥为在静水或缓慢的流水环境中沉积，并经生物化学作用形成，其天然含水量大于液限，天然孔隙比大于或等于 1.5 的黏性土。天然含水量大于液限而天然孔隙比小于 1.5 但大于或等于 1 的黏性土或粉土为淤泥质土。它含有大量未分解的腐殖质，有机质含量大于 60% 的土为泥炭，有机质含量大于等于 10% 且小于等于 60% 的土为泥炭质土。

2）红黏土

红黏土为碳酸盐岩系的岩石经红土化作用形成的高塑性黏土，其液限一般大于 50%。红黏土经再搬运后仍保留其基本特征，其液限大于 45% 的土为次生红黏土。

3）湿陷性土

湿陷性土为在一定压力下浸水后产生附加沉降，其湿陷系数大于或等于 0.015 的土。

4）膨胀土

膨胀土为土中黏粒成分主要由亲水性矿物组成，同时具有显著的吸水膨胀和失水收缩特性，其自由膨胀率大于或等于 40% 的黏性土。

项目小结

本项目主要讲述土的物理性质和土的工程分类，土的各种性质是学习基础工程设计与施工技术所必需的基本知识，也是评价土的工程性质、分析与解决土的工程技术问题时讨论的最基本的内容。

土颗粒的大小与土的物理力学性质有密切的关系，工程上常用土中所含各个粒组的相对含量来表示土中各粒组的组成，称为土的颗粒级配。土的颗粒级配直接影响土的性质，是确定土（尤其是无黏性土）的工程名称和建筑材料选用的主要指标和依据。

土的物质成分包括构成土骨架的固体颗粒以及土骨架孔隙中的水和气体，通常称为土的三相组成（固相、液相和气相）。土的三相物质在体积和质量上的比例关系称为三相比例指标。三相比例指标反映了土的干燥与潮湿、疏松和紧密，是评价土的工程性质最基本的物理性质指标，可分为基本指标和换算指标两种。

黏性土由一种状态转到另一种状态的分界含水量，称为界限含水量。土由可塑状态转到流动状态的界限含水量称为液限 ω_L；土由半固态转到可塑状态的界限含水量称为塑限 ω_P；土由半固体状态转到固态时的界限含水量称为缩限 ω_s。

土的工程分类是地基基础勘察与设计的前提，一个正确的设计必须建立在对土的正确评价的基础上，而土的工程分类正是工程勘察评价的基本内容。土的工程分类是岩土工程界普遍关心的问题之一，也是勘察、设计规范的首要内容。

习 题

一、选择题

1. 土颗粒的级配曲线平缓,表示( )。

    A. 土颗粒大小较均匀,级配良好   B. 土颗粒大小不均匀,级配不良

    C. 土颗粒大小不均匀,级配良好   D. 土颗粒大小均匀,级配不良

2. 土是由固体颗粒以及孔隙中的水和气体组成,其中土的骨架是指( )。

    A. 固体颗粒   B. 水   C. 空气   D. 孔隙中的水和空气

3. 常见的黏土矿物有高岭石、伊利石、蒙脱石,其中亲水性最大的是( )。

    A. 蒙脱石   B. 伊利石

    C. 高岭石   D. 以上几种矿物亲水性相同

4. 当黏性土的液性指数 $I_L = 0.8$ 时,天然土处于( )状态。

    A. 硬塑   B. 可塑   C. 流塑   D 软塑

5. 同一种土的天然密度、干密度、饱和密度、浮密度中,数值最大的是( )。

    A. 天然密度   B. 干密度   C. 饱和密度   D. 浮密度

6. 黏性土的塑性指数越大,说明( )。

    A. 土粒比表面积越小   B. 土粒吸附能力越弱

    C. 土的可塑范围越大   D. 黏粒、胶粒、黏土矿物含量越低

二、填空题

1. 土的不均匀系数 C_u 越大,级配就越 _____;土的液性指数 I_L 越小,土质就越_____。

2. 黏性土的灵敏度越高,扰动后其强度降低就越_____,在施工中应注意保护基槽,尽量减少对坑底土的扰动。

3. 含水量的大小对击实效果的影响显著。随着含水量增大,土的压实干密度_____,至最优含水量时,干密度达到_____。

4. 在工程上常按塑性指数对黏性土进行分类,$I_P > 17$ 时为_____。

5. 根据液性指数,黏性土的物理状态可划分为_____、_____、_____、软塑和流塑 5 种类型。

三、判断题

1. 在填方工程施工中,常用土的干密度来评价填土的压实程度。   ( )

2. 用塑性指数 I_P 可以对土进行分类。   ( )

3. 相对密实度 D_r 主要用于比较不同砂土的密实度大小。   ( )

4. 土在最优含水量时,压实密度最大,同一种土的压实能量越大,最优含水量越大。

        ( )

5. 地下水位上升时,在浸湿的土层中,其颗粒相对密度和孔隙比将增大。   ( )

四、简答题

1. 什么是土的颗粒级配? 土的颗粒级配指标有哪些? 如何利用土的颗粒级配曲线形态和颗粒级配指标评价土的工程性质?

2. 土的三相比例指标有哪些? 哪些可直接测定? 哪些需要通过换算求得?

3. 解释土的天然重度 γ、饱和重度 γ_{sat}、有效重度 γ' 和干重度 γ_d 的物理意义并说明它们的大小关系。

4. 什么是塑性指数? 塑性指数的大小与哪些因素有关? 在工程上有何应用?

5. 含水量是如何影响土的击实效果的?

五、计算题

1. 某土样在天然状态下的体积为 200 cm³,质量为 335 g,烘干后质量为 295 g,土粒相对密度 $G_s = 2.68$,试计算该土样的密度、含水量、干密度、孔隙比、孔隙率和饱和度。

2. 某黏性土的含水量为 35.6%,液限为 47.8%,塑限为 24.2%,试确定该土样的名称和状态。

3. 某砂土土样的密度为 1.77 g/cm³,含水量为 9.8%,土粒相对密度为 2.67,烘干后测定最小孔隙比为 0.461,最大孔隙比为 0.943,试求孔隙比和相对密度,判断该砂土的密实度。

4. 某一完全饱和黏性土试样的含水量为 30%,土粒相对密度为 2.73,液限为 33%,塑限为 17%,试求孔隙比、干密度和饱和密度,并按塑性指数和液性指数分别定出该黏性土的分类名称和软硬状态。

项目 2
土中的应力

项目导读

建筑物地基的稳定性和沉降与地基中的应力密切相关,必须了解和计算在建筑物修建前后土体中的应力状态。土中的应力包括自重应力和附加应力,本项目介绍了土体中自重应力的分布规律与计算方法,基底压力的计算方法,附加应力的分布规律,以及矩形、条形基础下土中附加应力的计算方法。学习本项目要求掌握土中应力的基本形式及基本定义,掌握土中各种应力在不同条件下的计算方法。

建造建筑物之前,土本身有自重,地基中已经存在应力,这种由土的自重在地基中产生的应力称为自重应力;当地基土承受建筑物荷载时,地基原有的应力状态发生了变化,地基中产生新的应力增量,增量部分称为附加应力。地基中一点总应力为自重应力和附加应力之和。自重应力和附加应力两者产生的原因不同,其分布规律和计算方法也不相同。

自重应力是长期存在于地基土中的应力,由于天然土层形成的年代比较久远,在自重应力作用下其压缩变形已经稳定,因此,它的存在不会引起地基土产生新的变形。附加应力才是引起地基产生新的变形导致基础产生沉降的原因。土中应力增量将引起土的变形,从而使建筑物发生下沉、倾斜及水平位移等。如果这种变形过大,往往会影响建筑物的正常使用。此外,土中应力过大时,会导致土的强度破坏,甚至使土体发生滑动而失去稳定。研究土体的变形、强度及稳定性等力学问题时,必须先掌握土中应力状态。计算土中应力分布是土力学的基本内容之一。

2.1 土中自重应力

计算土的自重应力时,将地基视为在水平方向及地面以下都是无限延伸的半无限弹性体。由于天然地面是一个无限大的水平面,在自重应力作用下地基土只产生竖向变形,而无侧向位移和剪切变形,因此可认为土中任何垂直面及水平面上不产

土中的自重应力

生剪应力。对均匀的土体,某点的自重应力只与土的重度及该点深度有关。

2.1.1   均质土中的自重应力

对均质土,取横截面为单位面积的土柱进行计算(图2.1),设土的重度为γ(kN/m³),地面以下深度z处的自重应力即该单位面积土柱的重力,即

$$\sigma_{cz} = \gamma \cdot z \qquad (2.1)$$

式中:σ_{cz}——在天然地面以下任意深度z处的竖向自重应力,kPa;

γ——土的天然重度,kN/m³;

z——从天然地面起算的深度,m。

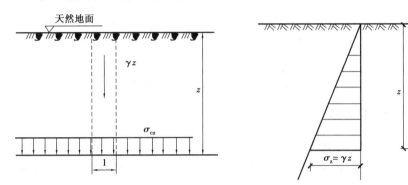

图2.1   均质土中自重应力计算简图及分布

2.1.2   成层土中的自重应力

当地基土深度范围内有多层不同重度的土时(图2.2),任意深度z处的竖向自重应力为各土层竖向自重应力之和,即

$$\sigma_{cz} = \gamma_1 h_1 + \gamma_2 h_2 + \cdots + \gamma_n h_n = \sum_{i=1}^{n} \gamma_i h_i \qquad (2.2)$$

式中:σ_{cz}——土中的自重应力,kPa;

γ_i——第i层土的天然重度,kN/m³,地下水位以下采用浮重度γ';

h_i——第z层土的厚度,m;

n——从地面到深度z处的土层数。

从式(2.2)可知,土中自重应力σ_{cz}随深度呈线性增加。当仅有一层土时,呈三角形分布;有多层土时,呈折线形分布,同一层土内为直线,在层面交界处有转折。

2.1.3   地下水对自重应力的影响

一般来说,地下水位以下的土,受到水的浮力作用,计算自重应力时应采用水下土的有效重度代替天然重度,即采用浮重度$\gamma' = \gamma_{sat} - \gamma_w$,具体计算方法同成层土体情况(图2.2),$\gamma_w$为水的重度,通常取10 kN/m³。

当地下水位有可能下降时,最低水位以上土的重度不应扣除水的浮力。

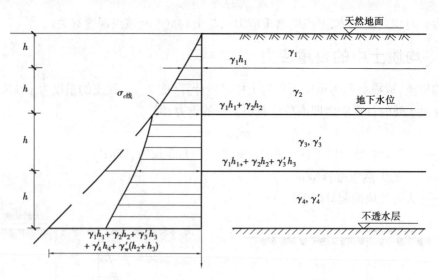

图 2.2 成层土中自重应力计算简图及分布

2.1.4 不透水层的影响

基岩或只含强结合水的坚硬黏土层可视为不透水层。不透水层中不存在浮力,在该层面及以下的自重应力等于上覆土和水的总重,如图 2.2 所示,不透水层处土体的自重应力为

$$\sigma_{cz} = \gamma_1 h_1 + \gamma_2 h_2 + \gamma'_3 h_3 + \gamma'_4 h_4 + \gamma_w (h_3 + h_4) \tag{2.3}$$

例 2.1 某地基土层剖面如图 2.3 所示,试计算各土层自重应力并绘制自重应力分布图。

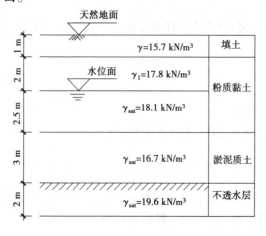
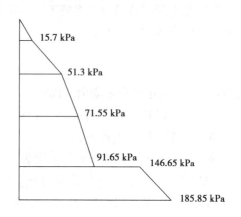

图 2.3 某地基土层剖面图

解:填土层底:$\sigma_{cz} = \gamma_1 h_1 = 15.7 \times 1.0 = 15.7 (\text{kPa})$

地下水位处:$\sigma_{cz} = \gamma_1 h_1 + \gamma_2 h_2 = 15.7 + 17.8 \times 2.0 = 51.3 (\text{kPa})$

粉质黏土层底:$\sigma_{cz} = \gamma_1 h_1 + \gamma_2 h_2 + \gamma'_3 h_3 = 51.3 + (18.1 - 10) \times 2.5 = 71.55 (\text{kPa})$

淤泥层底:$\sigma_{cz} = \gamma_1 h_1 + \gamma_2 h_2 + \gamma'_3 h_3 + \gamma'_4 h_4 = 71.55 + (16.7 - 10) \times 3 = 91.65 (\text{kPa})$

不透水层面:$\sigma_{cz} = \gamma_1 h_1 + \gamma_2 h_2 + \gamma'_3 h_3 + \gamma'_4 h_4 + \gamma_w (h_3 + h_4) = 91.65 + 10 \times (2.5 + 3) =$ 146.65(kPa)

钻孔底：$\sigma_{cz} = \gamma_1 h_1 + \gamma_2 h_2 + \gamma_3' h_3 + \gamma_4' h_4 + \gamma_w(h_3 + h_4) + \gamma_5 h_5 = 146.65 + 19.6 \times 2 = 185.85(\text{kPa})$

2.1.5　自重应力的分布规律

由以上各情况下的自重应力分布图可知其分布规律：

①土的自重应力分布线是一条折线，折点在土层交界处和地下水位处，在不透水层面处分布线有突变。

②同一层土的自重应力按直线变化。

③自重应力随深度增加而变大。

④在同一平面，自重应力各点相等。

2.2　基底压力

建筑物的荷载通过基础传给地基，在基础和地基之间存在着接触压力。其中，基础底面传递到地基表面的压力，称为基底压力（方向向下）；地基对基础底面的支承反力，称为基底反力（方向向上）。两者大小相等，方向相反，是作用力与反作用力。计算地基中的附加应力及设计基础时，必须先确定基底压力（或基底反力）的大小和分布。

2.2.1　基底压力的分布

基底压力的分布涉及上部结构、基础和地基三者共同作用的问题，其规律取决于基础刚度、基础形状及尺寸、埋置深度、基础所受荷载大小及分布、四周超载以及地基土性质等因素。

当基础是柔性的（抗弯刚度 $EI \rightarrow 0$），基础变形能完全适应地基表面的变形，则基底压力分布与作用在基础上的荷载相似。例如，由土筑成的路堤，可以近似认为它是一种柔性基础，路堤自重引起的基底压力分布与路堤断面形状相同，是梯形分布，如图2.4所示。

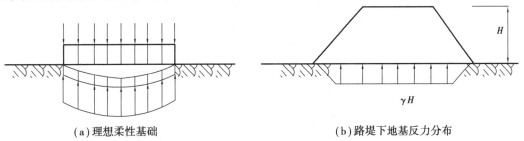

（a）理想柔性基础　　　　　　　　　（b）路堤下地基反力分布

图2.4　某地基土层剖面图

若基础刚度很大或为绝对刚性（$EI \rightarrow \infty$），基底压力分布就不同于上部荷载分布情况。基底受荷后仍保持水平，各点沉降相同，理论上来说，基底压力四周大中间小，如图2.5（a）中虚线所示。试验及测试表明，对刚度较大的基础，基础边缘地基土产生塑性变形后，基底压力重分布，边缘压力向内转移，基底压力分布呈马鞍形，如图2.5（a）中实线所示。随着上部荷载的逐渐增大，基础边缘土中应力很大，会使基础边缘地基土塑性变形区扩大，基底压力将由马鞍形变成抛物线形,如图2.5(b)所示,以致最后呈现为钟形而地基濒于破坏,如图2.5(c)所示。

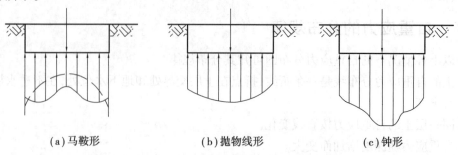

(a)马鞍形 (b)抛物线形 (c)钟形

图2.5 刚性基础下的压力分布图

实际工程中基础的刚度是介于绝对柔性和绝对刚性之间,而具有较大的刚度。因受地基容许承载力的限制,作用在基础上荷载产生的压力一般不会很大,基底压力大多属于马鞍形分布,而且比较接近直线,故工程上常假定基底压力按直线分布,可按材料力学公式计算基底压力,使计算大为简化,满足工程的精度要求。

2.2.2 基底压力的简化计算

1)轴心荷载下的基底压力

基底压力简化计算

当基础受轴心荷载作用时,荷载的合力通过基础底面的形心,如图2.6所示。基底压力呈均匀分布,如基础为矩形,此时的基底压力可计算为

$$p_k = \frac{F_k + G_k}{A} \tag{2.4}$$

式中:p_k——基底压力,kPa;

F_k——相应于作用的标准组合时,上部结构传至基础顶面的竖向力值,kN;

G_k——基础自重和基础上的土重,kN;$G_k = \gamma_G \times A \times d$,$\gamma_G$为基础及回填土的平均重度,一般取20 kN/m³,但在地下水位以下部分应扣除浮力,即取 $\gamma'_G = 10$ kN/m³;

d 为基础埋置深度,m,应从室内外平均设计地面算起;

A——基础底面面积,m²,对矩形基础 $A = b \times l$,l 和 b 分别为矩形基础底面的长和宽。对荷载沿长度方向均匀分布的条形基础,取单位长度进行基底压力计算,此时将公式中的 A 取基础宽度 b(m),而 F_k 和 G_k 为单位长度基础截面内的相应值(kN/m)。

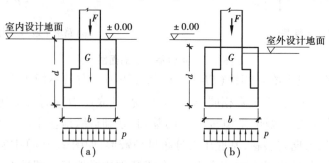

图2.6 轴心荷载作用下基底反力分布图

2)偏心荷载下的基底压力

对单向偏心荷载作用下的矩形基础,如图2.7所示,一般取基底长边方向与偏心方向一致。此时基底两端最大压力值 p_{kmax} 和最小压力值 p_{kmin} 按材料力学偏心受压公式计算

$$p_{kmin}^{kmax} = \frac{F_k + G_k}{A} \pm \frac{M_k}{W} \tag{2.5}$$

式中:M_k——相应于作用的标准组合时,作用于基础底面形心的力矩值,kN·m;

$\quad W$——基础底面的抵抗矩,m^3,对矩形基础,$W = bl^2/6$;

$\quad p_{kmax}$——相应于作用的标准组合时,基础底面边缘的最大压力值,kPa;

$\quad p_{kmin}$——相应于作用的标准组合时,基础底面边缘的最小压力值,kPa。

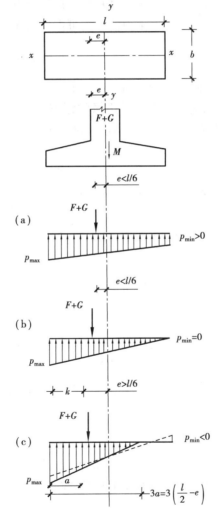

图2.7　偏心荷载作用下基底反力分布图

将 $M_k = (F_k + G_k)e$,$W = bl^2/6$,$A = b \times l$ 代入式(2.5)得

$$p_{kmin}^{kmax} = \frac{F_k + G_k}{bl}\left(1 \pm \frac{6e}{l}\right) \tag{2.6}$$

式中：e——偏心距，m，$e = \dfrac{M_k}{F_k + G_k}$。

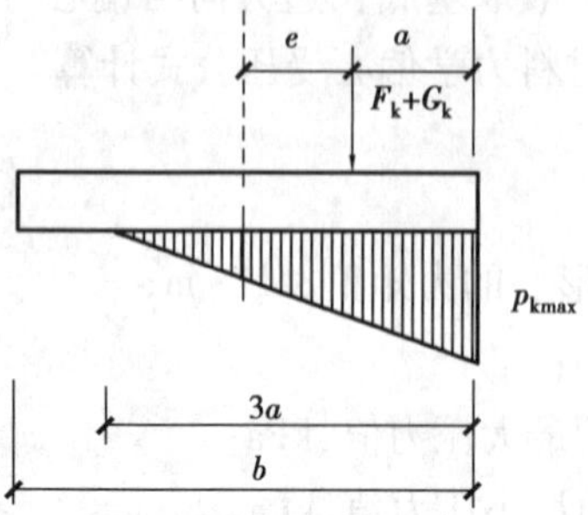

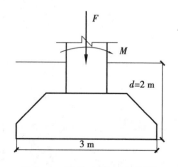

图 2.8 偏心荷载（$e > l/6$）
下基底压力计算示意图

由式（2.6）可知：

①当 $e < l/6$ 时，$p_{kmin} > 0$，基底压力呈梯形分布。

②当 $e = l/6$ 时，$p_{kmin} = 0$，基底压力呈三角形分布。

③当 $e > l/6$ 时，$p_{kmin} < 0$，表示基础底面与地基之间一部分出现拉应力。此时基底与地基土局部脱开，基底压力重新分布。根据平衡条件，荷载合力必定通过基底三角形压力图形的形心，如图 2.8 所示。由力的平衡可推导出地基边缘最大压力

$$p_{kmax} = \frac{2(F_k + G_k)}{3ab}$$

式中：b——垂直于力矩作用方向的基础底面边长，m；

a——合力作用点至基础底面最大压力边缘的距离，m，$a = l/2 - e$，l 为力矩作用方向基础底面边长。

例 2.2 某独立基础，底面尺寸 $l \times b = 3\,\text{m} \times 2\,\text{m}$，埋深 $d = 2\,\text{m}$，如图 2.9 所示，作用在基础顶面荷载 $F_k = 1\,000$ kN，力矩 $M = 200$ kN·m，计算基底压力 p_{kmax}, p_{kmin}。

解： 依题意得 $G_k = \gamma_G \times A \times d = 20 \times 3 \times 2 \times 2 = 240$（kN）

图 2.9 某独立基础剖面图

$$W = \frac{1}{6}bl^2 = \frac{1}{6} \times 2 \times 3^2 = 3\,(\text{m}^3)$$

基础在偏心荷载作用下，

最大基底压力 $p_{kmax} = \dfrac{F_k + G_k}{A} + \dfrac{M_k}{W} = \dfrac{1\,000 + 240}{3 \times 2} + \dfrac{200}{3} = 273.3\,(\text{kPa})$

最小基底压力 $p_{kmin} = \dfrac{F_k + G_k}{A} + \dfrac{M_k}{W} = \dfrac{1\,000 + 240}{3 \times 2} - \dfrac{200}{3} = 140\,(\text{kPa})$

2.2.3 基底附加压力

建筑物荷载在地基中增加的压力称为附加压力。一般情况下，建筑物建造前天然土层在自重作用下的变形早已结束。只有新增加于基底处的外荷载——基底附加压力才能引起地基的附加应力和变形。

在实际工程中，一般基础都埋置在天然地面以下一定深度处，该处原有的自重应力由于开挖基坑而卸除，因此，由建筑物引起的基底压力应扣除基底标高处的自重应力，才是基底处新增加的附加压力，也称基底净压力，如图 2.10 所示。其大小可计算为

$$p_0 = p_k - \sigma_{cz} \tag{2.7}$$

式中：p_0——基础底面的附加压力，kPa；

$\quad\quad p_k$——基底压力，kPa；

$\quad\quad \sigma_{cz}$——在天然地面以下深度 z 处的竖向自重应力，kPa。

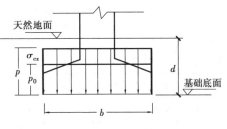

图 2.10　基底附加压力

从式（2.7）可知，在相同荷载下，基础埋深越大，或基础自重越小，附加压力就越小。高层建筑常采用深埋的箱形基础或地下室，从而减少基底压力，减少基础沉降。这种做法称为基础的补偿性设计。

2.3　土中附加应力

在外荷载作用下，地基中各点均会产生应力，称为附加应力。对于一般天然土层来说，自重应力引起的压缩变形在地质历史上已经完成，不会引起地基沉降，附加应力才是引起地基产生变形及破坏的原因。要了解掌握地基变形，必须先掌握土中附加应力的分布规律以及基本的计算。在计算地基中的附加应力时，一般均假定土体是连续、均质、各向同性的，来用弹性力学解答。以下介绍工程中常遇到的一些荷载情况和附加应力计算方法。

2.3.1　竖向集中荷载作用下的附加应力

半空间弹性体的表面作用有一个集中力 F（图 2.11），任意一点 $M(x,y,z)$ 的全部应力和全部位移已按弹性力学的方法由法国的布辛涅斯克推导出，其中与地基沉降计算直接有关的竖向附加应力 σ_z 的计算公式为

$$\sigma_z = \frac{3F}{2\pi} \cdot \frac{z^3}{R^5} = \frac{3F}{2\pi} \cdot \frac{z^3}{(r^2+z^2)^{5/2}} = \frac{3}{2\pi} \cdot \left[\frac{1}{(r/z)^2+1} \right] \cdot \frac{F}{z^2} = \alpha \frac{F}{z^2} \quad\quad (2.8)$$

式中：α——竖向集中力作用下土中附加应力系数，$\alpha = \dfrac{3}{2\pi} \cdot \left[\dfrac{1}{(r/z)^2+1} \right]$，一般可由表 2.1 查得。其中，$r$ 为 M 点与集中力作用点的水平距离，z 为 M 点的深度。

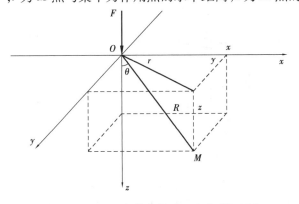

图 2.11　竖向集中荷载作用下土中附加压力

表 2.1 竖向集中荷载作用下地基附加应力系数 α

r/z	α	r/z	α	r/z	α	r/z	α	r/z	α
0	0.477 5	0.50	0.273 3	1.00	0.084 4	1.50	0.025 1	2.00	0.008 5
0.05	0.474 5	0.55	0.246 6	1.05	0.074 4	1.55	0.022 4	2.20	0.005 8
0.10	0.465 7	0.60	0.221 4	1.10	0.065 8	1.60	0.020 0	2.40	0.004 0
0.15	0.451 6	0.65	0.197 8	1.15	0.058 1	1.65	0.017 9	2.60	0.002 9
0.20	0.432 9	0.70	0.176 2	1.20	0.051 3	1.70	0.016 0	2.80	0.002 1
0.25	0.410 3	0.75	0.156 5	1.25	0.045 4	1.75	0.014 4	3.00	0.001 5
0.30	0.384 9	0.80	0.138 6	1.30	0.040 2	1.80	0.012 9	3.50	0.000 7
0.35	0.357 7	0.85	0.122 6	1.35	0.035 7	1.85	0.011 6	4.00	0.000 4
0.40	0.329 4	0.90	0.108 3	1.40	0.031 7	1.90	0.010 5	4.50	0.000 2
0.45	0.301 1	0.95	0.095 6	1.45	0.028 2	1.95	0.009 5	5.00	0.000 1

利用式(2.8)可求出地基中任意一点的附加应力值。将地基划分成许多网格,求出各网格交点上的 σ_z 值,就可绘出土中竖向附加应力等值线分布图及附加应力沿荷载轴线和不同深度处的水平面上的分布(图2.12),由图可知:

①当 $r = 0$ 时的荷载轴线上,随着深度 z 的增大, σ_z 减小。

②当 z 一定时, $r = 0$ 时, σ_z 最大,随着 r 的增大, σ_z 逐渐减小。

应力等值线分布图其空间形状如泡状,成为应力泡。图中离集中力作用点越远,附加应力越小,这种现场称为应力扩散。

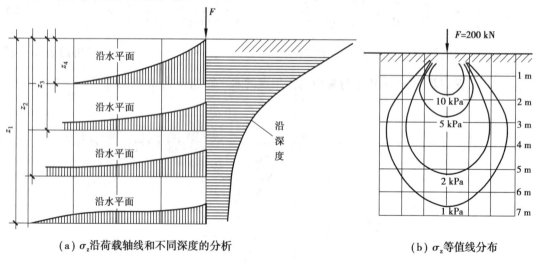

(a) σ_z 沿荷载轴线和不同深度的分析   (b) σ_z 等值线分布

图 2.12 土中附加应力分布图

若地基表面作用着多个竖向集中荷载时 $F_i (i = 1,2,3,\cdots,n)$,按照叠加的原理,则地面下 z 深度某点 M 处的竖向附加应为各个集中力单独作用时产生的附加应力之和,即

$$\sigma_z = \alpha_1 \frac{F_1}{z^2} + \alpha_2 \frac{F_2}{z^2} + \cdots + \alpha_n \frac{F_n}{z^2} = \sum_{i=1}^{n} \alpha_i \frac{F_i}{z^2} \tag{2.9}$$

式中：α_i——第 i 个集中力作用下，地基中的竖向附加应力系数，根据 r_i/z 按表2.1查得，其中 r_i 为第 i 个集中力作用点到 M 点的水平距离。

2.3.2 矩形基础底面竖向均布荷载作用下地基中的附加应力

1）竖向均布荷载作用角点下的附加应力

矩形（指基础底面）基础边长分别为 b，l，基底附加压力均匀分布，计算基础4个角点下地基中的附加应力。4个角点下应力相同，只计算一个即可。

将坐标原点选在基底角点处（图2.13），在矩形面积内取一微面积 $\mathrm{d}x\mathrm{d}y$，其上均布荷载用集中力 $\mathrm{d}F = p_0\mathrm{d}x\mathrm{d}y$ 代替，经过微积分计算，可将角点下某点的竖向附加应力 σ_z 表达为

$$\sigma_z = \alpha_c p_0 \tag{2.10}$$

式中：p_0——作用在矩形范围的竖向均布荷载，在实际工程中为基础底面的附加压力；

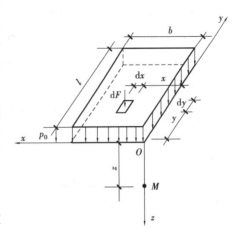

图2.13   竖向均布荷载作用时角点下的附加应力

α_c——竖向矩形均布荷载作用下土中附加应力分布系数，计算式为

$$\alpha_c = \frac{1}{2\pi} \cdot \left[\frac{blz(b^2 + l^2 + 2z^2)}{(b^2 + z^2)(l^2 + z^2)\sqrt{b^2 + l^2 + z^2}} + \arctan \frac{bl}{z\sqrt{b^2 + l^2 + z^2}} \right]$$

α_c 一般可由表2.2查得，其中，l 为矩形长边，b 为矩形短边，z 为角点下某点的深度。

表2.2   矩形竖向均布荷载作用下的附加应力系数 α_c

z/b	l/b											
	1.0	1.2	1.4	1.6	1.8	2.0	3.0	4.0	5.0	6.0	10.0	条形
0.0	0.250	0.250	0.250	0.250	0.250	0.250	0.250	0.250	0.250	0.250	0.250	0.250
0.2	0.249	0.249	0.249	0.249	0.249	0.249	0.249	0.249	0.249	0.249	0.249	0.249
0.4	0.240	0.242	0.243	0.243	0.244	0.244	0.244	0.244	0.244	0.244	0.244	0.244
0.6	0.223	0.228	0.230	0.232	0.232	0.233	0.234	0.234	0.234	0.234	0.234	0.234
0.8	0.200	0.207	0.212	0.215	0.216	0.218	0.220	0.220	0.220	0.220	0.220	0.220
1.0	0.175	0.85	0.191	0.195	0.198	0.200	0.203	0.204	0.204	0.204	0.205	0.205
1.2	0.152	0.163	0.171	0.176	0.179	0.182	0.187	0.188	0.189	0.189	0.189	0.189
1.4	0.131	0.142	0.151	0.157	0.161	0.164	0.171	0.171	0.174	0.174	0.174	0.174
1.6	0.112	0.124	0.133	0.140	0.145	0.148	0.157	0.159	0.160	0.160	0.160	0.160
1.8	0.097	0.108	0.117	0.124	0.129	0.133	0.143	0.146	0.147	0.148	0.148	0.148

续表

z/b	l/b											
	1.0	1.2	1.4	1.6	1.8	2.0	3.0	4.0	5.0	6.0	10.0	条形
2.0	0.084	0.095	0.103	0.110	0.116	0.120	0.131	0.135	0.136	0.137	0.137	0.137
2.2	0.073	0.083	0.092	0.098	0.104	0.108	0.121	0.125	0.126	0.127	0.128	0.128
2.4	0.064	0.073	0.081	0.088	0.093	0.098	0.111	0.116	0.118	0.118	0.119	0.119
2.6	0.057	0.065	0.072	0.079	0.084	0.089	0.102	0.107	0.110	0.111	0.112	0.112
2.8	0.050	0.058	0.065	0.071	0.076	0.080	0.094	0.100	0.102	0.104	0.105	0.105
3.0	0.045	0.052	0.058	0.064	0.069	0.073	0.087	0.093	0.096	0.097	0.099	0.099
3.2	0.040	0.047	0.053	0.058	0.063	0.067	0.081	0.087	0.090	0.092	0.093	0.094
3.4	0.036	0.042	0.048	0.053	0.057	0.061	0.075	0.081	0.085	0.086	0.088	0.089
3.6	0.033	0.038	0.043	0.048	0.052	0.056	0.069	0.076	0.080	0.082	0.084	0.084
3.8	0.030	0.035	0.040	0.043	0.048	0.052	0.065	0.072	0.075	0.077	0.080	0.080
4.0	0.027	0.032	0.036	0.040	0.044	0.048	0.063	0.067	0.071	0.073	0.076	0.076
4.2	0.025	0.029	0.033	0.037	0.041	0.044	0.056	0.063	0.067	0.070	0.072	0.073
4.4	0.023	0.027	0.031	0.034	0.038	0.041	0.053	0.060	0.064	0.066	0.069	0.070
4.6	0.021	0.025	0.028	0.032	0.035	0.038	0.049	0.056	0.061	0.063	0.066	0.067
4.8	0.019	0.023	0.026	0.029	0.032	0.035	0.046	0.053	0.058	0.060	0.064	0.064
5.0	0.018	0.021	0.024	0.027	0.030	0.033	0.043	0.050	0.055	0.057	0.064	0.062
6.0	0.013	0.015	0.017	0.020	0.022	0.024	0.033	0.039	0.043	0.046	0.051	0.052
7.0	0.009	0.011	0.013	0.015	0.016	0.018	0.025	0.031	0.035	0.038	0.043	0.045
8.0	0.007	0.009	0.010	0.011	0.013	0.014	0.020	0.025	0.028	0.031	0.037	0.039
9.0	0.006	0.007	0.008	0.009	0.010	0.011	0.016	0.020	0.024	0.026	0.032	0.035
10.0	0.005	0.006	0.007	0.007	0.008	0.009	0.013	0.017	0.020	0.022	0.028	0.032
12.0	0.003	0.004	0.005	0.005	0.006	0.006	0.009	0.012	0.014	0.017	0.022	0.026
14.0	0.002	0.003	0.004	0.004	0.004	0.005	0.007	0.009	0.011	0.013	0.018	0.023
16.0	0.002	0.002	0.003	0.003	0.003	0.004	0.005	0.007	0.009	0.010	0.014	0.020
18.0	0.001	0.002	0.002	0.002	0.003	0.003	0.004	0.006	0.007	0.008	0.012	0.018
20.0	0.001	0.001	0.002	0.002	0.002	0.002	0.004	0.005	0.006	0.007	0.010	0.015
25.0	0.001	0.001	0.001	0.001	0.001	0.002	0.002	0.003	0.004	0.004	0.007	0.013
30.0	0.001	0.001	0.001	0.001	0.001	0.001	0.002	0.002	0.003	0.003	0.005	0.011
35.0	0.000	0.000	0.001	0.001	0.001	0.001	0.001	0.002	0.002	0.002	0.004	0.009
40.0	0.000	0.000	0.000	0.000	0.001	0.001	0.001	0.001	0.001	0.002	0.003	0.008

2)竖向均布荷载作用任意点下的附加应力

矩形均布荷载
的附加应力

在实际工程中,在矩形均布荷载作用下,常需计算地基中任意点下的附加应力。此时,可利用角点下应力的计算公式和应力叠加原理求解,此方法称为角点法。

如图2.14所示,图中列出了几种计算点不在角点的情况(即任意点),其计算方法为:通过任意点,把荷载面分成若干个矩形面积,这样该点就成为所划出的各个小矩形的公共角点,再按式(2.10)计算每个矩形角点下深度z处的附加应力σ_z,并求出代数和。

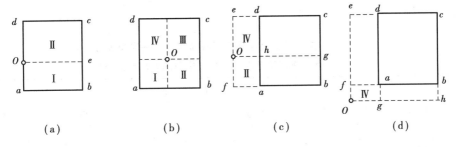

(a)   (b)   (c)   (d)

图2.14 角点法的应用

角点法的应用可分为以下4种情况:

①O点在基底边缘,如图2.14(a)所示

$$\sigma_z = \alpha_c p_0 = (\alpha_{cI} + \alpha_{cII})p_0$$

②O点在基础底面内,如图2.14(b)所示

$$\sigma_z = \alpha_c p_0 = (\alpha_{cI} + \alpha_{cII} + \alpha_{cIII} + \alpha_{cIV})p_0$$

若O点在基底中心,则$\sigma_z = \alpha_c p_0 = 4\alpha_{cI} p_0$

③O点在基础底面边缘以外,如图2.14(c)所示

$$\sigma_z = \alpha_c p_0 = (\alpha_{cI} - \alpha_{cII} + \alpha_{cIII} - \alpha_{cIV})p_0$$

在图2.14(c)中,Ⅰ为$Ogbf$,Ⅱ为$Oecg$,Ⅲ为$Ohaf$,Ⅳ为$Oedh$。

④O点在基底角点外侧,如图2.14(d)所示

$$\sigma_z = \alpha_c p_0 = (\alpha_{cI} - \alpha_{cII} - \alpha_{cIII} + \alpha_{cIV})p_0$$

在图2.14(d)中,Ⅰ为$Oech$,Ⅱ为$Oedg$,Ⅲ为$Ofbh$,Ⅳ为$Ofag$。

式中,α_{cI},α_{cII},α_{cIII},α_{cIV}相应于面积Ⅰ、面积Ⅱ、面积Ⅲ、面积Ⅳ的角点下附加应力系数。

2.3.3 条形基础底面竖向均布荷载作用下地基中的附加应力

地基表面作用一宽度为b的均布条形荷载p_0,沿y轴方向无限延伸,如图2.15所示。在计算条形基底竖向均布荷载作用下地基中任意一点M的附加应力时,可在宽度b方向取一微条,经过微积分计算,可将某点的竖向附加应力σ_z表达为

$$\sigma_z = \alpha_{sz} p_0 \qquad (2.11)$$

式中:α_{sz}——条形基础上作用竖向均布荷载时的附加应力系数,可由表2.3查得。

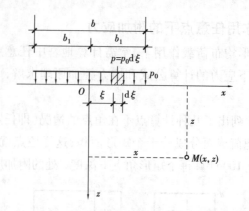

图 2.15 条形基底竖向均布荷载作用下地基附加应力

表 2.3 条形基底竖向均布荷载作用下的附加应力系数

z/b	z/b											
	0.00		0.25		0.50		1.00		1.50		2.00	
	α_{as}	α_{az}	α_{as}	α_{az}	α_{as}	α_{az}	α_{as}	α_{az}	α_{as}	α_{az}	α_{as}	α_{az}
0.00	1.00	1.00	1.00	1.00	0.50	0.50	0	0	0	0	0	0
0.25	0.96	0.45	0.90	0.39	0.50	0.35	0.02	0.17	0.00	0.07	0	0.04
0.50	0.82	0.18	0.74	0.19	0.48	0.23	0.08	0.21	0.02	0.12	0	0.07
0.75	0.67	0.08	0.61	0.10	0.45	0.14	0.15	0.22	0.04	0.14	0.02	0.10
1.00	0.55	0.04	0.51	0.05	0.41	0.09	0.19	0.15	0.07	0.14	0.03	0.13
1.25	0.46	0.02	0.44	0.03	0.037	0.06	0.20	0.11	0.10	0.12	0.04	0.11
1.50	0.40	0.01	0.38	0.02	0.33	0.04	0.21	0.08	0.11	0.10	0.06	0.10
1.75	0.35	—	0.34	0.01	0.30	0.03	0.21	0.06	0.13	0.09	0.07	0.09
2.00	0.31	—	0.31	—	0.28	0.02	0.20	0.03	0.14	0.07	0.08	0.08
3.00	0.21	—	0.21	—	0.20	0.01	0.17	0.02	0.13	0.03	0.10	0.04
4.00	0.16	—	0.16	—	0.15	—	0.14	0.01	0.12	0.02	0.10	0.03
5.00	0.13	—	0.13	—	0.12	—	0.12	—	0.11	—	0.19	—
6.00	0.11	—	0.10	—	0.10	—	0.10	—	0.10	—	—	—

项目小结

本项目的主要内容为地基土中的自重应力和附加应力,具体介绍了土体中自重应力的概念、分布规律和计算方法,包括均质土中的自重应力计算、成层土中的自重应力计算以及地下水与不透水层对自重应力的影响;还介绍了基底压力与基底附加压力的概念和计算方法。另外,引出了附加应力的概念,总结了其分布规律,以及矩形、条形基础在均布荷载作用下土中附加应力的计算方法。

习　题

一、选择题

1. 土中自重应力起算点位置为(　　)。

　A. 基础底面　　　　　　　　　　　　　　B. 天然地面

　C. 室内设计地面　　　　　　　　　　　　D. 室外设计地面

2. 计算土的自重应力时,对地下水位以下的土层采用(　　)。

　A. 干重度　　　　　B. 天然重度　　　　C. 饱和重度　　　　D. 有效重度

3. 建筑物基础作用于地基表面的压力称为(　　)。

　A. 基底压力　　　　B. 基底附加压力　　C. 基底净反力　　　D. 附加应力

4. 由建筑物的荷载在地基内产生的应力称为(　　)。

　A. 自重应力　　　　B. 附加应力　　　　C. 有效应力　　　　D. 附加压力

5. 某场地表层为 4 m 厚的粉质黏土,天然重度 $\gamma = 18$ kN/m^3,其下为很厚的黏土层,饱和重度 $\gamma_{sat} = 19$ kN/m^3,地下水位在地表下 4 m 处,经计算地表以下 5 m 处土的竖向自重应力为(　　)。

　A. 91 kPa　　　　　B. 81 kPa　　　　　C. 72 kPa　　　　　D. 41 kPa

6. 在单向偏心荷载作用下,若基底反力呈梯形分布,则偏心距与矩形基础长度的关系为(　　)。

　A. $e < l/6$　　　　　B. $e > l/6$　　　　　C. $e = l/6$　　　　　D. 无关

二、填空题

1. 土中应力按成因可分为＿＿＿＿＿和＿＿＿＿＿。

2. 地下水位下降后,地基土层自重应力会＿＿＿＿＿。

3. 对于一般土层来说,＿＿＿＿＿应力不会引起地基沉降,＿＿＿＿＿应力会引起地基破坏与变形。

4. 在基底附加压力 p_0 的作用下,地基中的附加应力随深度 z 增加而＿＿＿＿＿。

三、简答题

1. 什么是自重应力? 什么是附加应力?

2. 自重应力与附加应力在地基中的分布规律如何?

3. 地下水位升降对土的自重应力分布有何影响?

4. 什么是基底压力、地基反力、基底附加压力? 如何区别基底压力与基底附加压力?

四、计算题

1. 某建筑场地各层土水平地质剖面图如图 2.16 所示,请计算土层交界处的竖向自重应力,并绘制自重应力沿深度的分布曲线。

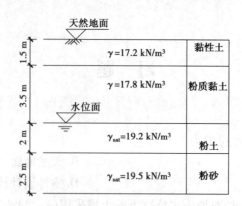

图 2.16　某建筑场地各层土水平地质剖面图

2. 某轴心受压柱下独立基础,埋置深度为 1.2 m,基底尺寸为 3.5 m×2.5 m,作用于基础上的荷载为 $F_k = 1\,150$ kN,埋深范围内土的重度为 $\gamma = 18$ kN/m³,试求基底附加压力。

3. 某矩形基底,面积为 4 m×2 m,基底附加压力 $p_0 = 180$ kPa,求基底中心点、两个边缘中心点及角点下 $z = 4$ m 处的附加应力 σ_z。

项目 3

土的压缩性与地基沉降

项目导读

地基土体在建筑物荷载作用下会发生变形,建筑物基础也会随之沉降,这可能导致建筑物开裂或影响其正常使用,甚至造成建筑物破坏。在建筑物设计和施工时,必须重视基础的沉降和不均匀沉降问题,并将建筑物的沉降量控制在《建筑地基基础设计规范》(GB 50007—2011)容许的范围内。

土的压缩性是导致地基土变形的主要因素。通过室内和现场试验,可求出土的压缩性指标,利用这些指标可计算基础的最终沉降量,并可研究地基变形与时间的关系,求出建筑物使用期间某一时刻的沉降量或完成一定沉降量所需要的时间。

案例:

1954 年兴建的上海工业展览馆中央大厅,因地基约有 14 m 厚的淤泥质软黏土,尽管采用了 7.27 m 的箱形基础,建成后当年就下沉 600 mm。1957 年 5 月,展览馆中央大厅四角的沉降最大达 1 465.5 mm,最小沉降量为 1 228 mm。1957 年 7 月,经清华大学的专家观察、分析,认为对裂缝修补后可以继续使用(均匀沉降)。1979 年 9 月,展览馆中央大厅平均沉降达 1 600 mm。当沉降逐渐趋向稳定后,建筑物可继续使用。大量事故充分表明,对地基压缩变形和基础工程必须慎重对待。只有深入了解地基情况,掌握勘察资料,经过精心设计和施工,才能使基础工程做到既经济合理,又安全可靠。上海工业展览馆如图 3.1 所示。

图 3.1   上海工业展览馆

3.1 土的压缩性和压缩指标

3.1.1 土的压缩性

地基土内各点除了承受土自重引起的自重应力外,在建筑物基底附加压力作用下,还要承受附加应力。在附加应力的作用下,地基土要产生附加的变形,这种变形一般包括体积变形和形状变形。对于土来说,体积变形通常表现为体积缩小。把这种在外力作用下土体积缩小的特性称为土的压缩性。

土是固相、液相和气相组成的三相体系。土的压缩主要包括以下3个方面:

①土颗粒发生相对位移,土中水和气体从孔隙中被挤出,从而使土孔隙体积减小。

②固体土颗粒本身被压缩。

③土空隙中水及封闭气体被压缩。

土的压缩性主要有以下两个特点:

①土的压缩主要是由孔隙体积减小而引起的。对饱和土,土是由固体颗粒和水组成的,在工程上一般的压力(100~600 kPa)作用下,固体颗粒和水本身的体积压缩量非常微小,可不予考虑。而土中水具有流动性,在外力作用下会沿着土中孔隙排出,从而引起土体积减小而发生压缩。土的压缩变形主要是由土中孔隙体积的减小而造成的。

②由孔隙水的排出而引起的压缩对于饱和黏性土来说是需要时间的。土的压缩随时间增长的过程称为土的固结。黏性土的透水性很差,土中水沿着孔隙排出速度很慢。

在建筑物荷载作用下,地基土主要由压缩而引起的竖直方向的位移称为沉降,本项目研究地基土的压缩性,主要是为了计算这种变形。

土的压缩性的两个特点,导致研究建筑物地基沉降包含两个方面的内容:一是绝对沉降量的大小,即最终沉降;二是沉降与时间的关系。研究受力变形特性必须有压缩性指标,下面仅介绍土的室内侧限压缩试验及相应的指标,这些指标将用于地基的沉降计算中。

3.1.2 土的压缩试验及压缩指标

1)室内侧限压缩试验

(1)土的室内侧限压缩试验

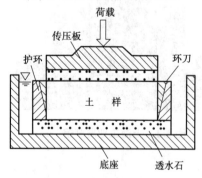

图 3.2 固结仪示意图

室内侧限压缩试验(又称固结试验)采用的试验设备为固结仪,如图3.2所示。其中,金属环刀用来切取土样,金属环刀及刚性护环的限制,使得土样在竖向压力作用下只能发生竖向变形,无侧向变形。

试验时,用环刀切取钻探取得的保持天然结构的原状土样。由于地基沉降主要与土竖直方向的压缩性有关,且土是各向异性的,所以切土方向还应与土天然状态时的垂直方向一致。常规压缩试验的加载等级 p 为 50,100,200,300,400 kPa,每一级荷载要求恒压24 h

或当在 1 h 内的压缩量不超过 0.005 mm 时,认为变形已经稳定,并测定稳定时的总压缩量 h_0,这种试验方法称为慢速压缩试验法。在实际工程中,为减少室内试验的工作量,常采用快速压缩试验法,这种方法不要求达到变形稳定,每级荷载只恒压 1~2 h,测定其压缩量,只是在最后一级荷载下才压缩 24 h,试验结果需经校正才能用于沉降计算。试验过程中的两个基本条件为受压前后土粒体积不变和土样横截面面积不变。

如图 3.3 所示,设土样的初始高度为 h_0,受压后的高度为 h,s 为外压力作用下土样压缩至稳定的变形量,则 $h_0 = h - s$。

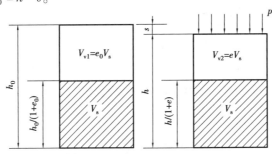

图 3.3 压缩土样孔隙变化图

土颗粒的压缩量是微小的,忽略不计,压力施加前后土粒体积不变,假设 $V_s = 1$,根据土的孔隙比的定义,则受压前后土孔隙体积分别为 $V_s e_0$ 和 $V_s e$(e_0 为土的初始孔隙比、e 为受压后土的孔隙比)。

土样横截面积 A 不变,则压缩前后土样的体积分别为

受压前:
$$Ah_0 = V_s e_0 + V_s = V_s(1 + e_0)$$

受压后:
$$Ah = V_s e + V_s = V_s(1 + e)$$

两式相比,且 $h_0 = h - s$,则可得

$$\frac{h_0}{1 + e_0} = \frac{h}{1 + e} = \frac{h_0 - s}{1 + e} \tag{3.1}$$

或
$$e = e_0 - \frac{s}{h_0}(1 + e_0) \tag{3.2}$$

只要测定了土样在各级压力 p_i 作用下的稳定变形量 s_i 后,就可按式(3.2)算出孔隙比,然后以横坐标表示压力 p,纵坐标表示孔隙比 e,则可得出 e-p 曲线,称为压缩曲线(图 3.4)。

绘制压缩曲线一般采用两种方法:一种是普通直角坐标系绘制的 e-p 曲线[图 3.4(a)],在常规试验中,一般按 $p = 50$ kPa,100 kPa,200 kPa,300 kPa,400 kPa 五级加荷;另一种的横坐标则按 p 的常对数取值,即采用半对数直角坐标绘制的 e-$\lg p$ 曲线[图 3.4(b)],试验时以较小的压力开始,采取小增量多级加载,并加大到较大的荷载(如 1 000 kPa)为止。

(2)土的侧限压缩试验测得的压缩指标

• 压缩系数 a

e-p 曲线初始较陡,土的压缩量较大,而后曲线逐渐平缓,土的压缩量也随之减小。这是因为随着孔隙比的减小,土的密实度增加一定程度后,土粒移动越来越趋于困难,压缩量也减小的缘故。不同的土类,压缩曲线的形态有别,密实砂土的 e-p 曲线比较平缓,而软黏土的 e-p 曲线较陡,土的压缩性高。曲线上任一点的切线斜率 a 表示了相应压力 p 作用下的压缩

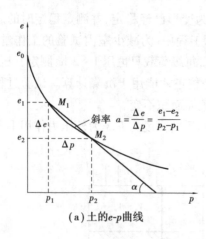 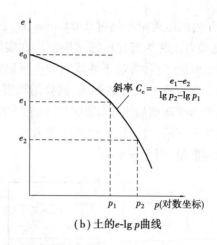

（a）土的e-p曲线　　　　　　　　（b）土的e-lg p曲线

图 3.4　土的压缩曲线

性,即

$$a = \tan \alpha = -\frac{\Delta e}{\Delta p} = \frac{e_1 - e_2}{p_2 - p_1} \tag{3.3}$$

式中:a——土的压缩系数,kPa^{-1}或 MPa^{-1};

　　　p_1——一般指地基某深度处土中竖向自重应力,kPa;

　　　p_2——地基某深度处自重应力与附加应力之和,kPa;

　　　e_1——相应于 p_1 作用下压缩稳定后土的孔隙比;

　　　e_2——相应于 p_2 作用下压缩稳定后土的孔隙比。

式中负号表示随着压力 p 的增加,e 逐渐减少。

压缩系数越大,土的压缩性越高,不同类别、不同状态的土,其压缩性可能相差较大。对于同一种土而言,压缩系数也并非常数,在不同的压力段,压缩系数值也不同,随着压力增加,压缩系数 a 值将减小。为了统一标准,在工程实践中,地基土的压缩性通常采用 $p_1 = 100$ kPa 和 $p_2 = 200$ kPa 时,相对应的压缩系数值 $a_{1\text{-}2}$ 作为评价土体压缩性的标准。

①当 $a_{1\text{-}2} < 0.1$ MPa^{-1}时,为低压缩性土。

②当 0.1 $MPa^{-1} \leqslant a_{1\text{-}2} < 0.5$ MPa^{-1}时,为中压缩性土。

③当 $a_{1\text{-}2} \geqslant 0.5$ MPa^{-1}时,为高压缩性土。

• 压缩指数 C_C

如果采用 e-lg p 曲线,如图 3.4(b)所示,当压力较大时,e-lg p 曲线后段接近直线,直线段的斜率用 C_C 来表示,称为压缩指数,即

$$C_c = \frac{e_1 - e_2}{\lg p_2 - \lg p_1} \tag{3.4}$$

压缩指数 C_C 与压缩系数都可以用来评价土的压缩性。C_C 值越大,土的压缩性越高,通常认为:$C_C < 0.2$ 时,为低压缩性土;$0.2 \leqslant C_C \leqslant 0.4$ 时,为中压缩性土;$C_C > 0.4$ 时,为高压缩性土。

• 压缩模量 E_s

土在完全侧限的条件下竖向应力增量 σ_z 与相应的应变增量 ε_z 的比值,称为压缩模量 E_s,根据定义可推导出其表达式为

$$E_S = \frac{\Delta p}{\Delta H / H_1} = \frac{\Delta p}{\dfrac{\Delta e}{(1 + e_1)}} = \frac{1 + e_1}{a} \qquad (3.5)$$

压缩模量 E_S 不是常数,而是随着压力大小而变化的,单位为 kPa 或 MPa。通过表达式可知,压缩模量 E_S 与压缩系数成反比,压缩模量 E_S 越小,压缩系数越大,土体压缩性越高;反之,土体压缩性越低。用压缩模量来衡量土的压缩性高低时,一般认为:

①当 $E_S < 4$ MPa 时,为高压缩性土。

②当 4 MPa $\leq E_S \leq$ 15 MPa 时,为中压缩性土。

③当 $E_S > 15$ MPa 时,为低压缩性土。

压缩模量与一般材料的弹性模量的区别在于:

①土在压缩试验时,只有竖向变形,没有侧向膨胀。

②土的变形包括弹性变形和相当部分的不可恢复的残余变形,即土不是弹性体。

2)土的回弹曲线及再压缩曲线

在进行室内试验过程中,当土压力加到某一数值 p_i(图 3.5b 点)后,逐渐卸压,土样将发生回弹,土体膨胀,孔隙比增大,若测得回弹稳定后的孔隙比,则可绘制相应的孔隙比与压力的关系曲线(图 3.5c 点),这种曲线称为回弹曲线。

由图 3.5 可知,卸压后的回弹曲线 bc 并不沿压缩曲线 ab 回升,而要平缓得多,这说明土受压缩发生变形,不能恢复的变形称为残余变形,而土的压缩变形以残余变形为主。

若再重新逐级加压,则可测得土的再压缩曲线如图 3.5 中 cdf 段所示,其中 df 段就像是 ab 段的延续,犹如没有经过卸压和再加压过程中一样。土在重复荷载作用下,加压与卸压的每一重复循环中都将走新的路线,形成新的滞回环。其中的弹性变形与残余变形的数值逐渐减小,残余变形减小得更快,土重复次数足够多,变形为纯弹性,土体达到弹性压密状态。在半对数曲线中也同样可以看到这种现象。

3)现场载荷试验

除室内压缩试验测定压缩性指标外,还可以通过现场载荷试验(图 3.6)取得。通过载荷试验测得地基沉降与压力之间的比例关系,用弹性力学公式反算变形模量。

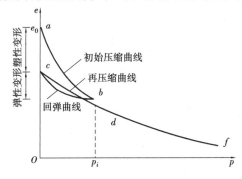

图 3.5　土的回弹曲线及再压缩曲线

图 3.6　现场载荷试验图

试验装置一般由加荷稳压装置、反力装置及观测装置 3 个部分组成(图 3.7)。

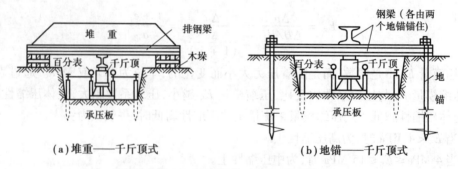

（a）堆重——千斤顶式　　　　　　　（b）地锚——千斤顶式

图 3.7　现场载荷试验载荷示例

载荷试验应精细地进行，特别注意保持试验土层的原状结构和天然湿度。载荷板范围地面禁止踩踏，不得在表面反复刮、抹。宜用 10 ~ 20 mm 的粗、中砂找平。加荷等级不少于 8 级。最大荷载应加至最大设计荷载的 1.5 ~ 2 倍。每加一级荷载后，按间隔 10,10,10,15,15 min 读记载荷板沉降一次。以后每半小时读记一次，当连续 2 h 内，每小时的沉降不大于 0.1 mm 时，即可加下一级荷载。试验结果应绘制成 p-s 曲线和 s-t（时间）曲线，如图 3.8 所示。

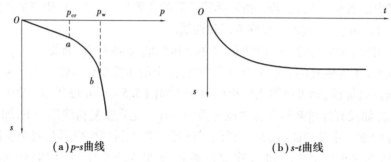

（a）p-s 曲线　　　　　　　　　（b）s-t 曲线

图 3.8　载荷试验成果

土体在无侧限条件下的应力与应变的比值，称为变形模量 E_0。在 p-s 曲线的直线段或接近于直线段任选一压力 p_1 与对应的沉降 s_1，利用弹性力学公式反求出地基的变形模量，其表达式为

$$E_0 = \omega(1 - \mu^2)\frac{p_1 b}{s_1} \tag{3.6}$$

p-s 曲线不出现直线段时，建议取适当的 s_1 及相应的 p_1 代入上式计算 E_0。

对中、高压缩性土取 $s_1 = 0.02b$；对低压缩性粉土、黏性土、碎石土及砂土，可取 $s_1 = (0.01 ~ 0.015)b$。

变形模量 E_0 与材料力学中的杨氏弹性模量意义相似，仅因土的变形中有部分为不可恢复的塑性变形，故称为总变形模量。变形模量 E_0 与压缩模量 E_s 之间的关系为

$$E = \left(1 - \frac{2\mu^2}{1 - \mu}\right)E_s = \beta E_s \tag{3.7}$$

式中，μ 为地基土的泊松比，根据统计资料，E_0 值可能是 βE_s 值的几倍，一般来说，土越坚硬则倍数越大，而软土的 E_0 值与 βE_s 值比较接近。

例 3.1　已知某原状土样高 $h_0 = 20$ mm，截面积 $A = 30$ cm^2，重度 $\gamma = 19.1$ kN/m^3，颗粒

比重 $G_s = 2.72$,含水量 $\omega = 25\%$,进行压缩试验,试验结果见表3.1,求土的压缩系数 $a_{1\text{-}2}$ 值,并判断土的压缩性大小。

表3.1 土的压缩试验结果

压力 p/kPa	0	50	100	200	400
稳定时压缩量 Δh/mm	0	0.480	0.808	1.232	1.735

解: 由题意可得 $\gamma = 19$ kN/m^3,$G_s = 2.70$,$\omega = 25\%$,$h_0 = 20$ mm,$p_1 = 100$ kPa 时 $s_1 = 0.808$,$p_2 = 200$ kPa 时 $s_2 = 1.232$,则可求得试样的初始孔隙比

$$e_0 = \frac{\gamma_w G_s (1 + \omega)}{\gamma} - 1 = \frac{10 \times 2.70(1 + 0.25)}{19} - 1 = 0.78$$

由 $e = e_0 - \dfrac{s}{h_0}(1 + e_0)$ 可以求得荷载为 100 kPa,200 kPa 对应的孔隙比 e_1,e_2 分别为

$$e_1 = e_0 - \frac{s_1}{h_0}(1 + e_0) = 0.78 - \frac{0.808}{20}(1 + 0.78) = 0.71$$

$$e_2 = e_0 - \frac{s_2}{h_0}(1 + e_0) = 0.78 - \frac{1.232}{20}(1 + 0.78) = 0.67$$

由压缩系数 $a = \tan\alpha = -\dfrac{\Delta e}{\Delta p} = \dfrac{e_1 - e_2}{p_2 - p_1}$

得

$$a_{1\text{-}2} = \frac{0.71 - 0.67}{(200 - 100)\,\text{kPa}} = 0.4\ \text{MPa}^{-1}$$

由 $0.1 < a_{1\text{-}2} = 0.4$ MPa$^{-1} < 0.5$ 知该土样为中压缩性土。

3.2 地基最终沉降量

地基最终沉降量是指地基土层在荷载作用下,达到压缩稳定时地基表面的沉降量。一般地基土在自重作用下已达到压缩稳定,产生地基沉降的外因是建筑物荷载在地基中产生的附加应力。内因是土为散体材料,在附加压力的作用下,土层发生压缩变形,引起地基沉降。

计算地基沉降的目的是确定建筑物的最大沉降量、沉降差和倾斜,判断其是否超出容许的范围,为建筑物设计时采取相应的措施提供依据,保证建筑物的安全。

本节介绍分层总和法和《建筑地基基础设计规范》(GB 50007—2011)推荐的方法。

3.2.1 分层总和法

1) 基本假定

①一般取基底中心点下地基附加应力来计算各分层土的竖向压缩量,认为基础的平均沉降量 s 为各分层土竖向压缩量 Δs_i 之和,只计算竖向附加应力 σ_z 的作用使土层压缩变形导致的地基沉降。

②计算 Δs_i 时,假设地基土只在竖向发生压缩变形,没有侧向变形,利用室内侧限压缩

试验成果进行计算。

2)思路及计算要点

①分层:将基底以下土分为若干薄层。分层原则为:

a. 厚度 $h_i \leqslant 0.4b$(b 为基础宽度)。

b. 天然土层面及地下水位都应作为薄层的分界面。

②计算基底中心点下各分层面上土的自重应力 σ_{czi} 与附加应力 σ_{zi},并绘制自重应力和附加应力分布曲线(图3.9)。

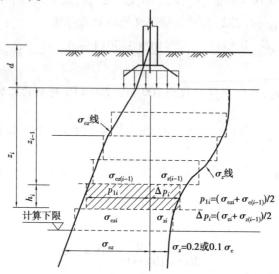

图3.9 自重应力和附加应力分布曲线

③确定地基沉降计算深度。按 $\sigma_{zn}/\sigma_{czn} \leqslant 0.2$(对软土 $\leqslant 0.1$)确定。

④计算各分层土的平均自重应力 $\overline{\sigma}_{czi} = (\sigma_{cz(i-1)} + \sigma_{czi})/2$。

⑤令 $p_{1i} = \overline{\sigma}_{czi}$,$p_{2i} = \overline{\sigma}_{czi} + \overline{\sigma}_{zi} = p_{1i} + \overline{\sigma}_{zi}$,从该土层的压缩曲线中由 p_{1i} 及 p_{2i} 查出相应的 e_{1i} 和 e_{2i}。

⑥由侧限压缩试验结果知 $\Delta s_i = \dfrac{e_{1i} - e_{2i}}{1 + e_{1i}} h_i$ 计算每一分层土的变形量 Δs_i。

⑦按公式 $s = \sum\limits_{i=1}^{n} \Delta s_i = \sum\limits_{i=1}^{n} \dfrac{e_{1i} - e_{2i}}{1 + e_{1i}} h_i$ 求沉降计算深度范围内地基的总变形量即为地基的最终沉降量。

由前节知识可知 $\dfrac{e_{1i} - e_{2i}}{1 + e_{1i}} = \dfrac{a_i \overline{\sigma}_{zi}}{1 + e_{1i}} = \dfrac{\overline{\sigma}_{zi}}{E_{si}}$,则总变形量还可表示为

$$s = \sum\limits_{i=1}^{n} \dfrac{e_{1i} - e_{2i}}{1 + e_{1i}} h_i = \sum\limits_{i=1}^{n} \dfrac{a_i \overline{\sigma}_{zi}}{1 + e_{1i}} h_i = \sum\limits_{i=1}^{n} \dfrac{\overline{\sigma}_{zi}}{E_{si}} h_i \tag{3.8}$$

式中:n——地基沉降计算深度范围内的土层数;

$\overline{\sigma}_{zi}$——作用在第 i 层土上的附加应力的平均值;

$\overline{\sigma}_{czi}$——作用在第 i 层土上的自重应力的平均值;

a_i——第 i 层土的压缩系数;

E_{si}——第 i 层土的压缩模量;

h_i——第 i 层土的厚度。

例 3.2　某正方形柱基底面边长 $b=3$ m,基础埋深 $d=1$ m,如图 3.10 所示。上部结构传至基础顶面的荷载 $F=1\,500$ kN。地基为粉土,地下水位埋深 1 m。土的天然重度 $\gamma=16.2$ kN/m³,饱和重度 $\gamma_{sat}=17.5$ kN/m³,土的天然孔隙比 e_0 为 0.96。试计算柱基中心点的沉降。

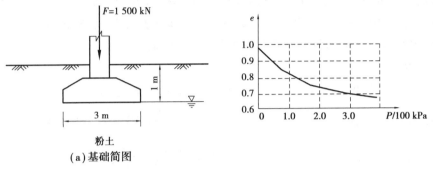

（a）基础简图

图 3.10　土的 e-p 曲线

解:(1)分层

每层厚度为 $h_i \leq 0.4b = 0.4 \times 3$ m $= 1.2$ m,按 1 m 进行划分(图 3.11)。

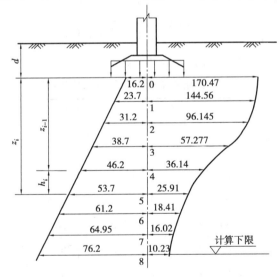

图 3.11　土中应力计算

地基竖向自重应力 σ_{czi} 的计算由 $\sigma_{czi} = \sum\limits_{i=1}^{n} \gamma_i h_i$ 得

0 点(基底处): $\sigma_{cz0} = 16.2$ kN/m³ $\times 1$ m $= 16.2$ kPa

1 点处: $\sigma_{cz1} = 16.2$ kN/m³ $\times 1$ m $+ (17.5-10) \times 1$ m $= 23.7$ kPa

(2)计算基底压力

$$p = \frac{F+G}{A} = \frac{1\,500 + 20 \times 9 \times 1}{9} = 186.67(\text{kPa})$$

(3)计算基底附加压力

$$p_0 = p - \gamma_m d = 186.67 - 16.2 \times 1 = 170.47(\text{kPa})$$

（4）计算地基中的附加应力与自重应力

自重应力从地面起算，附加应力从基底起算。

利用前述内容可计算附加应力：矩形面积用角点法，分成 4 个小块计算，计算边长 $l = b = 1.5 \, \text{m}$，$l/b = 1$。$\sigma_z = 4\alpha_c p_0$。应力计算结果如图 3.11 所示。

（5）确定地基沉降计算深度

当深度 $z = 8 \, \text{m}$ 时，由图 3.11 知 $\sigma_{z8} = 10.23 \, \text{kPa}$，$\sigma_{cz8} = 76.2 \, \text{kPa}$。

则 $\sigma_{zn}/\sigma_{czn} = 10.23/76.2 = 0.13 \leq 0.2$，取地基沉降计算深度 $z_n = 8 \, \text{m}$。

（6）计算地基中分层土的附加应力与自重应力平均值

自重应力平均值： $p_{1i} = \overline{\sigma}_{czi}$

附加应力平均值和该层自重应力平均值之和：$p_{2i} = \overline{\sigma}_{czi} + \overline{\sigma}_{zi} = p_{1i} + \overline{\sigma}_{zi}$。

（7）根据图 3.10 查出 e_{1i} 和 e_{2i}，代入公式 $\Delta s_i = \dfrac{e_{1i} - e_{2i}}{1 + e_{1i}} h_i$ 计算出各层沉降量。

以第一层土为例：$i = 1$　$h = 100 \, \text{cm}$，$p_{1i} = \overline{\sigma}_{czi} = \dfrac{16.2 + 23.7}{2} = 19.95$，

$$p_{2i} = \overline{\sigma}_{czi} + \overline{\sigma}_{zi} = p_{1i} + \overline{\sigma}_{zi} = 19.95 + \frac{170.47 + 144.56}{2} = 177.465 \, \text{kPa}。$$

查图 3.10，由线性插入法可得 $e_{11} = 0.945$，$e_{21} = 0.783$，代入

$$\Delta s_i = \frac{e_{1i} + e_{2i}}{1 + e_{1i}} h_i = \frac{0.945 - 0.783}{1 + 0.945} \times 100 \, \text{cm} = 8.33 \, \text{cm}$$

其他层计算方法同第一层，具体计算结果见表 3.2。

表 3.2　分层总和法计算地基最终沉降表

分层点编号	深度 z/m	分层厚度 h_i/m	自重应力 q_{czi}/kPa	深宽比 z/b	应力系数	附加应力 σ_{zi}/kPa	平均自重应力 $\overline{\sigma}_{czi}/\text{kPa}$	平均附加应力 $\overline{\sigma}_{zi}$	$\overline{\sigma}_{czi} + \overline{\sigma}_{zi}$ $/\text{kPa}$	孔隙比 e_{1i}	孔隙比 e_{2i}	分层沉降 $/\text{cm}$
0	0		16.2	0	0.250	170.47						
1	1	1	23.7	0.67	0.212	144.56	19.95	157.515	177.465	0.945	0.783	8.33
2	2	1	31.2	1.33	0.141	96.145	27.45	120.35	147.8	0.938	0.801	7.07
3	3	1	38.7	2.00	0.084	57.277	34.95	76.711	111.61	0.931	0.833	5.08
4	4	1	46.2	2.67	0.053	36.14	42.45	46.709	89.16	0.921	0.865	2.92
5	5	1	53.7	3.33	0.038	25.91	49.95	31.025	80.98	0.915	0.876	2.04
6	6	1	61.2	4.00	0.027	18.41	57.45	22.16	79.61	0.907	0.878	1.52
7	7	1	68.7	4.67	0.020	13.63	64.95	16.02	80.97	0.896	0.875	1.11
8	8	1	76.2	5.33	0.015	10.23	72.45	11.93	84.38	0.887	0.871	0.848

（8）计算地基总沉降量

$$s = \sum_{i=1}^{n} \Delta s_i = 8.33 + 7.07 + 5.08 + 2.92 + 2.04 + 1.52 + 1.11 + 0.85 = 28.9 \, \text{cm}$$

注意：①分层总和法假设地基土在侧向不能变形,而只在竖向发生压缩,这种假设在当压缩土层厚度同基底荷载分布面积相比很薄时才比较接近。

②由于假定地基土侧向不能变形引起计算结果偏小,取基底中心点下的地基中的附加应力来计算基础的平均沉降导致计算结果偏大,因此在一定程度上得到了相互弥补。

③当需考虑相邻荷载对基础沉降影响时,通过将相邻荷载在基底中心下各分层深度处引起的附加应力叠加到基础本身引起的附加应力中去进行计算。

④当基坑开挖面积较大、较深以及暴露时间较长时,由于地基土有足够的回弹量,因此基础荷载施加之后,不仅附加压力要产生沉降,基底地基土的总应力达到原自重应力状态的初始阶段也会发生再压缩量沉降。

3.2.2 《建筑地基基础设计规范》(GB 50007—2011)推荐的方法

《建筑地基基础设计规范》(GB 50007—2011)提出的沉降计算方法,是一种简化了的分层总和法,其引入了平均附加应力系数的概念,并在总结大量实践经验的前提下,重新规定了地基沉降计算深度的标准及沉降计算经验系数。

1)地基变形计算深度 z_n

《规范》规定地基变形计算深度 z_n(图3.12)应符合

$$\Delta s'_n \leqslant 0.025 \sum_{i=1}^{n} \Delta s'_i$$

式中：$\Delta s'_i$——计算深度范围内,第 i 层土的计算变形量,mm;

$\Delta s'_n$——在由计算深度向上取厚度为 Δz(取值见表3.3)的土层计算变形量,mm。

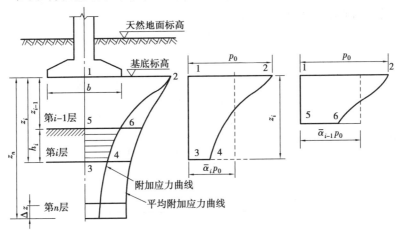

图3.12   地基变形计算深度示意图

表3.3 Δz 取值表

b/m	$b \leqslant 2$	$2 < b \leqslant 4$	$4 < b \leqslant 8$	$b > 8$
$\Delta z/m$	0.3	0.6	0.8	1.0

如确定的计算深度下部仍有较软土层时,应继续计算。

当无相邻荷载影响、基础宽度为 1~30 m 时,基础中点的地基变形计算深度也可简化为

$$z_n = b(2.5 - 0.4\ln b)$$

式中:b——基础宽度,m。

在计算深度范围内存在基岩时,z_n 取至基岩表面;存在较厚的坚硬黏土层(孔隙比小于 0.5、压缩模量大于 50 MPa)时,或存在较厚的密实砂卵石层(压缩模量大于 80 MPa)时,z_n 可取至该层土表面。

当存在相邻荷载时,应计算相邻荷载引起的地基变形,其值可按应力叠加原理,采用角点法计算。

2)规范法计算沉降

计算地基变形时,地基内的应力分布,可采用各向同性均质线性变形体理论。其最终沉降可计算为

$$s = \psi_s s' = \psi_s \sum_{i=1}^{n} \frac{p_0}{E_{si}}(z_i \overline{\alpha}_i - z_{i-1} \overline{\alpha}_{i-1}) \tag{3.9}$$

式中:s——地基最终变形量,mm;

s'——按分层总和法计算出的地基变形量,mm;

ψ_s——沉降计算经验系数,根据地区沉降观测资料及经验确定,无地区经验时可采用表 3.4 的数值;

n——地基变形计算深度范围内所划分的土层数;

p_0——对应于荷载效应准永久组合时的基础底面处的附加压力,kPa;

E_{si}——基础底面下第 i 层土的压缩模量,应取土的自重压力至土的自重压力与附加压力之和的压力段计算,MPa;

z_i, z_{i-1}——基础底面至第 i 层土、第 $i-1$ 层土底面的距离,m;

$\overline{\alpha}_i, \overline{\alpha}_{i-1}$——基础底面计算点至第 i 层土、第 $i-1$ 层土底面范围内平均附加应力系数,按《建筑地基基础设计规范》(GB 50007—2011)附录 K 中所列数值采用。

表 3.4　沉降计算经验系数 ψ_s

基底附加压力	E_s/MPa				
	2.5	4.0	7.0	15.0	20.0
$p_u \geq I_{ak}$	1.4	1.3	1.0	0.4	0.2
$p_u \leq 0.75 \int_{ak}$	1.1	1.0	0.7	0.4	0.2

注:①$\int_{ak}$ 系地基承载力特征值。

②E_s 系沉降计算深度范围内压缩模量的当量值。

变形深度范围内压缩模量的当量值为

$$\overline{E}_s = \frac{\sum A_i}{\sum \dfrac{A_i}{E_{si}}} \tag{3.10}$$

式中:A_i——第 i 层土附加应力系数沿土层厚度的积分值。

当建筑物地下室基础埋置较深时,地基土的回弹变形量可计算为

$$s_c = \psi_c \sum_{i=1}^{n} \frac{p_c}{E_{ci}}(z_i\overline{\alpha_i} - z_{i-1}\overline{\alpha_{i-1}}) \tag{3.11}$$

式中:s_c——地基的回弹变形量,mm;

　　ψ_c——回弹量计算的经验系数,无地区经验时可取 1.0;

　　p_c——基坑底面以上土的自重压力,地下水位以下应扣除浮力,kPa;

　　E_{ci}——土的回弹模量,按现行国家标准《土工试验方法标准》(GB/T 50123—2019)中土的固结试验回弹曲线的不同应力段计算,kPa。

在同一整体大面积基础上建有多栋高层和低层建筑,宜考虑上部结构、基础与地基的共同作用进行变形计算。

在计算地基变形时,还应符合以下规定:

①建筑地基不均匀、荷载差异很大、体型复杂等因素引起的地基变形,对砌体承重结构应由局部倾斜值控制;对框架结构和单层排架结构应由相邻柱基的沉降差控制;对多层或高层建筑和高耸结构应由倾斜值控制。必要时尚应控制平均沉降量。

②在必要情况下,需要分别预估建筑物在施工期间和使用期间的地基变形值,以便预留建筑物有关部分之间的净空,选择连接方法和施工顺序。

3.3　地基沉降的时间效应

3.3.1　应力历史对地基沉降的影响

1)天然土层的应力历史

土的应力历史是指土体在历史上曾经受到过的应力状态。黏性土在形成及存在的过程中所受的地质作用和应力变化不同,所产生的压密过程及固结状态也不同。土的先(前)期固结压力 p_c(天然土层在历史上所承受过的最大有效固结压力)与现有土层自重应力 $p_1 = \gamma z$ 之比,称为超固结比(OCR),即 $OCR = \dfrac{p_c}{p_1}$。

土层可分为以下 3 种固结状态,如图 3.13 所示:

①土层在历史上所受到的先(前)期固结压力等于现有上覆土重时,即 $p_c = p_1$,称为正常固结土。

②土层在历史上所受到的先(前)期固结压力大于现有上覆土重时,即 $p_c > p_1$,称为超固结土。

③土层在历史上所受到的先(前)期固结压力小于现有上覆土重时,即 $p_c < p_1$,称为欠固结土。

在工程实践中,最常见的是正常固结土,其土层的压缩由建筑物荷载产生的附加应力所致。超固结土相当于其形成历史中已受过预压力,只有当附加应力与自重应力大于先(前)期固结土,土层才有明显压缩。超固结土压缩性小,对工程有利。欠固结土不仅要考虑附加应力产生的压缩,还要考虑自重应力产生的压缩,欠固结土压缩性对工程不利。

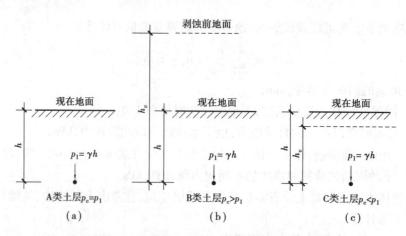

图 3.13 沉积土层按先(前)期固结压力分类

一般建筑物在施工期间完成的沉降量,对砂土可认为其最终沉降量已基本完成,对低压缩黏性土可认为已完成最终沉降量的 50% ~80%,对中压缩黏性土可认为已完成最终沉降量的 20% ~40%,对高压缩黏性土可认为已完成最终沉降量的 5% ~20%。

2)先(前)期固结压力 p_c 的确定

确定 p_c 的方法很多,应用最广的方法是卡萨格兰德(A. Cassngrandc)建议的经验作图法,作图步骤如下:

①从 e-lg p 曲线上找出曲率半径最小的一点 A;过 A 点作水平线 $A1$ 和切线 $A2$。

②作 $\angle 1A2$ 的平分线 $A3$,与 e-lg p 曲线中直线段的延长线相交于 B 点。

③B 点所对应的有效应力就是先(前)期固结压力 p_c。

该法仅适用于 e-lg p 曲线曲率变化明显的土层,否则 r_{min} 难以确定。此外,e-lg p 曲线的曲率随 e 轴坐标比例的变化而改变,而目前尚无统一的坐标比例,且人为因素影响大,所得 p_c 值不一定可靠。确定 p_c 时,一般还应结合场地的地形、地貌等形成历史的调查资料加以判断。

3.3.2 饱和黏性土地基沉降与时间的关系

1)饱和土的有效应力原理

在研究土的压力与孔隙大小关系时,必须区别土体中所受压力的性质及其物理意义。观察下述现象:把一薄层砂放在一容器底部(图 3.14),在砂层表面再放一层钢球,使砂层受到 σ(kPa)的压力,于是砂层发生压缩,孔隙比减小。若相同砂样放在容器底部,其上不放钢球而是注水至高度 h,也使砂层表面增加 σ(kPa)的压力。这时砂层体积没有发生压缩或其他变化。正如容器内放一块浸透了水的棉花,无论向容器内倒多少水,也不能使棉花丝毫压缩一样。这一现象反映了土体中存在两种不同性质的应力。前一种应力称为有效应力,它是经过土骨架传递下去的,用 σ' 表示。后一种应力作用于孔隙水上,不能使土体发生体积和强度变化,称为孔隙水压力,用 u 表示。饱和土体所受到的总应力为有效应力与孔隙水压力之和,即

$$\sigma = \sigma' + u \tag{3.12}$$

式(3.12)即为饱和土有效应力原理。

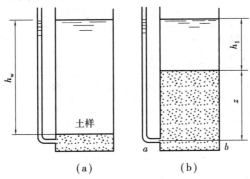

图 3.14 有效应力原理

土中水不能承受剪应力,这样孔隙水压力的变化不会引起土的抗剪强度的变化,而有效应力的增大将提高土体抵抗剪切破坏的能力,土的强度的变化只取决于有效应力的变化。土的变形主要是由土粒移动而引起的,而孔隙水压力对土粒各方向的作用除了使土粒受到浮力外,只能使土粒本身受到静水压力,不会引起土粒移动。由于固体土颗粒模量相对非常大,由水压力引起的本身的压缩可忽略不计,而有效应力的变化将引起土粒的移动导致变形,因此土的变形只取决于有效应力的变化。

由此得到土力学中非常重要的有效应力原理:

①饱和土体内任一平面上受到的总应力等于有效应力加孔隙水压力。

②土的强度的变化和变形只取决于有效应力的变化。

2) 单向固结理论计算黏性土地基固结速率

当地基为单面排水时:

$$T_v = \frac{C_v t}{H^2} \tag{3.13}$$

当地基为双面排水时:

$$T_v = \frac{4C_v t}{H^2} \tag{3.14}$$

式中:T_v——对应固结度的时间因数;

$\quad t$——固结的时间,s;

$\quad H$——压缩层厚度,cm;

$\quad C_v$——土的固结系数,cm^2/s,一般从固结试验中求得,也可根据土的渗透系数、初始孔隙比、压缩系数、水的重度资料求取的固结度 U 与沉降量 s 的关系。

$$U_{(t)} = \frac{s_{(t)}}{s_\infty} \tag{3.15}$$

式中:$U_{(t)}$——可压缩土层在时间 t 的平均固结度;

$\quad s_{(t)}$——可压缩土层在时间 t 的相应沉降量;

$\quad s_\infty$——可压缩土层的最终沉降量。

在地基计算中常常需要先假定一个固结度,求达到这个固结度的时间(见表3.5中查得与此固结度相应的 T_v,代入),或假定一个时间 t,求 t 时的固结度(从式3.13或式3.14求得

T_v，再从表 3.6 查得相应的 $U_{(t)}$，进而根据 $s_{(t)}$ 求 s_∞ 或根据 s_∞ 求 $s_{(t)}$。

表 3.5 不同 T_v 的平均固结度

T_v	平均固结度 U/%				T_v	平均固结度 U/%			
	情况 1	情况 2	情况 3	情况 4		情况 1	情况 2	情况 3	情况 4
0.004	7.14	6.49	0.98	0.80	0.200	50.41	48.09	38.95	37.04
0.008	10.09	8.62	1.95	1.60	0.250	56.22	54.17	46.03	44.32
0.012	12.36	10.49	2.92	2.40	0.300	61.32	59.50	52.30	50.78
0.020	15.96	13.67	4.81	4.00	0.350	65.82	64.21	57.83	56.19
0.028	18.88	16.38	6.67	5.60	0.400	69.79	68.36	62.73	61.54
0.036	21.40	18.76	8.50	7.20	0.500	76.40	76.28	70.88	69.95
0.048	24.72	21.96	11.17	9.60	0.600	81.56	80.69	77.25	76.52
0.060	27.64	24.81	13.76	11.99	0.700	85.59	84.91	82.22	81.65
0.072	30.28	27.43	16.28	14.36	0.800	88.74	88.21	86.11	85.66
0.083	32.51	29.67	18.52	16.51	0.900	91.20	90.79	89.15	88.80
0.100	35.68	32.88	21.87	19.77	1.000	93.13	92.80	91.52	91.25
0.125	39.89	36.54	26.54	24.42	1.500	98.00	97.90	97.53	97.45
0.160	43.70	41.12	30.93	28.86	2.000	99.42	99.39	99.28	99.26
0.175	47.18	44.73	35.07	33.06					

表 3.6 不同平均固结度的时间因数（对初始超孔隙水压力分布的描述见图 3.15）

U/%	时间因数 T_v				U/%	时间因数 T_v			
	情况 1	情况 2	情况 3	情况 4		情况 1	情况 2	情况 3	情况 4
0	0	0	0	0	55	0.239	0.257	0.324	0.336
5	0.002 0	0.003 0	0.020 8	0.025 0	60	0.286	0.305	0.371	0.384
10	0.007 8	0.011 0	0.042 7	0.050 0	65	0.342	0.359	0.426	0.438
15	0.017 7	0.023 8	0.065 9	0.075 3	70	0.403	0.422	0.488	0.501
20	0.031 4	0.040 5	0.090 4	0.101 0	75	0.477	0.495	0.562	0.575
25	0.049 1	0.060 8	0.117 0	0.128 0	80	0.567	0.586	0.652	0.665
30	0.070 7	0.084 7	0.145 0	0.157 0	85	0.684	0.702	0.769	0.782
35	0.096 2	0.112 0	0.175 0	0.187 0	90	0.848	0.867	0.933	0.946
40	0.126 0	0.143 0	0.207 0	0.220 0	95	1.129	1.148	1.214	1.227
45	0.159 0	0.177 0	0.242 0	0.255 0	100	∞	∞	∞	∞
50	0.197 0	0.215 0	0.281 0	0.294 0					

图 3.15 地基中初始超静孔隙水压力的分布

3.3.3 与固结有关的施工方法

1)堆载预压法

同样软弱的地基堆积同样高度的填土时,如果是快速加荷,黏土地基会被破坏,如果缓慢地加荷,地基土不会破坏。缓慢加荷经过长时间,荷载是逐步地加上的,荷载下面的黏性土有时间固结。固结后,土体密实,强度提高。地基强度提高了,就可使它承受相应的荷载。如图 3.16 所示为堆载预压法工地现场。

图 3.16 堆载预压法

2)砂井排水法

堆载预压法使地基达到所需强度要经过很长时间。由时间因数 $T_v = \dfrac{C_v t}{H^2}$ 可知,当时间因数 T_v 一定时,时间 t 与排水距离成反比例关系,如果能缩短排水距离,时间就可大大缩短。在黏土地基中,以适当的间距垂直打设透水系数 k 大的砂井,加荷时,除上下方向排水外,在水平方向还会向砂井呈放射状地排水,排水距离大大缩短。这种方法称为砂井排水法(图 3.17)。

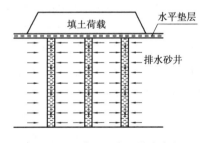

图 3.17 砂井排水和排水方向

3.4 建筑物沉降观测与地基变形允许值

3.4.1 建筑物的沉降观测

1)沉降观测的意义

建筑物的沉降观测能反映建筑物地基的实际变形情况及地基变形对建筑物的影响,并能及时发现建筑物变形,防止有害变形的扩大。建筑物的沉降观测对建筑物的安全使用具有以下重要意义:

①沉降观测能验证建筑工程设计和地基加固方案的正确性。

②沉降观测能判别建筑物工程施工质量的好坏。

③一旦发生事故,沉降观测可以作为分析事故原因和加固处理的依据。

④沉降观测可以判断现行的各种沉降计算方法的正确性。

沉降观测主要用于控制地基的沉降量和沉降速率。一般情况下,在竣工后半年到一年的时间内,不均匀沉降发展最快。在正常情况下,沉降速率应逐渐减慢。当沉降速率减到0.05 mm/d以下时,可以认为沉降趋向稳定,这种沉降称为减速沉降;当出现等速沉降时,会导致地基出现丧失稳定的危险;当出现加速沉降时,表示地基丧失稳定,应及时采取工程措施,防止建筑物发生工程事故。

2)需进行沉降观测的建筑物

《建筑地基基础设计规范》(GB 50007—2011)以强制性条文的形式规定,下列建筑物应在施工期间及使用期间进行沉降变形观测:

①地基基础设计等级为甲级建筑物。

②软弱地基上的地基基础设计等级为乙级建筑物。

③处理地基上的建筑物。

④加层、扩建建筑物。

⑤受邻近深基坑开挖施工影响或受场地地下水等环境因素变化影响的建筑物。

⑥采用新型基础或新型结构的建筑物。

⑦需要积累建筑物沉降经验或进行设计反分析的工程,应进行建筑物沉降观测和基础反力监测,沉降观测宜同时设分层沉降监测点。

【规范解读】本条为强制性条文。本条所指的建筑物沉降观测包括从施工开始、整个施工期内和使用期间对建筑物进行的沉降观测,并以实测资料作为建筑物地基基础工程质量检查的依据之一。建筑物施工期的观测日期和次数,应根据施工进度确定。

3)沉降观测的方法和步骤

(1)仪器和精度

沉降观测的仪器宜采用精密水准仪和钢尺,对第一观测对象宜固定测量工具、固定人员,观测前应严格校验仪器。测量精度宜采用Ⅱ级水准测量,视线长度宜为20~30 m;视线高度不宜低于0.3 m。水准测量应采用闭合法。

（2）水准基点的设置

以保证水准基点的稳定可靠为原则,宜设置在基岩上或压缩性较低的土层上。水准基点的位置应靠近观测点并在建筑物产生的压力影响范围以外,不受行人车辆碰撞的地点。在一个观测区内水准基点不应少于3个。

（3）观测点的设置

观测点布置应能全面反映建筑物的变形并结合地质情况确定,如建筑物4个角点、沉降缝两侧、高低层交界处、地基土软硬交界两侧等,观测点间距为8~12 m,数量不少于6个点。

（4）观测次数和时间

观测次数和时间要求前密后稀。民用建筑每建完一层(包括地下部分)应观测一次;工业建筑按不同荷载阶段分次观测,施工期间观测不应少于4次。建筑物竣工后的观测:第一年每隔2~3个月观测一次,以后适当延长至4~6个月一次,直至下沉稳定为止。特殊情况如突然发生严重裂缝或大量沉降,应增加观测次数。在基坑较深时,可考虑开挖后的回弹观测。

3.4.2 　地基变形允许值

1) 地基变形的特征

地基变形的特征可分为沉降量、沉降差、倾斜和局部倾斜4种。

（1）沉降量

沉降量,特指基础中心的沉降量,以 mm 为单位。若沉降量过大,势必影响建筑物的正常使用。例如,会导致室内外的上下水管、照明和通信电缆以及煤气管道的连接折断,污水倒灌,雨水积聚,室内外交通不便等。京、沪等地区用沉降量作为建筑物地基变形的控制指标之一。

（2）沉降差

沉降差,是指同一建筑物中相邻两个基础沉降量的差值,以 mm 为单位。若建筑物中相邻两个基础的沉降差过大,会使相应的上部结构产生额外应力,超过限度时,建筑物将发生裂缝、倾斜甚至破坏。地基软硬不均匀、荷载大小差异、体型复杂等因素会引起地基变形不同。对框架结构和单层排架结构,设计时应由相邻柱基的沉降差控制。

（3）倾斜(‰)

倾斜,特指独立基础倾斜方向两端点的沉降差与其距离的比值,以‰表示。若建筑物倾斜过大,将影响正常使用,遇台风或强烈地震时危及建筑物整体稳定,甚至倾覆。对多层或高层建筑和烟囱、水塔、高炉等高耸结构,应以倾斜值作为控制指标(图3.18)。

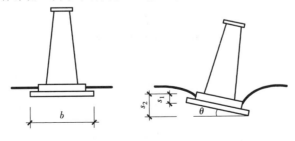

图3.18　倾斜

(4)局部倾斜(‰)

局部倾斜,是指砖石砌体承重结构沿纵向6～10 m内基础点的沉降差与其距离的比值,以‰表示。若建筑物的局部倾斜过大,往往使砖石砌体承受弯矩而拉裂(图3.19)。

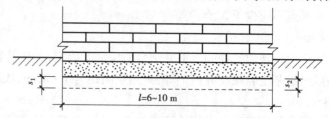

图3.19 砌体承重结构基础的局部倾斜

2)地基变形允许值

①建筑物的地基变形计算值,不应大于地基变形允许值。

【规范解读】本条为强制性条文。地基变形计算是地基设计中的一个重要组成部分。当建筑物地基产生过大的变形时,对于工业与民用建筑来说,都可能影响正常的生产或生活,危及人们的安全,影响人们的心理状态。

②在计算地基变形时,应符合下列规定:

建筑地基不均匀、荷载差异很大、体型复杂等因素引起的地基变形,对砌体承重结构应由局部倾斜值控制;对框架结构和单层排架结构应由相邻柱基的沉降差控制;对多层或高层建筑和高耸结构应由倾斜值控制。必要时尚应控制平均沉降量。

在必要情况下,需要分别预估建筑物在施工期间和使用期间的地基变形值,以便预留建筑物有关部分之间的净空,选择连接方法和施工顺序。

【规范解读】一般多层建筑物在施工期间完成的沉降量,对碎石或砂土可认为其最终沉降量已完成80%以上,对其他低压缩性土可认为已完成最终沉降量的50%～80%;对中压缩性土可认为已完成最终沉降量的20%～50%;对高压缩性土可认为已完成最终沉降量的5%～20%。建筑物的地基变形允许值应按表3.7的规定采用。对表中未包括的建筑物,其地基变形允许值应根据上部结构对地基变形的适应能力和使用上的要求确定。

表3.7 建筑物的地基变形允许值

变形特征		地基土类别	
		中、低压缩性土	高压缩性土
砌体承重结构基础的局部倾斜		0.002	0.003
工业与民用建筑相邻 柱基的沉降差	框架结构	0.002l	0.003l
	砌体墙填充的边排柱	0.007l	0.001l
	当基础不均匀沉降时 不产生附加应力的结构	0.005l	0.005l
单层排架结构(柱距为6 m)柱基的沉降量/mm		(120)	200
桥式吊车轨面的倾斜 (按不调整轨道考虑)	纵向	0.004	
	横向	0.003	

续表

变形特征		地基土类别	
		中、低压缩性土	高压缩性土
多层和高层建筑的整体倾斜	$H_g \leq 24$	0.004	
	$24 < H_g \leq 60$	0.003	
	$60 < H_g \leq 100$	0.002 5	
	$H_g > 100$	0.002	
体型简单的高层建筑基础的平均沉降量/mm		200	
高耸结构基础的倾斜	$H_g \leq 20$	0.008	
	$20 < H_g \leq 50$	0.006	
	$50 < H_g \leq 100$	0.005	
	$100 < H_g \leq 150$	0.004	
	$150 < H_g \leq 200$	0.003	
	$200 < H_g \leq 250$	0.002	
高耸结构基础的沉降量/mm	$H_g \leq 100$	400	
	$100 < H_g \leq 200$	300	
	$200 < H_g \leq 250$	200	

注:①本表数值为建筑物地基实际最终变形允许值。
②有括号者仅适用于中压缩性土。
③l 为相邻柱基的中心距离(mm);H_g 为自室外地面起算的建筑物高度(m)。
④倾斜是指基础倾斜方向两端点的沉降差与其距离的比值。
⑤局部倾斜是指砌体承重结构沿纵向 6 ~ 10 m 内基础两点的沉降差与其距离的比值。

土的压缩性与
地基沉降

项目小结

　　本项目介绍土的压缩性及其评价指标、地基土的最终沉降量计算、土的变形与时间的关系、次固结沉降、与固结有关的施工方法等内容。其中包括土的压缩性,计算地基土的最终沉降量的分层总和法和规范法,饱和土地基沉降与时间的关系、有效应力原理和单向固结理论,建筑物沉降观测的意义、沉降观测的方法和步骤、规范规定的地基变形允许值等。地基最终沉降量的计算和单向固结理论是本项目难点,学习者应重点掌握思路和方法的理解,能举一反三地对工程实际沉降和变形进行初步判断。

习　题

一、选择题

1. 评价地基土压缩性高低的指标是(　　　)。

A.压缩系数   B.固结系数   C.沉降影响系数   D.参透系数

2.若土的压缩曲线(e-p 曲线)较陡,则表明(　　)。

  A.土的压缩性较大   B.土的压缩性较小

  C.土的密实度较大   D.土的孔隙比较小

3.土的变形模量可通过(　　)实验来测定。

  A.压缩   B.载荷   C.渗透   D.剪切

4.若土的压缩系数 $a_{1\text{-}2}=0.1\ \text{MPa}^{-1}$,则该土属于(　　)。

  A.低压缩性土   B.中压缩性土   C.高压缩性土   D.低灵敏土

5.土的压缩模量越大,表示(　　)。

  A.土的压缩性越高   B.土的压缩性越低

  C.e-p 曲线越陡   D.e-$\lg p$ 曲线越陡

6.使土体体积减小的主要因素是(　　)。

  A.土中孔隙体积的减少   B.土粒的压缩

  C.土中密闭气体的压缩   D.土中水的压缩

7.土的压缩变形主要是由土中哪一部分应力引起的?(　　)

  A.总应力   B.有效应力   C.孔隙应力   D.附加应力

8.所谓土的固结,主要是指(　　)。

  A.总应力引起超孔隙水压力增长的过程

  B.超孔隙水压力消散,有效应力增长的过程

  C.总应力不断增加的过程

  D.总应力和有效应力不断增加的过程

9.在时间因数表示式 $T_{\text{v}}=C_{\text{v}}t/H^2$ 中,H 表示的意思是(　　)。

  A.最大排水距离   B.压缩层的厚度

  C.土层厚度的一半   D.土层厚度的两倍

10.在压缩曲线中,压力 p 为(　　)。

  A.自重应力   B.有效应力   C.总应力   D.孔隙水应力

二、判断改错题

1.在室内压缩试验过程中,土样在产生竖向压缩的同时也将产生侧向膨胀。 (　　)

2.饱和黏土层在单面排水条件下的固结时间为双面排水时的两倍。 (　　)

3.土的压缩性指标只能通过室内压缩试验求得。 (　　)

4.饱和黏性土地基在外荷作用下所产生的起始孔隙水压力的分布图与附加应力的分布图是相同的。 (　　)

5.e-p 曲线中的压力 p 是有效应力。 (　　)

6.$a_{1\text{-}2} \geqslant 1\ \text{MPa}^{-1}$ 的土属超高压缩性土。 (　　)

7.土体的固结时间与其透水性无关。 (　　)

8.在饱和土的固结过程中,孔隙水压力不断消散,总应力和有效应力不断增长。 (　　)

9.孔隙水压力在其数值较大时会使土粒水平移动,从而引起土体体积缩小。 (　　)

10.随着土中有效应力的增加,土粒彼此进一步挤紧,土体产生压缩变形,土体强度随之

提高。

三、简答题

1. 引起土体压缩的主要原因是什么？

2. 压缩系数的物理意义是什么？怎样用 a_{1-2} 判别土的压缩性质？

3. 地下水位升降对基础沉降有何影响？

4. 地基变形有哪些特征？

5. 根据应力历史可将土（层）分为哪 3 类？试述它们的定义。

6. 何谓先（前）期固结压力？

四、计算题

1. 某土的试样压缩试验结果如下：当荷载由 $p_1 = 100$ kPa 增加至 $p_2 = 200$ kPa 时，24 h 内的试样的孔隙比由 0.875 减少至 0.825，求土的压缩系数 a_{1-2}，并计算相应的压缩模量 E_s，评价土的压缩性。

2. 某地基中黏土层的压缩试验资料见表 3.8，试计算压缩系数 a_{1-2} 及相应的压缩模量 E_{s1-2}，并评价土的压缩性。

表 3.8　某地基中黏土层的压缩试验资料

P/kPa	0	50	100	200	400
e	0.820	0.774	0.732	0.716	0.682

项目 4
土的抗剪强度与地基承载力

项目导读

  土体稳定分析是土力学要解决的一个重要问题,分析土的稳定问题必然要涉及土的强度破坏。在建筑物由土的原因引起的事故中,一部分是由沉降过大,或是差异沉降过大造成的;另一部分是由土体的强度破坏面引起的。从事故的灾害性来说,强度问题比沉降问题要严重得多。而土体的破坏通常都是剪切破坏,研究土的强度特性,就是研究土的抗剪强度特性。为此,应研究地基在建筑物荷载或其他外荷载作用下土体的应力状态,最大限度地发挥和利用土体的抗剪强度,保证土体的稳定性。土的抗剪强度主要应用于地基承载力的计算和地基稳定性分析及挡土墙和地下结构物上土压力计算等。

  本项目主要介绍土的抗剪强度的理论、土的抗剪强度指标的确定,地基破坏形式及特点、地基承载力的确定及应用。

案例:

  加拿大特朗斯谷仓的地基事故是建筑失稳的典型例子(图4.1)。该谷仓平面呈矩形,南北向长59.44 m,东西向宽23.47 m,高31 m,容积36 368 m³。谷仓基础为钢筋混凝土筏板基础,厚度61 cm,埋深3.66 m。谷仓于1911年动工,1913年完工,空仓自重2 000 t,相当于装满谷物后满载总质量的42.5%。1913年9月装谷物,10月17日当谷仓已装了31 822 t谷物时,发现1 h内竖向沉降达30.5 cm,结构物向西倾斜,并在24 h内谷仓倾斜,谷仓西端下沉7.32 m,东端上抬1.52 m,上部钢筋混凝土筒仓坚如磐石。谷仓地基土事先未进行调查研究,据邻近结构物基槽开挖试验结果,计算地基承载力为352 kPa应用到此谷仓。1952年经勘察试验与计算,谷仓地基实际承载力为193.8~276.6 kPa,远小于谷仓破坏时发生的压力329.4 kPa,谷仓地基因超载发生强度破坏而滑动。

  南美洲巴西于1955年开始建造一幢11层大厦(图4.2),长29 m,宽12 m,支承在99根21 m长的钢筋混凝土桩上,1958年1月大厦建成时,发现大厦背后明显下沉。1月30日沉降速度达到每小时4 mm,晚间8点钟,在20 s内整个大楼倒塌,平躺地面。事后查明,当地为沼泽土,邻近建筑物桩长 26 m,大厦桩长为 21 m,未打入较好土层,悬浮在软弱黏土和泥炭层中,地基产生滑动引起倒塌。

图 4.1　加拿大特斯谷仓地基事故　　　　图 4.2　巴西 11 层大厦倒塌前示意图

由上实例可知,对土的强度问题不注意,可能产生地基失稳的事故。尽管这类事故数量比地基变形引起的事故要少,但后果严重,往往是灾难性的破坏,很难挽救。对土的强度问题应当予以重视。

4.1　土的抗剪强度

4.1.1　土的抗剪强度理论

土的抗剪强度是指土体抵抗剪切破坏的能力,是土的主要力学性质之一。土是否达到剪切破坏状态,除了取决于它本身的生质外,还与所受的应力组合密切相关。这种破坏时的应力组合关系称为破坏准则。目前广泛采用的破坏准则是莫尔·库仑破坏准则。

土体发生剪切破坏时,将沿着其内部某一曲面产生相对滑动,而该滑动面上的剪应力就等于土的抗剪强度。法国学者库仑(C. A. Coulomb)根据砂土剪切试验,提出土体抗剪强度的表达式为

$$\tau_f = \sigma \tan \varphi \tag{4.1}$$

式中:τ_f——土的抗剪强度,kPa;

σ——剪切面上的正应力,kPa;

φ——土的内摩擦角,即抗剪强度线对横坐标轴的倾角,°。

库仑后来又根据黏性土的试验结果,提出更为普遍的抗剪强度表达为

$$\tau_f = c + \sigma \tan \varphi \tag{4.2}$$

式中:c——土的黏聚力,kPa,对无黏性土 $c = 0$。

式(4.2)就是著名的库仑公式,它反映了土体抗剪强度 τ_f 是 φ,σ,c 的函数。τ_f 由土的摩阻力 $\sigma \tan \varphi$ 及黏聚力 c 两部分组成。对无黏性土 $c = 0$,式(4.1)是式(4.2)的一个特例,其中 τ_f 与法向应力 σ 成正比。根据库仑定律可以绘出如图 4.3 所示的库仑直线,其中库仑直线与横轴的夹角称为土的内摩擦角 φ,库仑直线在纵轴上的截距 c 为黏聚力。

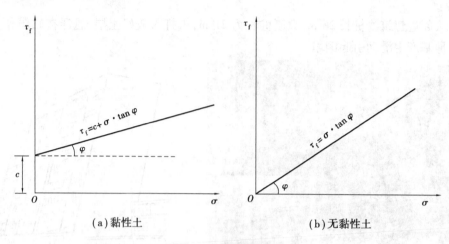

（a）黏性土   （b）无黏性土

图 4.3　土的抗剪强度

库仑定律说明：

①土的抗剪强度由土的内摩擦力 $\sigma \tan \varphi$ 和黏聚力 c 两部分组成。

②内摩擦力与剪切面上的法向应力成正比，其比值为土的内摩擦系数 $\tan \varphi$。

③土的内摩擦角 φ 和黏聚力 c 两者都是土的抗剪强度指标。

砂土的内摩擦角 φ 变化范围不是很大，孔隙比越小，φ 越大，但是含水饱和的粉细砂很容易失去稳定，对其内摩擦角 φ 的取值应慎重；黏性土的抗剪强度指标变化范围很大，与土的种类有关，并且与土的天然结构是否破坏，试样在法向压力下的排水固结程度及试验方法等因素有关。

根据有效应力原理可知，有效应力是土颗粒间的相互作用力，土颗粒骨架的变形和强度不是由总应力 $\sigma(\sigma' + u)$ 而是由有效应力 σ' 控制的，式（4.2）改写为有效应力的表达式

$$\tau_f = c' + \sigma' \tan \varphi' = c' + (\sigma - u) \tan \varphi' \tag{4.3}$$

式中：σ'——剪切破坏面上的有效应力；

$\quad\quad u$——土中孔隙水压力；

$\quad\quad c'$——土中的有效黏聚力；

$\quad\quad \varphi'$——土的有效内摩擦角。

c' 和 φ' 成为土的有效抗剪强度指标，对同一种土，其值理论上与试验方法无关，接近于常数。

为了区别式（4.2）和式（4.3），前者称为总应力抗剪强度公式，后者称为有效应力抗剪强度公式。准确测定孔隙水压力难度较大，而由库仑公式建立的概念在应用上比较方便，许多土工问题的分析方法都还建立在这种概念基础上，工程师仍沿用至今。

4.1.2　摩尔-库仑强度理论

1）应力状态和莫尔圆

在一般的土工建筑物中，土体单元处于 3 维应力状态，其 3 个主应力分别表示为 σ_1，σ_2，σ_3。但在本节将要介绍的土的莫尔-库仑强度理论中并没有考虑中主应力 σ_2 的影响，破坏包线只取决于最大主应力 σ_1 和最小主应力 σ_3 而与大主应力 σ_1 的大小无关。在本项目有

关应力状态和莫尔圆的讨论中,主要考虑最大主应力 σ_1 和最小主应力 σ_3 作用平面的情况,试验结果表明,中主应力 σ_2 对土强度的影响不大,在工程上一般不考虑。

在土力学中规定,法向应力以压为"+",拉为"−";剪应力以逆时针方向为"+",顺时针方向为"−",与材料力学和弹性力学中力的符号规定不一样。

土体中一点的应力状态是客观存在的,但作用在某个面上的正应力和剪应力分量却是随作用面的转动而发生变化的,其完整的二维应力状态可通过一个莫尔圆来表示。图4.4 给出了土体中一点应力状态和相应的莫尔圆的画法。假定土体单元在垂直于 z 轴和 x 轴平面上所作用的应力分量分别是 (σ_x, τ_{xz}) 和 (σ_z, τ_{zx}),则其对应莫尔圆的方程为

$$\left(\sigma - \frac{\sigma_1 + \sigma_3}{2}\right)^2 + \tau^2 = \left(\frac{\sigma_1 - \sigma_3}{2}\right)^2 \tag{4.4}$$

①圆心坐标:$p = (\sigma_x + \sigma_y)/2$。

②半径:$\sqrt{\left[(\sigma_x - \sigma_z)/2\right]^2 + \tau_{xz}^2}$。

③最大、最小主应力:$\sigma_1 = p + r, \sigma_3 = p - r$。

④莫尔圆顶点坐标:$p = (\sigma_1 + \sigma_3)/2, q = (\sigma_1 - \sigma_3)/2$。

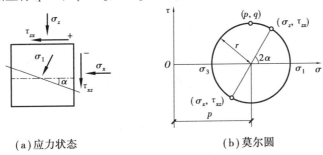

(a)应力状态　　　　　　(b)莫尔圆

图4.4 应力状态莫尔圆

莫尔圆周上每一点均对应一个作用面上的应力分量。其中,莫尔圆周上的点和作用面所对应转角的方向相同,但转角大小前者为后者的两倍。在图4.4中分别标出了最大主应力作用面的位置和相对 (σ_z, τ_{zx}) 作用面的转角。

2)极限平衡条件和土体破坏的判断方法

当土单元体发生剪切破坏时,即破坏面上剪应力达到其抗剪强度 τ_f 时,称该土单元体达到极限平衡状态。土单元体中只要有一个面发生剪切破坏,该土单元体就达到破坏或极限平衡状态。如图4.5 所示,式(4.2)为一条截距为 c,倾角为 φ 的直线,它定义了土体单元达到破坏或极限平衡状态的所有点的集合,该线称为土的莫尔破坏包线或抗剪强度包线。

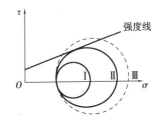

图4.5 摩尔应力圆与抗剪强度包线的关系

依据莫尔应力圆与抗剪强度包线的关系可以判断土中的某点 M 是否处于极限平衡状态。将土的抗剪强度包线与莫尔应力圆绘于同一直角坐标系上进行比较,有以下3种情况:

①应力圆与抗剪强度包线相离(圆Ⅰ),应力圆代表的单元体上各截面的剪应力均小于

抗剪强度,该点处于稳定状态。

②应力圆与抗剪强度包线相割(圆Ⅲ),直线上方的一段弧所代表的各截面的剪应力均大于抗剪强度,即该点已有破坏面产生,实际上圆Ⅲ所代表的应力状态是不可能存在的,因为该点破坏后,应力已超出弹性范畴。

③应力圆与抗剪强度包线相切(圆Ⅱ),单元体上有一个截面的剪应力刚好等于抗剪强度,其余所有截面都有$\tau < \tau_f$,该点处于极限平衡状态,此时莫尔圆也称为极限应力圆。由此可知,土中一点的极限平衡的几何条件是抗剪强度包线与莫尔应力圆相切,如图4.6所示。

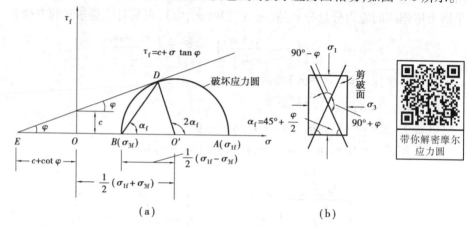

图4.6 极限平衡的几何条件

根据几何关系可得

$$\sin \varphi = \frac{\dfrac{(\sigma_1 - \sigma_3)}{2}}{c\cot \varphi + \dfrac{(\sigma_1 + \sigma_3)}{2}} \tag{4.5}$$

经整理后可得:

黏性土的极限平衡条件

$$\sigma_1 = \sigma_3 \tan^2(45° + \varphi/2) + 2c \tan(45° + \varphi/2) \tag{4.6}$$

$$\sigma_3 = \sigma_1 \tan^2(45° - \varphi/2) - 2c \tan(45° - \varphi/2) \tag{4.7}$$

无黏性土($c = 0$),极限平衡条件简化为

$$\sigma_1 = \sigma_3 \tan^2(45° + \varphi/2) \tag{4.8}$$

$$\sigma_3 = \sigma_1 \tan^2(45° - \varphi/2) \tag{4.9}$$

土处于极限平衡状态时,破坏面与大主应力作用面的夹角

$$\alpha_f = (90° + \varphi)/2 = 45° + \varphi/2 \tag{4.10}$$

上面推导的极限平衡表达式(4.6)、式(4.7)、式(4.9)、式(4.10)分别为用来判别黏性土和砂土是否达到极限平衡状态的应力表达式、是否发生剪切破坏的强度条件,通常称为摩尔-库仑强度理论。利用这些表达式,当知道土单元体实际的受力状态和土的抗剪强度指标c,φ时,可以判断该单元体是否发生了剪切破坏,步骤如下:

①确定土单元体在任意面上的应力状态(σ_x,σ_z,τ_{xz})。

②计算大小主应力 σ_1,σ_3；$\sigma_{1.3}=\dfrac{\sigma_x+\sigma_z}{2}\pm\sqrt{\left(\dfrac{\sigma_x-\sigma_z}{2}\right)^2+\tau_{xz}^2}$。

③选用极限平衡条件判别土单元体是否剪切破坏。

利用上述极限平衡条件式判别土单元体是否发生剪切破坏，可采用以下的 3 种方法之一：

①最大主应力比较法，如图 4.7(a)所示。

利用土单元的实际最小主应力 σ_3 和强度参数 c,φ，求取土体处在极限平衡状态时的最大主应力 $\sigma_{1f}=\sigma_3\tan^2(45°+\varphi/2)+2c\tan(45°+\varphi/2)$，并与土单元的实际最大主应力 σ_1 相比较。如果 $\sigma_{1f}>\sigma_1$，土体单元没有发生破坏；如果 $\sigma_{1f}=\sigma_1$，表示土体正好处于极限平衡状态，土体单元发生破坏；如果 $\sigma_{1f}<\sigma_1$，表示土单元已发生了破坏，但实际上这种情况是不可能存在的，因为此时一些面上的剪应力 τ 已经超过土的抗剪强度，不可能发生。

②最大主应力比较法，如图 4.7(b)所示。

利用土单元的实际最大主应力 σ_1 和强度参数 c,φ，求取土体处在极限平衡状态时的最小主应力 $\sigma_{3f}=\sigma_1\tan^2(45°-\varphi/2)-2c\tan(45°-\varphi/2)$，并与土单元的实际最小主应力 σ_3 相比较。如果 $\sigma_{3f}<\sigma_3$，土体单元没有发生破坏；如果 $\sigma_{1f}=\sigma_1$，表示土体正好处于极限平衡状态，土体单元发生破坏；如果 $\sigma_{3f}>\sigma_3$，表示土单元已发生了破坏，同理，这种情况也是不可能存在的。

③内摩擦角比较法，如图 4.7(c)所示。

假定土体的莫尔-库仑强度包线与横轴相交于 O' 点。通过该交点 O' 作土体应力状态莫尔圆的切线，将该切线的倾角称为该应力状态莫尔圆的视内摩擦角 φ_m。可用 $\sin\varphi_m=\dfrac{\sigma_1-\sigma_3}{\sigma_1+\sigma_3+2c\cdot\cot\varphi}$ 进行计算，将内摩擦角 φ_m 与土体的实际内摩擦角 φ 比较。如果 $\varphi_m<\varphi$，表示土单元应力状态莫尔圆位于强度包线之下，没有发生破坏；如果 $\varphi_m=\varphi$，表示土单元应力状态莫尔圆正好与强度包线相切，土体单元发生破坏；如果 $\varphi_m>\varphi$，表示土单元已发生了破坏，但同上所述，这种情况也是不存在的。

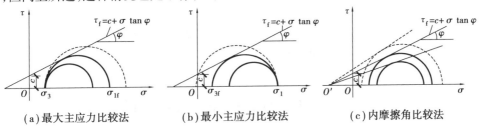

（a）最大主应力比较法　　　（b）最小主应力比较法　　　（c）内摩擦角比较法

图 4.7 土体单元是否破坏的判别

由莫尔-库仑强度理论所描述的土体极限平衡状态可知，土的剪切破坏并不是由最大剪应力所控制，即剪切破坏并不产生于最大剪应力面，剪切破坏面与最大剪应力面成 $\varphi/2$ 的夹角。

剪切破坏面与最大主应力 σ_1 作用面的夹角为 $\alpha=45°+\varphi/2$。

例 4.1 某粉质黏土地基内一点的大主应力 σ_1 为 150 kPa，小主应力 σ_3 为 20 kPa，黏聚力 c 为 19.5 kPa，内摩擦角 $\varphi=30°$，判断该点是否破坏，并求破坏面与大主应力面的夹角 α。

解题分析:本题涉及判别土是否达到破坏的问题,应用莫尔-库仑强度理论来解决。

解法一:最大主应力法。

设达到极限平衡状态时所需的大主应力为 σ_{1f},即此时 σ_{1f} 与 σ_3 构成的应力圆与强度线相切,可得

$$\sigma_{1f} = \sigma_3 \tan^2(45° + \varphi/2) + 2c \tan(45° + \varphi/2)$$
$$= 20 \times \tan^2(45° + 30°/2) + 2 \times 19.5 \tan(45° + 30°/2)$$
$$= 127.5 \text{ kPa}$$

则实际的大主应力 $\sigma_1 = 150$ kPa $> \sigma_{1f}$,该点土体已破坏。

解法二:最小主应力法。

设达到极限平衡时所需的小主应力为 σ_{3f},即此时 σ_{3f} 与 σ_1 构成的应力圆与强度线相切,可得

$$\sigma_{3f} = \sigma_1 \tan^2(45° - \varphi/2) - 2c \tan(45° - \varphi/2)$$
$$= 150 \times \tan^2(45° - 30°/2) - 2 \times 19.5 \times \tan(45° - 30°/2)$$
$$= 27.5 \text{ kPa}$$

而实际小主应力 $\sigma_3 = 20$ kPa $< \sigma_{3f} = 27.5$ kPa,该点土体已破坏。

解法三:内摩擦角法。

土体达到极限平衡状态时有

$$\sin \varphi_m = \frac{\sigma_1 - \sigma_3}{\sigma_1 + \sigma_3 + 2c \cdot \cot \varphi}$$

等式左边(极限平衡状态)为

$$\sin \varphi = \sin 30° = 0.5$$

等式右边(实际应力平衡状态)为

$$\frac{(\sigma_1 - \sigma_3)/2}{c \cdot \cot \varphi + \frac{\sigma_1 + \sigma_3}{2}} = \frac{(150 - 20)/2}{19.5 \times \cot 30° + \frac{(150 + 20)}{2}} = 0.55$$

由

$$\sin \varphi < \frac{\frac{(\sigma_1 - \sigma_3)}{2}}{c \cot \varphi + \frac{(\sigma_1 + \sigma_3)}{2}}$$

可判断土体已破坏。

4.2 土的抗剪强度的测定

土的抗剪强度主要依靠室内试验和原位测试确定,试验仪器的种类和试验方法对确定强度值有很大的影响。试验过程中土样的排水固结条件对测得的强度指标的影响很大,同一种土用相同的仪器,在不同的试验条件下,得出的抗剪强度指标差别很大,应根据实际的工程条件来选择合适的指标。

抗剪强度的试验方法有多种。在实验室内常用的有直接剪切试验、三轴压缩试验和无侧限抗压强度试验。在现场原位测试的有十字板剪切试验、大型直接剪切试验等。本节着重介绍几种常用的试验方法。

4.2.1   直接剪切试验

直接剪切试验,简称直剪试验,是测定土体抗剪强度指标最简单的方法。直接剪切试验使用的仪器称为直接剪切仪(简称直剪仪),分为应变控制式和应力控制式两种。前者对试样采用等速剪应变测定相应的剪应力,后者则是对试样分级施加剪应力测定相应的剪切位移。

以我国普遍采用的采用应变控制式直剪仪为例,其结构如图 4.8 所示。它主要由剪力盒、垂直和水平加载系统及测量系统等部分组成。安装好土样后,通过垂直加压系统施加垂直荷载,即受剪面上的法向应力 σ,再通过均匀旋转手轮对土样施加水平剪应力 τ,当土样受剪破坏时,受剪面上所施加的剪应力即为土的抗剪强度 τ_f。对同一种土至少需要 3~4 个土样,在不同的法向应力 σ 下进行剪切试验,测出相应的抗剪强度 τ_f,然后根据 3~4 组相应的试验数据可以点绘出 $\sigma - \tau_f$ 直线,由此求出土的抗剪强度指标 φ, c,如图 4.9 所示。

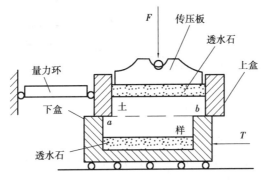

图 4.8   直接剪切仪结构示意图

以剪应力为纵坐标,剪切位移为横坐标,根据试验记录数据可绘制竖向应力下的剪应力与剪切位移关系曲线,如图 4.10 所示。一般以曲线的剪应力峰值作为该级法向应力下土的抗剪强度。如果剪应力不出现峰值,取某一剪切位移 4 mm 对应的剪应力作为抗剪强度。

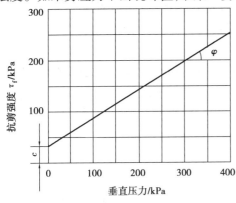

图 4.9   抗剪强度-法向应力关系图

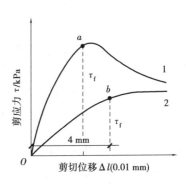

图 4.10   剪应力-剪切位移关系图

土的抗剪强度与钢材、混凝土等材料不同,不是一个定值,它受很多因素的影响。不同地区、不同成因、不同类型土内抗剪强度往往有很大差别。即使同一种土,在不同的密含水量、剪切速率、仪器型式的不同条件下,抗剪强度数值也不相等。为了近似模拟土体在现场的排水条件,直剪试验可分为直接快剪、直接慢剪和固结快剪 3 种试验方法。

　　土样排水条件和固结程度不同,3 种试验方法所得的抗剪强度指标也不相同,其抗剪强度线如图 4.11 所示。慢剪时,充分排水,使土样在应力变化过程中始终处于孔隙水压力为零的完全固结状态,又称排水剪,测得的抗剪强度值 τ_s 最大;快剪与慢剪相反,在整个试验过程中不让土中水排出,保持土的含水量不变,试样中存在孔隙水压力,使有效应力减小,测得的抗剪强度值 τ_q 最小;固结快剪试验相当于以上两种方法的组合,测得的抗剪强度值 τ_{cq} 介于上述两者之间。

　　同一种土,3 种试验方法测得的抗剪强度关系为 $\tau_q < \tau_{cq} < \tau_s$,工程中要根据具体情况选择适当的强度指标。

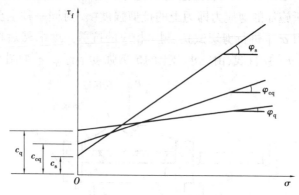

图 4.11　不同试验方法的抗剪强度指标

　　直剪试验仪器构造简单,土样制备及操作方法便于掌握,并符合某些特定条件,目前应用广泛。但该试验存在以下缺点:

　　①剪切过程中试样内的剪应变和剪应力分布不均匀。试样剪破时,靠近剪力盒边缘的应变最大,而试样中间部位的应变相对小得多;在试件边缘发生应力集中现象,但计算时仍按应力均布计算。

　　②剪切面人为地限制在上、下盒的接触面上,而不是沿土样最薄弱的面剪切破坏。

　　③剪切过程中试验面积逐渐减小,且垂直荷载发生偏心,但计算抗剪强度时却按受剪面积不变和剪应力均匀分布计算。

　　④试验土样的固结和排水是靠加荷速度快慢来控制的,实际上无法严格控制排水也无法测量孔隙水应力。在进行不排水剪切时,试件仍有可能排水,特别是对饱和黏性土,它的抗剪强度受排水条件的影响显著,不排水试验结果不够理想。

　　⑤试验时,上、下盒之间的缝隙中易嵌入砂粒,使试验结果偏大。

4.2.2　三轴剪切试验

　　三轴剪切试验是测定土抗剪强度的一种较为完善的方法。三轴剪切试验的原理为:对 3 个以上圆柱形试样施加最大主应力(轴向压力)σ_1 和最小主应力(周围压力)σ_3,保持其中之一(一般是 σ_1)不变,改变另一个主应力,使试样中的剪应力逐渐增大,直至达到极限平衡而剪坏,由此利用莫尔-库仑破坏准则确定土抗剪强度参数 (c,φ)。

三轴剪切仪的构造示意图如图4.12所示。它由放置土样的压力室、垂直压力控制及量测系统、围压控制及量测系统、土样孔隙水压及体积变化量测系统等部分组成。压力室是三轴压缩仪的核心组成部分,它是一个由金属上盖、底座和透明有机玻璃圆筒组成的密闭容器。

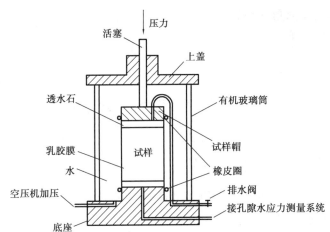

图4.12 三轴剪切仪构造示意图

试验时,先对试样施加均布的周围压力σ_3,此时土内无剪应力。然后施加轴压增量,水平向$\sigma_2 = \sigma_3$,保持不变。在偏应力$\sigma_1 - \sigma_3 = \Delta\sigma_1$作用下试样中产生剪应力,当$\Delta\sigma_1$增加时,剪应力也随之增加,当增到一定数值时,试样被剪破。由土样破坏时的σ_1和σ_3所作的应力圆是极限应力圆。同一组土的3个试样在不同的σ_3条件下进行试验,同理可作出3个极限莫尔应力圆,如图4.13所示中的圆Ⅰ,Ⅱ,Ⅲ。求出各极限莫尔应力圆的公切线,则为该土样的抗剪强度包线,该直线与横坐标的夹角为土的内摩擦角φ,直线与纵坐标的截距为土的黏聚力c。

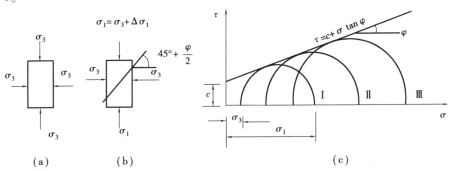

图4.13 三轴剪切试验原理

三轴剪切试验方法适用于细粒土和粒径小于20 mm的粗粒土。根据土样在周围压力作用下固结的排水条件和剪切时的排水条件,三轴剪切试验可分为3种试验方法,即不固结不排水剪试验(UU试验)、固结不排水剪试验(CU试验)和固结排水剪试验(CD试验)。

1)不固结不排水剪试验(UU试验)

试样在施加周围压力和随后施加竖向压力直至剪切破坏的整个过程中都不排水,试验自始至终关闭排水阀门,试验方法所对应的实际工程条件下相当于饱和软黏土中快速加荷时的应力状况,得到的抗剪强度指标用 c_u,φ_u 表示。试验结果表明,虽然 3 个试件破坏时的主应力差相等,在 $\tau-\sigma$ 图上 3 个总应力圆直径相同,破坏包线是一条水平线(图 4.14),即

$$\varphi_u = 0 \qquad \tau_f = c_u = \frac{\sigma_1 - \sigma_3}{2} \tag{4.11}$$

式中:φ——不排水内摩擦角,(°);

c——不排水抗剪强度,kPa。

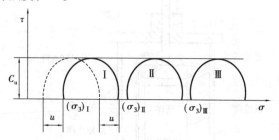

图 4.14　不固结不排水剪切试验结果

2)固结不排水剪(CU 试验)

在施加周围压力 σ_3 时打开排水阀门,允许试样充分排水,待固结稳定后关闭排水阀门。然后施加竖向应力,使试样在不排水的条件下剪切破坏,该试验得到的抗剪强度指标用 c_{cu},φ_{cu} 表示(图 4.15)。固结不排水剪试验是经常要做的工程试验,它适用的实际工程条件是一般正常固结土层在工程竣工或在使用阶段受到大量、快速的活荷载或新增加的荷载的作用时所对应的受力情况。

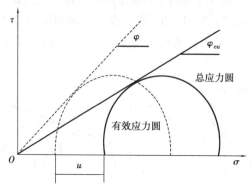

图 4.15　固结不排水剪切试验结果

3)固结排水试验(CD 试验)

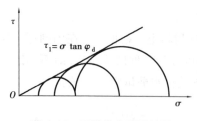

图 4.16　固结排水试验结果

在施加周围压力和随后施加偏应力直至剪坏的整个试验过程中都将排水阀门打开,并给予充分的时间让试样中的孔隙水压力能够完全消散,得到的抗剪强度指标用 c_d,φ_d 表示(图 4.16)。

三轴剪切试验优点如下:

①能够控制排水条件,可以量测土样中孔隙水压力的变化。

②三轴剪切试验中试件的应力状态比较明确,剪切破坏时的破裂面在试件的最弱处,不像直接剪切仪那样限定在上下盒之间。

③三轴压缩仪还可用以测定土的其他力学性质,如土的弹性模量。

常规三轴压缩试验的主要缺点如下:

①试样所受的力是轴对称的,即试件所受的3个主应力中,有两个是相等的,但在工程实际中土体的受力情况并不属于这类轴对称的情况。

②三轴剪切试验的试件制备比较麻烦,土样易受扰动。

4.2.3 无侧限抗压强度试验

无侧限抗压强度试验实际是三轴剪切试验的特殊情况,又称单剪试验。试验时的受力情况如图4.17(a)所示,土样侧向压力为零($\sigma_3 = 0$),仅在轴向施加压力,直至试样破坏,在土样破坏时的轴向压力σ_{1f}即为土样的无侧限抗压强度q_u。不能施加周围压力,根据试验结果,只能作一个极限应力圆,难以得到破坏包线,如图4.16(b)所示。饱和黏性土的三轴不固结不排水试验结果表明,其破坏包线为一水平线,即$\varphi_u = 0$。对饱和黏性土的不排水抗剪强度,可利用无侧限抗压强度q_u来得到,即

$$\tau_f = c_u = \frac{q_u}{2} \tag{4.12}$$

式中:τ_f——土的不排水抗剪强度,kPa;

c_u——土的不排水凝聚力,kPa;

q_u——无侧限抗压强度,kPa。

饱和黏性土的灵敏度$S_t = \dfrac{q_u}{q_0}$可利用无侧限抗压强度试验测定,土的灵敏度越高,其结构性越强,受扰动后土的强度降低就越多。黏性土受扰动而强度降低的性质,一般来说对工程建设是不利的,如在基坑开挖过程中,施工可能造成土的扰动使地基强度降低。

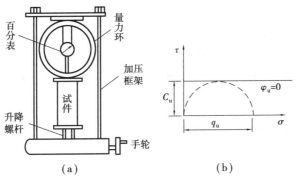

图4.17 无侧限抗压强度试验

4.2.4 十字板剪切试验

十字板剪切仪是一种使用方便的原位测试仪器,通常用于测定饱和黏性土的原位不排水强度,特别适用于均匀饱和软黏土。这种土常因取样操作和试样成形过程中不可避免地受到扰动而破坏其天然结构,致使室内试验测得的强度值低于原位土的强度。

十字板剪切仪由板头、加力装置和量测装置 3 个部分组成,如图 4.18 所示。试验通常在钻孔内进行,先将钻孔钻进至要求测试的深度以上 75 cm 左右,清理孔底后,将十字板头压入土中至测试的深度。然后,通过安放在地面上的施加扭力装置,旋转钻杆并带动十字板头扭转,这时可在土体内形成一个直径为 D,高度为 H 的圆柱形剪切面[图 4.18(b)]。剪切面上的剪应力随扭矩的增加而增大,当达到最大扭矩 M_{max} 时,土体沿该圆柱面破坏,圆柱面上的剪应力达到土的抗剪强度 τ_f。

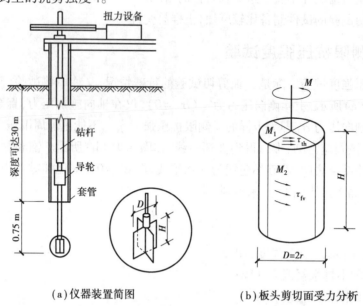

(a)仪器装置简图　　　　　　　(b)板头剪切面受力分析

图 4.18　十字板试验装置

土的抗剪强度 τ_f 的简化计算式为

$$\tau_f = \frac{2M}{\pi D^2 \left(H + \dfrac{D}{3} \right)} \qquad (4.13)$$

式中:M——剪切破坏时的扭矩,kN·m。

十字板剪切试验是直接在原位进行试验,不必取土样,土体所受的扰动较小,被认为是比较能反映土体原位强度的测试方法,但如果在软土层中夹有薄层粉砂,则十字板剪切试验结果可能会偏大。

4.2.5　土抗剪强度的影响因素

土的抗剪强度受到多种因素的影响,主要因素是土的性质(如土的颗粒组成、原始密度、黏性土的触变性等)和应力状态(如前期固结压力等)两个方面。

1)土的矿物成分、颗粒形状和级配的影响

就黏性土而言,主要是矿物成分的影响。不同的黏土矿物具有不同的晶格构造,它们的稳定性、亲水性和胶体特性各不相同,对黏性土的抗剪强度(主要是对黏聚力)产生显著的影响。一般来说,黏性土的抗剪强度随着黏粒和黏土矿物含量的增加而增大,或者说随着胶体活动性的增强而增大。

就砂性土而言,主要是颗粒的形状、大小及级配的影响。一般来说,在土的颗粒级配中,形状越不规则、表面越粗糙,则其内摩擦角越大,其抗剪强度也越高。

2)含水量的影响

含水量的增高会使土的抗剪强度降低,主要表现在两个方面:一是水分在较粗颗粒之间起着润滑作用,使摩阻力降低;二是黏土颗粒表面结合水膜的增厚使原始黏聚力减小。试验研究表明,砂土在干燥状态时的内摩擦角值与饱和状态时的内摩擦角值差别很小,即含水量对砂土的抗剪强度的影响很小。而对于黏性土来说,含水量对抗剪强度有重大影响。如图4.19所示为黏土在相同的法向应力 σ 下的不排水抗剪强度随含水量的增高而急剧下降的情况。

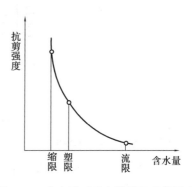

图4.19 含水量对黏土抗剪强度的影响

3)原始密度的影响

一般来说,土的原始密度越大,其抗剪强度就越高。对于粗颗粒土(砂性土)来说,密度越大,颗粒之间的咬合作用越强,摩阻力就越大;对于细颗粒土(黏性土)来说,密度越大,颗粒之间的距离越小,水膜越薄,原始黏聚力也就越大。试验结果表明,当其他条件相同时,黏性土的抗剪强度是随着密度的增大而增大的(图4.20),密砂的剪应力随着剪应变的增加而很快增大到某个峰值,而后逐渐减小,最后趋于某一稳定的终值;而松砂的剪应力随着剪应变的增加则较缓慢地逐渐增大并趋于某一最大值,不出现峰值(图4.21)。在实际允许较小剪应变的条件下,密砂的抗剪强度显然大于松砂的抗剪强度。

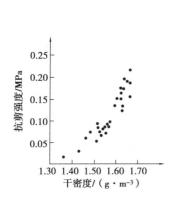

图4.20 粉质黏土的抗剪强度与干密度的关系

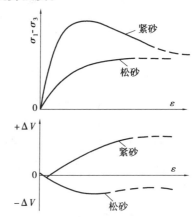

图4.21 砂土受剪时的应力—应变—体变关系

4)黏性土触变性的影响

黏性土具有触变性,在黏性土地基中进行钻探取样时,若土样受到明显的扰动,则试样不能反映其天然强度。土的灵敏度越大,这种影响就越显著。在灵敏度较高的黏性土地基中开挖基坑,地基土也会因施工扰动而发生强度削弱。另外,当扰动停止后,黏性土的强度又会随时间而逐渐增长(图4.22)。黏性土的触变性对强度的影响是应值得注意的问题。

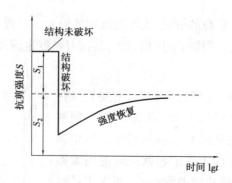

图 4.22　黏性土触变性的影响

5)应力历史的影响

土的受压过程所造成的土体受力历史状态的不一样,对土体强度的试验结果也有影响,在测定土的抗剪强度指标时,对试样所施加的固结压力宜大于先(前)期固结压力 p_c,尤其是在对深层土进行试验时,对固结压力的施加应引起特别的注意。

4.3　地基承载力

地基承载力是指地基土单位面积上所能承受的荷载,以 kPa 计。

地基极限承载力:使地基土发生剪切破坏而即将失去整体稳定性时相应的最小基础底面压力。

地基容许承载力:要求作用在基底的压应力不超过地基的极限承载力,并且有足够的安全度,而且所引起的变形不能超过建筑物的容许变形,满足以上两项要求,地基单位面积上所能承受的荷载就定义为地基的容许承载力。

如果基底压力超过地基的极限承载力,地基就会失稳破坏。在工程实际中必须确保地基有足够的稳定性,该稳定性可用安全系数 K 来表示,即 $K = \dfrac{p_u}{p}$(地基极限承载力 p_u 与基底压力 p 之比)。由于地基土的复杂性,要准确地确定地基极限承载力是一个比较复杂的问题。在工程中,按地基承载力设计时,因为是从强度方面进行,所以还应该考虑不同建筑物对地基变形的控制要求,进行地基变形验算。基础工程设计中会有专门阐述。本节主要从强度和稳定性角度分析、介绍建筑物的荷载对地基承载力的影响,地基的破坏形式和地基承载力的确定等。

4.3.1　地基的破坏模式

1)地基破坏的 3 种形式

从工程实践和实验室等的研究和分析可知,地基的破坏主要是由基础下持力层抗剪强度不够,土体产生剪切破坏所致。地基剪切破坏的形式可分为整体剪切破坏、冲剪破坏和局部剪切破坏 3 种。

如图 4.23 所示,从曲线 p-s 的特征可以了解不同性质土体在荷载作用下的地基破坏机理,曲线 A 在开始阶段呈直线关系,但当荷载增大到某个极限值以后沉降急剧增大,呈现脆性破坏的特征;曲线 B 在开始阶段也呈直线关系,在到达某个极限以后虽然随着荷载增大,沉降增大较快,但不出现急剧增大的特征;曲线 C 在整个沉降发展的过程中不出现明显的拐弯点,沉降对压力的变化率没有明显的变化。

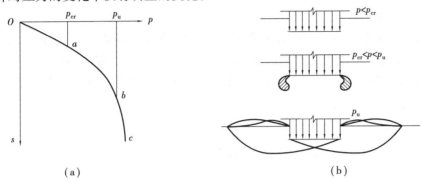

图 4.23　地基荷载试验曲线

（1）整体剪切破坏

整体剪切破坏的过程可以通过荷载试验得到地基压力 p 与相应的稳定沉降量 s 之间的关系曲线来描述,如图 4.24(d) 所示,其中 A,C,B 三条 $p\text{-}s$ 曲线分别对应图 4.22(a)、(b)、(c) 三种破坏形式。

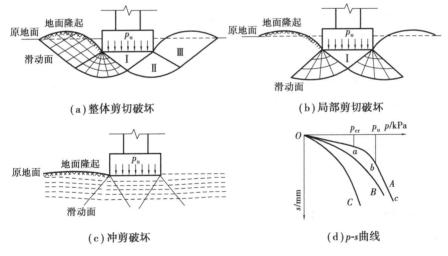

图 4.24　地基土的破坏模式及地基土破坏的 $p\text{-}s$ 曲线

如图 4.24(a) 所示,当基础上荷载较小时,基础下形成一个三角形压密区,随同基础压入土中。随着荷载增加,压密区向两侧挤压,土中产生塑性区,塑性区先在基础边缘产生,然后逐步扩大扩展。这时基础的沉降增长率较前一阶段增大,$p\text{-}s$ 曲线呈曲线状。当荷载达到最大值后,土中形成连续滑动面,并延伸到地面,土从基础两侧挤出并隆起,基础沉降急剧增加,整个地基失稳破坏,$p\text{-}s$ 曲线上出现明显的转折点,其相应的荷载称为极限荷载。整体剪切破坏常发生在浅埋基础下的密砂或硬黏土等坚实地基中。当发生这种类型的破坏时,建筑物会突然倾倒。

（2）局部剪切破坏

如图 4.24(b) 所示,随着荷载的增加,基础下产生压密区及塑性区,但塑性区仅仅发展到地基某一范围内,土中滑动面并不延伸到地面,基础两侧地面微微隆起,没有出现明显的裂缝。其 p-s 曲线有一个转折点,但不像整体剪切破坏那么明显。局部剪切破坏常发生在中等密实砂土中。

（3）冲剪破坏

如图 4.24(c)所示,在基础下没有明显的连续滑动面,随着荷载的增加,基础随着土层发生压缩变形而下沉。当荷载继续增加,基础周围附近土体发生竖向剪切破坏,使基础刺入土中,刺入剪切破坏的 p-s 曲线没有明显的转折点,没有明显的比例界限及极限荷载。这种破坏形式常发生在松砂及软土中。

2）地基破坏的 3 个阶段

人们根据载荷试验结果进一步发现了地基整体剪切破坏的 3 个发展阶段。

（1）压密阶段

压密阶段又称弹性变形阶段,如图 4.24(d)中 p-s 曲线上的 Oa 段。在这一阶段,p-s 曲线接近于直线,土中各点的剪应力均小于土的抗剪强度,土体处于弹性平衡状态。载荷板的沉降主要是由土的压密变形引起的。p-s 曲线上相应于该点的荷载称为比例界限 p_{cr},也称临塑荷载。

（2）剪切阶段

剪切阶段如图 4.24(d)中 p-s 曲线上的 ab 段。此阶段 p-s 曲线已不再保持线性关系,沉降的增长率 $\Delta s / \Delta p$ 随荷载的增大而增加。地基土中局部范围内的剪应力达到土的抗剪强度,土体发生剪切破坏,这些区域也称塑性区。随着荷载的继续增加,土中塑性区的范围也逐步扩大,直到土中形成连续的滑动面,由载荷板两侧挤出而破坏。剪切阶段是地基中塑性区的发生与发展阶段,相应于 p-s 曲线上 b 点的荷载称为板限荷载 p_u。

（3）破坏阶段

破坏阶段又称塑性变形阶段,如图 4.24(d)中 p-s 曲线上的超过 b 点的曲线段。当荷载超过极限荷载 p_u 后,基础急剧下沉,即使不增加荷载,沉降也不会停止,或是地基土从基础四周大量挤出隆起,地基土产生失稳破坏。

3）地基破坏形式的影响因素

（1）土的相对压缩性

在一定的条件下地基土的破坏模式主要取决于土的相对压缩性。一般说来,密实砂土和坚硬的黏土可能发生整体剪切破坏,而松散的砂土和软黏土可能出现局部剪切破坏或冲剪破坏。

（2）与基础的埋深和荷载条件有关

当基础浅埋,加载速率慢时,往往出现整体剪切破坏;当基础埋深较深,而加载速率又较快时,可能发生局部剪切破坏或冲剪破坏。

4.3.2 地基的临塑荷载和临界荷载

临塑荷载,是指地基土中将要出现,但尚未出现塑性变形区时的基底压力。其计算公式可根据土中应力计算的弹性理论和土体极限平衡条件导出。临塑荷载的表达式为

$$p_{cr} = N_q \gamma_0 d + N_c \cdot c \tag{4.14}$$

$$N_q = \frac{ctan\,\varphi + \varphi + \dfrac{\pi}{2}}{ctan\,\varphi + \varphi - \dfrac{\pi}{2}}$$

$$N_c = \frac{\pi ctan\,\varphi}{ctan\,\varphi + \varphi - \dfrac{\pi}{2}}$$

临界荷载,是指允许地基产生一定范围塑性区所对应的荷载。工程实践表明,即使地基发生局部剪切破坏,地基中塑性区有所发展,只要塑性区范围不超出某一限度,就不致影响建筑物的安全和正常使用。用允许地基产生塑性区的临塑荷载 p_{cr} 作为地基承载力,往往不能充分发挥地基的承载能力,取值偏于保守。对中等强度以上地基土,若控制地基中塑性区较小深度范围内的临界荷载作为地基承载力,使地基既有足够的安全度,保证稳定性,又能比较充分地发挥地基的承载能力,从而达到优化设计、减少基础工程量、节约投资的目的,符合经济合理的原则。允许塑性区开展深度的范围大小与建筑物重要性、荷载性质和大小、基础形式、地基土的物理力学性质等有关。

当地基中的塑性区开展最大深度为

在中心荷载作用下 : $z_{max} = \dfrac{b}{4}$;

在偏心荷载作用下 : $z_{max} = \dfrac{b}{3}$;

与此相对应的基础底面压力称为临界荷载,分别用 $p_{\frac{1}{4}}$ 和 $p_{\frac{1}{3}}$ 表示。

通过对推导公式整理分析,可以将地基的临界荷载写成统一的数学表达式

$$p_{\frac{1}{4}} = \gamma_1 b N_{r(\ )} + \gamma_2 d N_q + c N_c \tag{4.15}$$

当基础受中心荷载作用时 $\qquad N_{r(\frac{1}{4})} = \dfrac{\pi}{4\left(ctg\,\varphi + \varphi - \dfrac{\pi}{2}\right)}$

当基础受偏心荷载作用时 $\qquad N_{r(\frac{1}{3})} = \dfrac{\pi}{3\left(ctg\,\varphi + \varphi - \dfrac{\pi}{2}\right)}$

式中 : γ_1——基底下土的加权重度,kN/m^3 ;

γ_2——基础埋深范围内土的加权重度,kN/m^3 ;

N_q,N_r,N_c——承载力系数,其值只与内摩擦角有关,可查表 4.1 ;

$N_{r(\frac{1}{4})},N_{r(\frac{1}{3})}$——地基土内摩擦角的函数,可查表 4.1 ;

其他符号意义同前。

表 4.1 地基承载力系数 $N_q,N_{r(\ )},N_c$ 的值

内摩擦角	地基承载力系数				内摩擦角	地基承载力系数			
$\varphi/(°)$	N_c	N_q	$N_{r(\frac{1}{4})}$	$N_{r(\frac{1}{3})}$	$\varphi/(°)$	N_c	N_q	$N_{r(\frac{1}{4})}$	$N_{r(\frac{1}{3})}$
0	3.0	1.0	0	0	24	6.5	3.9	0.7	0.7

续表

内摩擦角	地基承载力系数				内摩擦角	地基承载力系数			
$\varphi/(°)$	N_c	N_q	$N_r(\frac{1}{4})$	$N_r(\frac{1}{3})$	$\varphi/(°)$	N_c	N_q	$N_r(\frac{1}{4})$	$N_r(\frac{1}{3})$
2	3.3	1.1	0	0	26	6.9	4.4	1.0	0.8
4	3.5	1.2	0	0.1	28	7.4	4.9	1.3	1.0
6	3.7	1.4	0.1	0.1	30	8.0	5.6	1.5	1.2
8	3.9	1.6	0.1	0.2	32	8.5	6.3	1.8	1.4
10	4.2	1.7	0.2	0.2	34	9.2	7.2	2.1	1.6
12	4.4	1.9	0.2	0.3	36	10.0	8.2	2.4	1.8
14	4.7	2.2	0.3	0.4	38	10.8	9.4	2.8	2.1
16	5.0	2.4	0.4	0.5	40	11.8	10.8	3.3	2.5
18	5.3	2.7	0.4	0.6	42	12.8	12.7	3.8	2.9
20	5.6	3.1	0.5	0.7	44	14.0	14.5	4.5	3.4
22	6.0	3.4	0.6	0.8	45	14.6	15.6	4.9	3.7

上述公式是在条形均布荷载作用下导出的,对矩形和圆形基础,其结果偏于安全。此外,在公式的推导过程中采用了弹性力学的解答,对已出现塑性区的塑性变形阶段,其推导是不够严格的。

4.3.3　地基承载力的确定

《建筑地基基础设计规范》(GB 50007—2011)规定,地基承载力的特征值(f_{ak})是指由载荷试验测定的地基土压力变形曲线线性变形段内规定的变形所对应的压力值,其最大值为比例界限值。

修正后的地基承载力特征值(f_a)是指从载荷试验或其他原位测试、经验值等方法确定的地基承载力特征值经深宽修正后的地基承载力值。按理论公式计算得来的地基承载力特征值不需修正。

地基承载力特征值可由载荷试验或其他原位测试、公式计算,并结合工程实践经验等方法综合确定。具体确定时,应结合当地建筑经验按下列方法综合考虑:

①对一级建筑物采用载荷试验、理论公式计算及原位试验方法综合确定。

②对二级建筑物可按当地有关规范查表或原位试验确定,有些二级建筑物尚应结合理论公式计算确定。

③对三级建筑物可根据邻近建筑物的经验确定。

1)确定地基承载力的影响因素

地基承载力不仅取决于地基土的性质,还受到以下影响因素的制约:

①基础形状的影响:在用极限荷载理论公式计算地基承载力时是按条形基础考虑的,对非条形基础应考虑形状不同对地基承载力的影响。

②荷载倾斜与偏心的影响:在用理论公式计算地基承载力时,均是按中心受荷考虑的。但荷载的倾斜和偏心对地基承载力是有影响的,当基础上的荷载倾斜或者倾斜和偏心两种情况同时出现时,基础可能由于水平分力超过基础底面的剪切阻力。

③覆盖层抗剪强度的影响:基底以上覆盖层抗剪强度越高,地基承载力越高,基坑开挖的大小和施工回填质量的好坏对地基承载力有影响。

④地下水位的影响:地下水位上升会降低土的承载力。

⑤下卧层的影响:由于地基中的应力会向持力层以下的下卧层传递,因此下卧层的强度和抗变形能力对地基承载力有影响,确定地基持力层的承载力设计值应对下卧层的影响作具体的分析和验算。

此外,还有基底倾斜和地面倾斜的影响,地基压缩性和试验底板与实际基础尺寸比例的影响、相邻基础的影响、加荷速率的影响和地基与上部结构共同作用的影响等。在确定地基承载力时,应根据建筑物的重要性及其结构特点,对上述影响因素作具体分析。

2)太沙基极限承载力公式

太沙基1943年提出了条形基础的极限荷载计算公式,它是基于以下基本假设推导得到的:①假定基础底面是粗糙的;②条形基础受均布荷载作用。

地基土发生滑动破坏时,滑动面的形状两端为直线,中间用曲线连接,且左右对称,和普朗特尔极限承载力的滑动面相似,可以分为3个区,如图4.25所示。

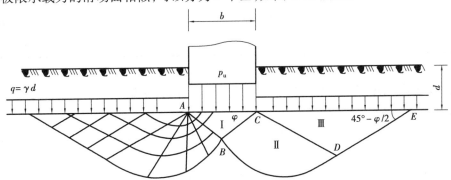

图4.25　太沙基极限承载力计算模型

①Ⅰ区——位于基础底面下,由于假定基础底面是粗糙的且具有很大的摩擦阻力作用,因此AB面之间的土体不会发生剪切位移,Ⅰ区土体不是处于朗肯主动状态,而是处于弹性压密状态,滑动面与水平面夹角为φ。

②Ⅱ区——和普朗特尔滑动面一样,是一组对数螺旋曲面连接Ⅰ区和Ⅲ区过渡区。

③Ⅲ区——仍然是朗肯被动区,滑动面与水平面的夹角为$45° - \varphi/2$。

根据作用在土楔ABC的各力和在竖向的静力平衡条件可以得到著名的太沙基极限承载力公式

$$p_{\mathrm{u}} = \frac{1}{2}N_{\mathrm{r}}\gamma b + N_{\mathrm{c}}c + N_{\mathrm{q}}\gamma d \qquad (4.16)$$

式中:γ——地基土的重度,kN/m^3;

　　b——基础的宽度,m;

c——地基土的黏聚力,kN/m^3;

d——基础的埋深,m;

N_r,N_c,N_q——地基承载力系数,是内摩擦角的函数,可以通过查太沙基承载力系数,见表 4.2 或专用的太沙基承载力系数来确定。

表 4.2 太沙基承载力系数表

内摩擦角	地基承载力系数			内摩擦角	地基承载力系数		
$\varphi/(°)$	N_r	N_c	N_q	$\varphi/(°)$	N_r	N_c	N_q
0	0	5.7	1.00	22	6.50	20.2	9.17
2	0.23	6.5	1.22	24	8.6	23.4	11.4
4	0.39	7.0	1.48	26	11.5	27.0	14.2
6	0.63	7.7	1.81	28	15.0	31.6	17.8
8	0.86	8.5	2.20	30	20	37.0	22.4
10	1.20	9.5	2.68	32	28	44.4	28.7
12	1.66	10.9	3.32	34	36	52.8	36.6
14	2.20	12.0	4.00	36	50	63.6	47.2
16	3.00	13.0	4.91	38	90	77.0	61.2
18	3.90	15.5	6.04	40	130	94.8	80.5
20	5.00	17.6	7.42	45	326	172.0	173.0

太沙基地基极限承载力基本公式(4.16)适用条件为:基础底面粗糙的条形基础(长宽比 $L/b \geqslant 5$,埋深 $d \leqslant b$);地基土较密实;地基土的破坏模式是整体剪切破坏。对圆形或方形基础,太沙基考虑了地基不同的破坏模式以及基础形状,提出了以下半经验的极限荷载公式:

①松软的地基土,破坏模式为局部剪切破坏时,太沙基采用下式进行计算极限荷载:

$$p_u = \frac{1}{2}N'_r\gamma b + \frac{2}{3}N'_c c + N'_q\gamma d \tag{4.17}$$

式中:N'_r,N'_c,N'_q——局部剪切破坏时的地基承载力系数,仍然是内摩擦角 φ 的函数,可以根据 φ 查专用的太沙基承载力系数图来确定。

②方形基础上地基土的太沙基极限承载力公式,对方形基础,经过太沙基研究后,分别对基础的宽度和地基土的黏聚力进行修正后得到方形基础上地基的极限承载力公式:

$$p_u = \frac{2}{5}N_r\gamma b + \frac{6}{5}N_c c + N_q\gamma d \tag{4.18}$$

式中:b——方形基础的边长,m。

③圆形基础上地基土的太沙基极限承载力公式和方形基础上地基土的太沙基极限承载力公式类似,太沙基认为可以按照下式进行计算:

$$p_u = \frac{3}{10}N_r\gamma b + \frac{6}{5}N_c c + N_q\gamma d \tag{4.19}$$

式中：D——圆形基础的直径，m。

对于饱和软黏土，内摩擦角 φ 为零，N_r 近似为零，$N_q = 1$，$N_c = 5.7$，代入式(4.16)可得

$$p_u = q + 5.7c \tag{4.20}$$

可知，饱和软黏土地基极限承载力与基础宽度无关。

应用太沙基一系列的极限承载力公式进行基础工程设计时，地基必须具有一定的安全度，太沙基认为地基承载力安全系数 $K \geqslant 3$，地基的承载力可以按照以下公式进行计算：

$$f_a = \frac{p_u}{K}$$

式中：f_a——地基承载力特征值；

K——地基承载力安全系数，K 取值为 $2 \sim 3$。

3) 由《建筑地基基础设计规范》(GB 50007—2011)确定地基承载力特征值

当偏心距小于或等于 0.033 倍基础底面宽度时，根据土的抗剪强度指标确定地基承载力特征值可按下式计算，并满足变形要求：

$$f_a = M_b \gamma b + M_d \gamma_m d + M_c c_k \tag{4.21}$$

式中：f_a——由土的抗剪强度指标确定的地基承载力特征值，kPa；

M_b, M_d, M_c——承载力系数，按值查表 4.3 确定；

c_k——基底下一倍短边宽度的深度范围内土的黏聚力标准值，kPa；

b——基础底面宽度，m，大于 6 m 时按 6 m 取值，对砂土小于 3 m 时按 3 m 取值。

表 4.3　承载力系数值

土的内摩擦角标准值 $\varphi_k/(°)$	M_b	M_d	M_c
0	0	1.00	3.14
2	0.03	1.12	3.32
4	0.06	1.25	3.51
6	0.10	1.39	3.71
8	0.14	1.55	3.93
10	0.18	1.73	4.17
12	0.23	1.94	4.42
14	0.29	2.17	4.69
16	0.36	2.43	5.00
18	0.43	2.72	5.31
20	0.51	3.06	5.66
22	0.61	3.44	6.04
24	0.80	3.87	6.45
26	1.10	4.37	6.90
28	1.40	4.93	7.40

续表

土的内摩擦角标准值 φ_k/(°)	M_b	M_d	M_c
30	1.90	5.59	7.95
32	2.60	6.35	7.55
34	3.40	7.21	9.22
36	4.20	7.25	9.97
38	5.00	9.44	10.80
40	5.80	10.84	11.73

例 4.2 某房屋墙下条形基础底面宽度 1.5 m,基础埋深 1.3 m,偏心距 $e=0.04$ m,地基为粉质黏土,黏聚力为 $c_k=12$ kPa,内摩擦角 $\varphi_k=30°$,地下水位距地表 1 m,地下水位以上土的重度 $\gamma=18$ kN/m³,地下水位以下土的饱和重度 $\gamma_{sat}=19.5$ kN/m³,试计算该地基土的承载力特征值。

解: 由偏心距 $e=0.04$ m $<0.033b=0.033\times1.5=0.0495$ m

可按《建筑地基基础设计规范》(GB 50007—2011)规范法,利用式 4.17 进行计算。

由 $\varphi_k=30°$,查表 4.3 得:$M_b=1.9$,$M_d=5.59$,$M_c=7.95$

地下水位以下土的浮重度为

$$\gamma' = \gamma_{sat} - \gamma_w = 19.5 - 10 = 9.5 \text{ kN/m}^3$$

$$\gamma_m = \frac{18\times1.0 + 9.5\times0.3}{1.0 + 0.3} = 16.04 \text{ kN/m}^3$$

$$f_a = M_b\gamma b + M_d\gamma_m d + M_c c_k$$

$$= 1.9\times9.5\times1.5 + 5.59\times16.04\times1.3 + 7.95\times12 = 239.04 \text{ kPa}$$

例题解析:

①只有当 $e\leqslant0.033b$ 时,才可通过理论公式用土的抗剪强度指标确定地基承载力特征值。

②如果基底以上是混凝土层,γ_m 取基础底面以上土的加权平均有效重度。

③如果基底位于地下水位以下,则 γ 取浮重度。

4) 由现场载荷试验确定地基承载力特征值

确定地基承载力的方法,除了前面所述的理论公式外,还有其他一些方法,其中比较可靠的方法是原位荷载试验,即在现场用仪器直接对地基土进行测试。载荷试验是现场确定地基承载力的重要方法,载荷试验主要有浅层平板载荷试验和深层平板载荷试验。浅层平板载荷试验的承压板面积不应小于 0.25 m²,对软土不应小于 0.5 m²,可测定浅部地基土层在承压板下应力主要影响范围内的承载力。深层载荷试验的承压板一般采用直径为 0.8 m 的刚性板,紧靠承压板周围外侧的土层高度应不少于 80 cm,可测定深部地基土层在承压板下应力主要影响范围内的承载力。

根据试验结果可以绘出载荷试验的 p-s 曲线(图 4.26)。如果 p-s 曲线上能够明显地区分其承载过程的 3 个阶段,即直线段、曲线段和陡降段,则可以较方便地定出该地基的临塑

荷载 p_{cr} 和极限承载力 p_u。若 p-s 曲线上没有明显的3 个阶段,根据规范的要求,地基承载力基本值可按载荷板沉降与载荷板宽度或直径之比即 s/b 的值确定,对低压缩性土和砂土可取 $s/b=0.01\sim0.015$,对中、高压缩性土可取 $s/b=0.02$。

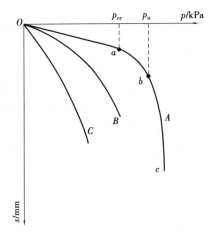

5)地基承载力特征值修正

《建筑地基基础设计规范》(GB 50007—2011)规定当基础宽度大于 3 m 或埋置深度大于 0.5 m时,从载荷试验或其他原位测试、经验值等方法确定的地基承载力特征值,尚应按下式修正:

$$f_a = f_{ak} + \eta_b \gamma (b-3) + \eta_d \gamma_m (d-0.5)$$
$$(4.22)$$

图 4.26　荷载 p-s 曲线确定地基承载力

式中:f_a——修正后地基承载力特征值,kPa;

f_{ak}——地基承载力特征值,kPa,由载荷试验或其他原位测试、公式计算,并结合工程经验等方法确定;

η_b,η_d——基础宽度和埋置深度的地基承载力修正系数,应按基底下土的类别查表4.4取值;

γ——基础底面以下土的重度,kN/m³,地下水位以下取浮重度;

b——基础底面宽度,m,大于 6 m 时按 6 m 取值,对砂土小于 3 m 时按 3 m 取值;

γ_m——基础底面以上土的加权平均重度,kN/m³,地下水位以下取浮重度;

d——基础埋置深度,m,宜自室外底面标高算起,在填方整平地区,可自填土地面标高算起,但填土在上部结构施工后完成时,应从天然地面标高算起;对地下室,如采用箱形或筏板基础时,基础埋置深度自室外地面标高算起;采用独立基础或条形基础时,应从室内地面算起。

表 4.4　承载力修正系数

土的类别		η_b	η_d
淤泥和淤泥质土		0	1.0
人工填土 e 或 I_L 大于或等于 0.85 的黏性土		0	1.0
红黏土	含水比 $a_w > 0.8$	0	1.2
	含水比 $a_w \leq 0.8$	0.15	1.4
大面积压实填土	压实系数大于 0.95、黏粒含量 $\rho_c \geq 10\%$ 的粉土	0	1.5
	最大干密度大于 2 100 kg/m³ 的级配砂石	0	2.0
粉土	黏粒含量 $\rho_c \geq 10\%$ 的粉土	0.3	1.5
	黏粒含量 $\rho_c < 10\%$ 的粉土	0.5	2.0

续表

土的类别	η_b	η_d
e 或 I_L 均小于 0.85 的黏性土	0.3	1.6
粉砂、细砂(不包括很湿与饱和时的稍密状态)	2.0	3.0
中砂、粗砂、砾砂和碎石土	3.0	4.4

注:①强风化和全风化的岩石,可参照所风化成的相应土类取值,其他状态下的岩石不修正。

②地基承载力特征值按《建筑地基基础设计规范》(GB 50007—2011)附录 D 深层平板载荷试验确定时 η_d 取 0。

③含水比是指土的天然含水量与液限的比值。

④大面积压实填土是指填土范围大于两倍基础宽度的填土。

例 4.3 某混合结构基础埋深 1.5 m,基础宽度 4 m,场地为均质黏土,重度 $\gamma = 17.5$ kN/m³,孔隙比 $e = 0.8$,液性指数 $I_L = 0.78$,地基承载力特征值 $f_{ak} = 195$ kPa,求修正后的地基承载力特征值。

思路:需先根据已知条件判断是否需要修正,然后根据修正公式进行计算。

解:基础宽度 $b = 4$ m > 3 m,基础埋深 $d = 1.5$ m > 0.5 m,需要对地基承载力特征值 f_{ak} 进行修正。

由孔隙比 $e = 0.8$,液性指数 $I_L = 0.78$,查表 4.4 $\eta_b = 0.3$,$\eta_d = 1.6$

则 $f_a = f_{ak} + \eta_b \gamma (b - 3) + \eta_d \gamma_m (d - 0.5)$

$\qquad = 195 + 0.3 \times 17.5 \times (4 - 3) + 1.6 \times 17.5 \times (1.5 - 0.5)$

$\qquad = 228.5$ kPa

例题解析:

①注意 γ、γ_m 的取值,γ 是基底以下土的重度,一般取基底面以下一倍基础宽度范围内的重度地下水位以下取浮重度,γ_m 是基底以上土的加权平均重度,地下水位以下取浮重度。

②b 小于 3 m 时,b 取 3 m;b 大于 6 m 时,b 取 6 m。

项目小结

土的抗剪强度是土的重要力学性质之一。土的抗剪强度的研究和地基承载力的确定,对工程设计、工程安全、施工及管理有非常重要的意义。本项目学习的重点是掌握土的抗剪强度、地基承载力等概念,掌握库仑定律、极限平衡理论(莫尔-库仑强度理论,用来判别土是否达到破坏的强度条件),掌握以下重要的计算:

①库仑定律:$\tau_f = c + \sigma \tan \varphi$

②摩尔-库仑破坏准则:$\sin \varphi = \dfrac{\dfrac{(\sigma_1 - \sigma_3)}{2}}{c \cot \varphi + \dfrac{(\sigma_1 + \sigma_3)}{2}}$

③临塑荷载 p_{cr}、临界荷载 $p_{1/4}$、$p_{1/3}$ 的求法。

④地基的极限承载力特征值:太沙基极限承载力计算、规范法计算地基承载力特征值及地基承载力特征值的修正公式。

学习本项目还应掌握重要的剪切试验(用于测定土的抗剪强度指标),直接剪切试验、三轴剪切试验,了解无侧限抗压强度试验、原位十字板剪切试验等,熟悉土的剪切特性及工程上强度指标的选用。

习 题

一、选择题

1.若代表土中某点应力状态的莫尔应力圆与抗剪强度包线相切,则表明土中该点( )。

    A.任一平面上的剪应力都小于土的抗剪强度

    B.某一平面上的剪应力超过了土的抗剪强度

    C.在相切点所代表的平面上,剪应力正好等于抗剪强度

    D.在最大剪应力作用面上,剪应力正好等于抗剪强度

2.土中一点发生剪切破坏时,破裂面与小主应力作用面的夹角为( )。

    A. $45° + \varphi$ B. $45° + \dfrac{\varphi}{2}$ C. $45°$ D. $45° - \dfrac{\varphi}{2}$

3.土中一点发生剪切破坏时,破裂面与大主应力作用面的夹角为( )。

    A. $45° + \varphi$ B. $45° + \dfrac{\varphi}{2}$ C. $45°$ D. $45° - \dfrac{\varphi}{2}$

4.无黏性土的特征之一是( )。

    A.塑性指数 $I_p > 1$ B.孔隙比 $e > 0.8$ C.灵敏度较高   D.黏聚力 $c = 0$

5.软黏土的灵敏度可用( )测定。

    A.直接剪切试验   B.室内压缩试验

    C.标准贯入试验   D.十字板剪切试验

6.饱和黏性土的抗剪强度指标( )。

    A.与排水条件有关   B.与基础宽度有关

    C.与试验时的剪切速率无关   D.与土中孔隙水压力是否变化无关

7.通过无侧限抗压强度试验可以测得黏性土的( )。

    A. α 和 E_s B. C_u 和 k C. C_u 和 S_t D. C_{cu} 和 φ_{cu}

8.土的强度破坏通常是由( )。

    A.基底压力大于土的抗压强度所致

    B.土的抗拉强度过低所致

    C.土中某点的剪应力达到土的抗剪强度所致

    D.在最大剪应力作用面上发生剪切破坏所致

9.( )是在现场原位进行的。

    A.直接剪切试验   B.无侧限抗压强度试验

    C.十字板剪切试验   D.三轴压缩试验

10.三轴剪切试验的主要优点之一是( )。

A. 能严格控制排水条件　　　　　　　B. 能进行不固结不排水剪切试验

C. 仪器设备简单　　　　　　　　　　D. 试验操作简单

11. 十字板剪切试验常用于测定(　　　)的原位不排水抗剪强度。

A. 砂土　　　　　　B. 粉土　　　　　　C. 黏性土　　　　　　D. 饱和软黏土

12. 当施工进度快,地基土的透水性低且排水条件不良时,宜选择(　　)试验。

A. 不固结不排水剪　　B 固结不排水剪　　C. 固结排水剪　　D. 慢剪

13. 对一软土试样进行无侧限抗压强度试验,测得其无侧限抗压强度为 40 kPa,则该土的不排水抗剪强度为(　　　)。

A. 40 kPa　　　　　　B. 20 kPa　　　　　　C. 10 kPa　　　　　　D. 5 kPa

14. 土的强度实质上是土的抗剪强度,下列有关抗剪强度的叙述正确的是(　　　)。

A. 砂土的抗剪强度是由内摩擦力和黏聚力形成的

B. 粉土、黏性土的抗剪强度是由内摩擦力和黏聚力形成的

C. 粉土的抗剪强度是由内摩擦力形成的

D. 在法向应力一定的条件下,土的黏聚力越大,内摩擦力越小,抗剪强度越大

15. 下列属于土的抗剪强度指标的是(　　　)。

A. τ_f, c　　　　　B. σ, τ_f　　　　　C. c, φ　　　　　D. σ, φ

二、填空题

1. 土抵抗剪切破坏的极限能力称为土的_____。

2. 黏性土处于应力极限平衡状态时,剪裂面与最大主应力作用面的夹角为_____。

3. 黏性土抗剪强度库仑定律的总应力的表达式为_____;有效应力的表达式为_____。

4. 黏性土抗剪强度指标包括_____;内摩擦角为_____。

5. 对饱和黏性土,若其无侧限抗压强度为 q_u,则土的不固结不排水抗剪强度指标 C_u _____。

三、判断改错题

1. 直接剪切试验的优点是可以严格控制排水条件,而且设备简单,操作方便。

2. 砂土的抗剪强度由摩擦力和黏聚力两部分组成。

3. 十字板剪切试验不能用来测定软黏土的灵敏度。

4. 对饱和软黏土,常用无侧限抗压强度试验代替三轴仪不固结不排水剪切试验。

5. 土的强度问题实质上就是土的抗剪强度问题。

6. 在实际工程中,代表土中某点应力状态的莫尔应力圆不可能与抗剪强度包线相割。

7. 除土的性质外,试验时的剪切速率是影响土体强度的最重要的因素。

8. 在与大主应力面成 $\alpha = 45°$ 的平面上剪应力最大,该平面总是首先发生剪切破坏。

9. 对无法取得原状土样的土类,如在自重作用下不能保持原形的软黏土,其抗剪强度的测定应采用现场原位测试的方法进行。

10. 由不固结不排水剪切试验得到的指标 C_u 称为土的不排水抗剪强度。

四、简答题

1. 同一种土所测定的抗剪强度指标是有变化的,为什么?

2.为什么土中某点剪应力最大的平面不是剪切破坏面？如何确定剪切破坏面与小主应力作用方向的夹角？

3.影响土的抗剪强度的因素有哪些？

4.土的抗剪强度指标是什么？通常通过哪些室内试验、原位测试测定？

5.简述直剪仪的优缺点。

6.地基破坏形式有哪几种类型？各在什么情况下容易发生？

7.地下水位的升降对地基承载力有什么影响？

五、计算题

1.某土样的黏聚力为 10 kPa，内摩擦角 $\varphi = 30°$，若大主应力为 300 kPa，小主应力为 100 kPa，求土样处于极限平衡状态时的小主应力、剪切破坏面与大主应力的夹角，并判断土体是否发生剪切破坏。

2.已知某承受中心荷载的柱下独立基础，底面尺寸为 3.0 m × 1.8 m，埋深 $d = 2$ m；地基土为粉土，天然重度 $\gamma = 17$ kN/m³，黏粒含量 $\rho_c = 5\%$，基础底面以上土层平均重度 $\gamma_m = 18.5$ kN/m³，地基承载力特征值 $f_{ak} = 160$ kPa，试对地基承载力特征值进行修正。

项目 5
土压力与土坡稳定

项目导读

在房屋建筑、铁道、公路、桥梁以及水利工程中，经常要修筑一些挡土结构物，如挡土墙、隧道、基坑围护结构和桥台等，它们起着支撑土体，保持土体稳定，使之不致坍塌的作用。而在这些结构物与土体的接触面处均存在侧向压力的作用，这种侧向压力就是土压力。土压力是挡土结构所承受的主要外荷载，确定作用在挡土结构上的土压力的分布、大小、方向和作用点是保证挡土结构设计安全、可靠、经济合理的前提。土坡稳定与否直接关系工程能否顺利进行和安全使用。边坡是否需要加固，以及采用何种措施加固决定了边坡稳定性分析评价结果。进行土坡稳定分析，对工程的安全性、经济性具有重要的意义。

5.1 概 述

挡土墙与土压
力概述

土坡是指临空面为倾斜坡面的土体。土坡按其成因可分为天然边坡和人工边坡。天然边坡是由地质作用自然形成的，如山区的天然山坡、江河的岸坡。人工边坡是人们在修建各种工程时，在天然土体中开挖或填筑而成的。某些外界不利因素（如坡顶堆载、雨水侵袭、地震、爆破等）会造成边坡局部土体滑动而丧失稳定性。土坡的稳定关系工程施工过程中和工程完工后相关土木建筑物的安全，土坡的坍塌常常造成严重的工程事故。对稳定性不够的边坡应进行处理，如选择适当的边坡截面，采用合理的施工方法和适当的工程措施（如挡土墙）等。

挡土墙是设置在土体一端，用以防止土体坍塌而修建的构筑物。在房屋建筑、水利、铁路以及公路和桥梁工程中，通常需要设置挡土墙以防止土体坍塌给工程造成危害。在山区和丘陵地区以及高差较大的建筑场地，常用挡土墙来抵抗土体的坍塌。常见的挡土墙如图5.1所示。

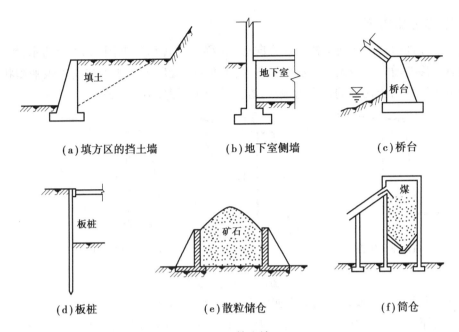

（a）填方区的挡土墙　　　（b）地下室侧墙　　　（c）桥台

（d）板桩　　　（e）散粒储仓　　　（f）筒仓

图 5.1 挡土墙

土压力是指挡土结构物（挡土墙）后的填土因自重或自重与外荷载共同作用对挡土结构所产生的侧向压力。土压力是挡土结构物所承受的主要外荷载，确定作用在挡土结构物上的土压力的分布、大小、方向和作用点是保证挡土结构设计安全可靠、经济合理的前提。

5.2 认识土压力

静止土压力与朗肯土压力理论

5.2.1 土压力类型

土压力的大小与分布规律，与挡土墙的高度、墙背的形状、倾斜度、粗糙度、填料的物理力学性质、填土面的坡度及荷载情况有关，还与挡土墙的位移大小、方向以及填土的施工方法等有关。根据挡土墙的位移情况和墙后土体所处的应力状态，可将土压力分为静止土压力、主动土压力和被动土压力3种。

1）静止土压力 E_0

挡土墙在土压力作用下，不产生任何方向的位移（移动和转动）而保持原有位置，如图5.2（a）所示，墙后土体处于弹性极限平衡状态，此时墙背所受的土压力称为静止土压力，用 E_0 表示。

如房屋地下室的外墙，由于楼面的支撑作用，几乎无位移发生，此时作用在外墙上的填土侧压力可按静止土压力计算。

2）主动土压力 E_a

挡土墙在土压力作用下向背离土体的方向运动（移动或转动）时，如图5.2（b）所示，墙后土压力将随着位移的增大而减小，当位移达到一定数值时，墙后土体达到主动极限平衡状态（填土即将滑动），此时土对墙的作用力最小，称为主动土压力，用 E_a 表示。

3)被动土压力 E_p

挡土墙在外力作用下向推挤土体方向运动(移动或转动),如图 5.2(c)所示,墙后土压力将随着位移的增大而增大,当位移达到一定数值时,墙后土体达到被动极限平衡状态(填土即将滑动),此时土对墙的作用力最大,称为被动土压力,用 E_p 表示。

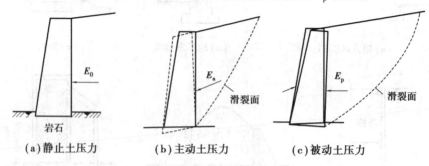

(a)静止土压力　　　(b)主动土压力　　　(c)被动土压力

图 5.2　3 种土压力

3 种土压力与挡土墙位移的关系如图 5.3 所示。试验研究和理论都表明,在相同的墙高和填土条件下主动土压力小于静止土压力,静止土压力小于被动土压力,即 $E_a < E_0 < E_p$。

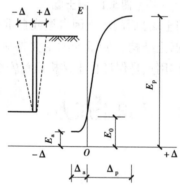

图 5.3　墙身位移与土压力

5.2.2　静止土压力的计算

地下室外墙、地下水池侧壁、涵洞的侧墙以及其他不产生位移的挡土构筑物可按静止土压力计算。

用 σ_0 表示静止土压力强度,用 E_0 表示静止土压力。如图 5.4 所示,在填土表面以下任意深度 z 处取一微单元体,作用于其上的竖直向自重应力为该处的水平向土压力为静止土压力 E_0,该处的静止土压力强度可计算为

$$\sigma_0 = K_0 \gamma z \tag{5.1}$$

式中:γ——墙后填土的重度;

　　　z——计算点在填土面下的深度;

　　　K_0——土的侧压力系数,即静止土压力系数,可按下面方法确定:

①经验值:砂土　$K_0 = 0.34 \sim 0.45$

　　　　　黏性土　$K_0 = 0.5 \sim 0.7$

②半经验公式：

$$K_0 = 1 - \sin \varphi'$$

式中：φ'——土的有效内摩擦角，(°)。

③根据侧限条件下的试验测定。

由式 5.1 可知，静止土压力 E_0 与深度 z 成正比，沿墙高为三角形分布，如图 5.4 所示。如果取单位墙长计算，则作用在墙上的静止土压力为

$$E_0 = \frac{1}{2} \gamma h^2 K_0 \tag{5.2}$$

式中：E_0——单位墙长的静止土压力，kN/m，E_0 的作用点为距离墙底 $1/3h$ 处，作用方向垂直于墙背；

　　　　h——挡土墙高度。

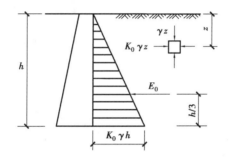

图 5.4　静止土压力的分布

静止土压力可用于以下情况计算：

①地下室外墙。地下室外墙通常都有内隔墙支挡，墙位移与转角为零，可按静止土压力计算。

②岩基上的挡土墙。挡土墙与岩石地基牢固连接，不可能位移与转动，可按静止土压力计算。

③修筑在坚硬土质地基上，断面很大的挡墙。

5.2.3　朗肯土压力理论

1)基本原理

1857 年英国学者朗肯研究了弹性半空间土体处于极限平衡时的应力状态，提出了著名的朗肯土压力理论。朗肯理论的基本假定为：

①墙体为刚性、墙背垂直。

②墙后填土表面水平。

③墙背光滑。

当弹性半无限体在水平方向伸长或压缩并达到极限状态时，可假设用一垂直光滑的挡土墙代替半无限体一侧的土体而不改变原来的应力状态；当土体水平向伸长达到极限平衡状态时，墙后土体水平向应力为主动土压力强度 σ_a；当土体水平向压缩达到极限应力状态时，墙后土体水平应力为被动土压力强度 σ_p。在填土表面下任意深度 z 处取一微单元体，如图 5.4 所示，当土体处于弹性平衡状态时，作用在其上的竖直应力为：

$$\sigma_{cz} = \gamma z$$

水平向应力为:

$$\sigma_x = K_0 \gamma z$$

该微单元体的应力状态可用图 5.5(d)中的摩尔应力圆 I 来表示。此摩尔应力圆 I 位于抗剪强度曲线之下,表示此微单元体处于弹性平衡状态。主动土压力和被动土压力都是在土体达到极限平衡状态时产生的。

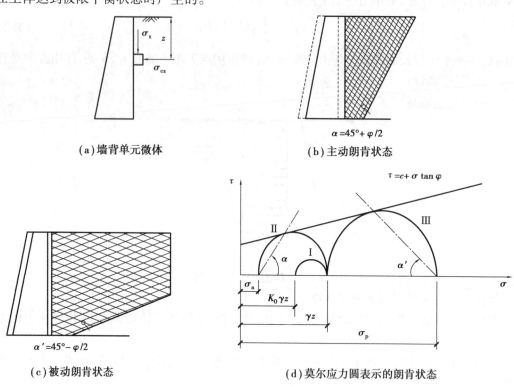

(a)墙背单元微体   (b)主动朗肯状态

(c)被动朗肯状态   (d)莫尔应力圆表示的朗肯状态

图 5.5 半无限体的极限平衡状态

2)主动土压力

当挡土墙在土压力作用下向背离填土方向移动时,如图 5.5(b)所示,墙后土体有伸长的趋势。此时,竖向自重应力不变,水平应力逐渐减小,和仍为大、小主应力。当挡土墙位移量减小到某一很小数值时,墙后土体达到主动极限平衡状态即为朗肯主动状态时,为最大值即主动土压力强度 σ_a,此时莫尔应力圆与土的抗剪强度线相切,如图 5.5 (d)中圆 II 所示,墙后填土出现两组滑裂面,面上各点都处于主动极限平衡状态,滑裂面与大主应力作用面(水平面)的角度 $\alpha = 45° + \dfrac{\varphi}{2}$。

(1)主动土压力强度计算公式

根据土的强度理论,由主动土压力的概念可知,墙后填土处于主动极限平衡状态,$\sigma_{cz} = \sigma_1 = \gamma z$,$\sigma_x = \sigma_3 = \sigma_a$,墙背处任一点的应力状态符合极限平衡条件,即

$$\sigma_3 = \sigma_1 \tan^2\left(45° - \frac{\varphi}{2}\right) - 2c \tan\left(45° - \frac{\varphi}{2}\right)$$

$$\sigma_a = \gamma z K_a - 2c\sqrt{K_a} \tag{5.3}$$

式中：σ_a——主动土压力强度，kPa；

K_a——朗肯主动土压力系数，$K_a = \tan^2\left(45° - \dfrac{\varphi}{2}\right)$；

c——填土的黏聚力，kPa；

φ——填土的内摩擦角，°。

（2）朗肯主动土压力计算

主动土压力强度：

$$\text{黏性土} \qquad \sigma_a = \gamma z K_a - 2c\sqrt{K_a} \tag{5.4}$$
$$\text{无黏性土} \qquad \sigma_a = \gamma z K_a \tag{5.5}$$

①当填土为无黏性土时，主动土压力分布为三角形，合力大小为土压力分布图形的面积，方向垂直指向墙背，作用线通过土压力分布图形的形心，即作用在离墙底 $h/3$ 处，如图 5.6(a)、(b)所示。朗肯主动土压力为

$$E_a = \frac{1}{2}\gamma h^2 \tan^2\left(45° - \frac{1}{2}\varphi\right) \tag{5.6}$$

$$E_a = \frac{1}{2}\gamma h^2 K_a \tag{5.7}$$

②当填土为黏性土时，在填土表面($z=0$)时，$\sigma_a = \gamma z K_a - 2c\sqrt{K_a} < 0$，出现拉应力区；

在填土表面下一定深度 $z = h$ 时，$\sigma_a = \gamma z K_a - 2c\sqrt{K_a}$。

由式(5.4)可知，黏性土的土压力强度由两部分组成：一部分是由土的自重引起的土压力 $\gamma z K_a$；另一部分是由黏聚力 c 引起的土压力 $2c\sqrt{K_a}$，但这部分侧压为负值。这两部分土压力叠加的结果如图 5.6(c)所示，ADE 部分为负侧压力，由于墙面光滑，土对墙面产生的拉力将使土脱离墙体，因此在计算土压力时，应该略去不计。黏性土的土压力实际上仅有 ABC 部分。图中 A 点 $\sigma_a = 0$，A 点离填土面的深度 z_0 称为临界深度。在填土表面无荷载的条件下，可令式(5.4)为零以确定 z_0 值，即

$$\sigma_a = \gamma z K_a - 2c\sqrt{K_a} = 0$$

临界深度为

$$z_0 = \frac{2c}{\gamma\sqrt{K_a}} \tag{5.8}$$

若取单位墙长计算，则朗肯主动土压力为

$$E_a = \frac{1}{2}(h - z_0)\left(\gamma h K_a - 2c\sqrt{K_a}\right)$$
$$= \frac{1}{2}\gamma h^2 K_a - 2ch\sqrt{K_a} + \frac{2c^2}{\gamma} \tag{5.9}$$

主动土压力 E_a 通过三角形压力分布图 ABC 的形心，即作用在离墙底 $(h-z_0)/3$ 处，方向垂直指向墙背，如图 5.6(c)所示。

3)被动土压力

当挡土墙在土压力作用下向挤压填土方向移动时，如图 5.5(c)所示，墙后土体有压缩

的趋势。此时,竖向自重应力不变,水平应力逐渐增大,和仍为大、小主应力。当挡土墙位移量增大到某一很大数值时,墙后土体达被动极限平衡状态即为朗肯被动状态时,水平应力为最大值即被动土压力强度,此时莫尔应力圆与土的抗剪强度线相切,如图 5.5(d)中圆Ⅲ所示,墙后填土出现两组滑裂面,面上各点都处于被动极限平衡状态,滑裂面与大主应力作用面(水平面)的角度 $\alpha = 45° - \dfrac{\varphi}{2}$。

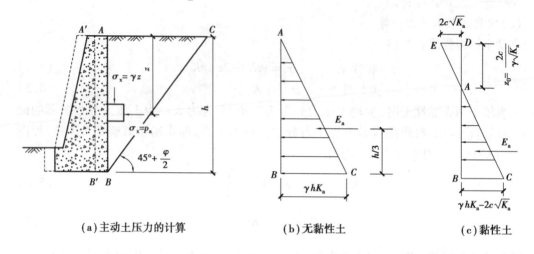

(a)主动土压力的计算   (b)无黏性土   (c)黏性土

图 5.6 主动土压力强度分布图

(1)被动土压力强度计算公式

根据土的强度理论,由被动土压力的概念可知,墙后填土处于被动极限平衡状态,$\sigma_{cz} = \sigma_3 = \gamma z$,$\sigma_x = \sigma_1 = \sigma_p$,墙背处任一点的应力状态符合极限平衡条件,代入极限平衡条件得

$$\sigma_1 = \sigma_3 \tan^2\left(45° + \frac{\varphi}{2}\right) + 2c\tan\left(45° + \frac{\varphi}{2}\right)$$

$$\sigma_p = \gamma z K_p + 2c\sqrt{K_p} \tag{5.10}$$

式中:σ_p——被动土压力强度,kPa;

K_p——朗肯被动土压力系数,$K_p = \tan^2\left(45° + \dfrac{\varphi}{2}\right)$。

(2)朗肯被动土压力计算

被动土压力强度:

$$\text{黏性土} \quad \sigma_p = \gamma z K_p + 2c\sqrt{K_p} \tag{5.11}$$

$$\text{无黏性土} \quad \sigma_p = \gamma z K_p \tag{5.12}$$

①当填土为无黏性土时,被动土压力分布为三角形,合力大小为土压力分布图形的面积,方向垂直指向墙背,作用线通过土压力分布图形的形心,即作用在离墙底 $h/3$ 处,如图5.7(a)、(b)所示。朗肯被动土压力为

$$E_p = \frac{1}{2}\gamma h^2 \tan^2\left(45° + \frac{1}{2}\varphi\right)$$

或

$$E_p = \frac{1}{2}\gamma h^2 K_p \tag{5.13}$$

②当填土为黏性土时,在填土表面($z=0$)时,$\sigma_P = 2c\sqrt{K_P}$;在填土表面下一定深度,$z=h$ 时,$\sigma_P = \gamma z K_P - 2c\sqrt{K_P}$。

若取单位墙长计算,则朗肯被动土压力为

$$E_P = \frac{1}{2}\gamma h^2 K_P + 2ch\sqrt{K_P} \tag{5.14}$$

朗肯被动土压力分布为梯形,合力大小为土压力分布图形的面积,方向垂直指向墙背, 作用线通过土压力分布图形的形心,如图5.7(c)所示。

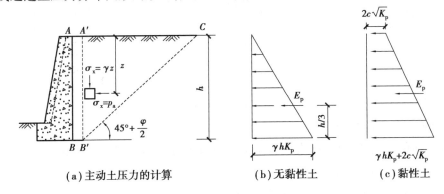

（a）主动土压力的计算 （b）无黏性土 （c）黏性土

图 5.7　朗肯被动土压力的分布

朗肯土压力理论概念明确,公式简单明了,便于记忆。为了使墙后的应力状态符合半空 间应力状态,必须假设墙背直立、光滑,以及墙后填土面水平,这使其应用范围受到限制,并 使计算结果与实际有出入,所得的主动土压力值偏大,被动土压力偏小。

5.2.4　库仑土压力理论

1) 基本原理

法国学者库仑于1776年根据城堡中挡土墙设计的经验,研究在挡土墙背后土体滑动楔 体上的静力平衡,提出了适用性广泛的库仑土压力理论。

库仑土压力理论取墙后滑动楔体进行分析,基本假定为:

①假设墙后填土是均质的散粒体(无黏性土)。

②滑动破坏面为一过墙踵的平面。

③滑动楔体处于极限平衡状态,不计楔体本身的压缩变形。

库仑土压力理论适用于砂土或碎石土,可以考虑墙背倾斜、填土面倾斜以及墙面与填土 间的摩擦等各种因素的影响。

2) 主动土压力

如图5.8所示,墙背与铅直线的夹角为α,填土表面与水平面夹角为β,墙与填土间的摩 擦角为δ。填土处于主动极限平衡状态时,滑动面与水平面的夹角为θ,取单位长度进行受 力分析,作用在滑动土楔ABM上的作用力如下:

（1）楔体自重G

楔体自重G竖直向下,只要知道角度θ,就可依据下式求出,即

$$G = \gamma V_{ABM} = \gamma \cdot \frac{h^2}{2} \cdot \frac{\cos(\alpha - \beta)\cos(\theta - \alpha)}{\cos^2\alpha \, \sin(\theta - \beta)} \tag{5.15}$$

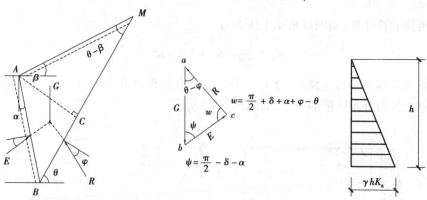

图 5.8　库仑主动土压力计算图

（2）破裂面 BM 上的反力 R

它与破坏面的法线 N_2 之间的夹角等于土的内摩擦角，并位于 N_2 的下侧。

（3）墙背对土楔体的反力 E

它与作用在墙背上的土压力大小相等、方向相反，并作用在同一直线上。反力 E 的方向与墙背的法线 N_1 成 δ 角。δ 角是土体与墙背之间的摩擦角，称为外摩擦角。当土楔体下滑时，墙对土楔体的阻力是向上的，反力 E 必在 N_1 的下侧。

土楔体 ABM 在 G,R,E 三个力的作用下处于静力平衡，必须满足静力平衡条件，形成一力闭合三角形，如图 5.8 所示，由正弦定理可求出 E。

由正弦定理得

$$\frac{E}{G} = \frac{\sin(\theta - \varphi)}{\sin[180° - (\theta - \varphi + \psi)]}$$

$$E = G \frac{\sin(\theta - \varphi)}{\sin[180° - (\theta - \varphi + \psi)]} \tag{5.16}$$

将 G 的表达式代入上式，得

$$E = \gamma \cdot \frac{h^2}{2} \cdot \frac{\cos(\alpha - \beta)\cos(\theta - \alpha)}{\cos^2\alpha \, \sin(\theta - \beta)} \cdot \frac{\sin(\theta - \varphi)}{\sin[180° - (\theta - \varphi + \psi)]} \tag{5.17}$$

式（5.17）等号右边除角度 θ 是任意假定的以外，其他参数均为已知。反作用力 E 是 θ 的函数。当 θ 取某一数值时，将使 E 达到最大，这个最大值 E_{max} 即为主动土压力 E_a 的反力，而这时的 θ 所标志的滑动面即为最危险滑动面。

为求最大值 E_{max}，令 $\quad\quad\quad\quad \dfrac{\mathrm{d}E}{\mathrm{d}\theta} = 0$

求解得 θ，再将其代入式（5.17），整理后得库仑主动土压力的一般表达式为

$$E_a = \frac{1}{2}\gamma h^2 \frac{\cos^2(\varphi - \alpha)}{\cos^2\alpha \, \cos(\alpha + \delta)\left[1 + \sqrt{\dfrac{\sin(\varphi + \delta)\sin(\varphi - \beta)}{\cos(\alpha + \delta)\cos(\alpha - \beta)}}\right]^2} \tag{5.18}$$

令

$$K_a = \frac{\cos^2(\varphi - \alpha)}{\cos^2\alpha\,\cos(\alpha + \delta)\left[1 + \sqrt{\dfrac{\sin(\varphi + \delta)\sin(\varphi - \beta)}{\cos(\alpha + \delta)\cos(\alpha - \beta)}}\right]^2}$$

则

$$E_a = \frac{1}{2}\gamma h^2 K_a \qquad (5.19)$$

式中：K_a——库仑主动土压力系数，可按式(5.19)或参照有关书籍查表确定；

　　　h——挡土墙高度，m；

　　　γ——墙后填土的重度，kN/m^3；

　　　φ——墙后填土的内摩擦角，(°)；

　　　α——墙背的倾斜角，(°)，俯斜时取正号，仰斜为负号(图5.9)；

　　　β——墙后填土面的倾角，(°)；

　　　δ——土对挡土墙背的摩擦角，可根据墙背填土的内摩擦角，查表5.1确定。

当墙背垂直($\alpha = 0$)、光滑($\delta = 0$)，填土表面水平($\beta = 0$)时，式(5.18)则为

$$E_a = \frac{1}{2}\gamma h^2 \tan^2\left(45° - \frac{1}{2}\varphi\right) \qquad (5.20)$$

式(5.20)与朗肯主动土压力公式相同。由此可知，在与朗肯理论假定相同的情况下，两种理论结论是一致的。

任意深度 z 处的主动土压力强度 σ_a，可由 E_a 对 z 取导数而得，即

$$\sigma_a = \frac{dE_a}{dz} = \frac{d}{dz}\left(\frac{1}{2}\gamma z^2 K_a\right) = \gamma z K_a \qquad (5.21)$$

由上式可知，主动土压力强度沿墙高呈三角形分布，主动土压力的作用点将在其中心处，即距离墙底 $h/3$ 处，方向与墙背法线的夹角为 δ。

表5.1　土对挡土墙墙背的摩擦角

挡土墙情况	摩擦角 $\delta/$(°)
墙背平滑、排水不良墙背	0 ~ 0.33
墙背粗糙、排水良好	0.33 ~ 0.5
墙背很粗糙、排水良好	0.5 ~ 0.67
墙背与填土间不可能滑动	0.67 ~ 1

3) 被动土压力

沿墙纵向取 1 延米进行分析，当墙在外力作用下朝土体方向移动或转动，从而使墙后土体沿某一破裂面 BC 破坏时，楔体 ABC 达到状态。

如图5.9所示，作用在滑动土楔 ABC 上的作用力如下：

(1)楔体自重 G

楔体自重 G 竖直向下，只要知道角度 θ，就可依据下式求出，即

$$G = \gamma V_{ABC} = \gamma \cdot \frac{h^2}{2} \cdot \frac{\cos(\alpha - \beta)\cos(\theta - \alpha)}{\cos^2\alpha\,\sin(\theta - \beta)}$$

（2）破裂面 BC 上的反力 R

R 与破坏面的法线 N_2 之间的夹角等于土的内摩擦角，并位于 N_2 的上侧。

（3）墙背对土楔体的反力 E

它与作用在墙背上的土压力大小相等、方向相反，并作用在同一直线上。反力 E 的方向与墙背的法线 N_1 成 δ 角。当土楔体向上滑动时，墙对土楔体的阻力是向下的，反力 E 在 N_1 的上侧。

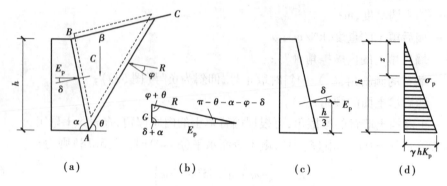

图 5.9　库仑被动土压力计算图

土楔体 ABC 在 G,R,E 三个力的作用下处于静力平衡，必须满足静力平衡条件，形成一力闭合三角形，如图 5.9 所示，由正弦定理可求出 E。

$$E = \gamma \cdot \frac{h^2}{2} \cdot \frac{\cos(\alpha - \beta)\cos(\theta - \alpha)}{\cos^2\alpha \, \sin(\theta - \beta)} \cdot \frac{\sin(\theta + \varphi)}{\sin[90° + \alpha - \theta - \varphi]} \tag{5.22}$$

式（5.22）等号右边除角度 θ 是任意假定的以外，其他参数均为已知。反作用力 E 是 θ 的函数。当 θ 取某一数值时，将使 E 达到最小，这个最小值即为被动土压力 E_p 的反力，而这时的 θ 所标志的滑动面即为最危险滑动面。

为求最小值，令

$$\frac{\mathrm{d}E}{\mathrm{d}\theta} = 0$$

求解得 θ，再将其代入式（5.22），整理后得库仑被动土压力的一般表达式为

$$E_p = \frac{1}{2}\gamma h^2 \frac{\cos^2(\varphi + \alpha)}{\cos^2\alpha \, \cos(\alpha - \delta)\left[1 - \sqrt{\dfrac{\sin(\varphi + \delta)\sin(\varphi + \beta)}{\cos(\alpha - \delta)\cos(\alpha - \beta)}}\right]^2} \tag{5.23}$$

令

$$K_p = \frac{\cos^2(\varphi + \alpha)}{\cos^2\alpha \, \cos(\alpha - \delta)\left[1 + \sqrt{\dfrac{\sin(\varphi + \delta)\sin(\varphi + \beta)}{\cos(\alpha - \delta)\cos(\alpha - \beta)}}\right]^2}$$

则

$$E_p = \frac{1}{2}\gamma h^2 K_p \tag{5.24}$$

式中：K_p——库仑被动土压力系数，其他符号同前。

当墙背垂直（$\alpha = 0$）、光滑（$\delta = 0$），填土表面水平（$\beta = 0$）时，式（5.22）则为

$$E_p = \frac{1}{2}\gamma h^2 \tan^2\left(45° + \frac{1}{2}\varphi\right) \tag{5.25}$$

式(5.25)与朗肯被动土压力公式相同。由此可知,在与朗肯理论假定相同的情况下,两种理论结论是一致的。

任意深度 z 处的主动土压力强度 σ_p,可由 E_p 对 z 取导数而得,即

$$\sigma_p = \frac{dE_p}{dz} = \frac{d}{dz}\left(\frac{1}{2}\gamma z^2 K_p\right) = \gamma z K_p \tag{5.26}$$

由上式可知,被动土压力强度沿墙高呈三角形分布,被动土压力的作用点将在其中心处,即距离墙底 $h/3$ 处,方向与墙背法线的夹角为 δ。

4)朗肯理论与库仑理论比较

朗肯土压力理论和库仑土压力理论分别根据不同的假设,以不同的分析方法计算土压力,只有在最简单的情况下($\alpha=0,\delta=0,\beta=0$),用这两种理论计算结果才相同,否则便得出不同的结果。相同的是两者都要求挡土墙的移动是以使墙后填土的剪切达到抗剪强度(极限平衡状态)时的土压力,都利用莫尔-库仑强度理论进行推导计算。

朗肯土压力理论应用半空间中的应力状态和极限平衡理论的概念比较明确,公式简单,便于记忆,对黏性土和无黏性土都可以用该公式直接计算,在工程中得到广泛应用。但为了使墙后的应力状态符合半空间的应力状态,必须假设墙背是直立、光滑的,墙后填土是水平的,使其应用范围受到限制。该理论忽略了墙背与填土之间摩擦的影响,使计算的主动土压力偏大,而计算的被动土压力偏小。

库仑土压力理论根据墙后滑动土楔的静力平衡条件推导得出土压力计算公式,考虑了墙背与土之间的摩擦力,并可用于墙背倾斜、填土面倾斜的情况,但该理论假设填土是无黏性土,不能用库仑理论的原公式直接计算黏性土的土压力。库仑理论假设墙后填土破坏时,破裂面是一平面,而实际上却是一曲面。实验证明,在计算主动土压力时,只有当墙背的斜度不大,墙背与填土间的摩擦角较小时,破裂面才接近于一个平面,计算结果与按曲线滑动面计算的有出入。在通常情况下,这种偏差在计算主动土压力时为2%～10%,可以认为已满足实际工程所要求的精度,但在计算被动土压力时,破裂面接近于对数螺线,计算结果误差较大,有时可达2～3倍,甚至更大。

5)《建筑地基基础设计规范》(GB 50007—2011)推荐计算法

经典的土压力理论各有其适用条件,而《建筑地基基础设计规范》(GB 50007—2011)提出一种基于库仑土压力理论的适用范围宽(考虑了墙后填土与墙背之间有摩擦力,基于面上有超载,填土表面附近的裂纹深度等因素),如图5.10所示为计算较简便的土压力计算方法。主动土压力计算分以下两种情况:

①对土质边坡,边坡主动土压力应按式(5.27)进行计算。当填土为无黏性土时,主动土压力系数可按库仑土压力理论确定。当支挡结构满足朗肯条件时,主动土压力系数可按朗肯土压力理论确定。黏性土或粉质土的主动土压力也可采用试算法求得。

$$E_a = \frac{1}{2}\psi_a \gamma h^2 K_a \tag{5.27}$$

式中:E_a——主动土压力,kN;

ψ_a——主动土压力增大系数,土坡高度小于5 m时宜取1,高度为5～8 m时,宜取1.1,高度大于8 m时宜取1.2;

h——支挡结构的高度；

K_a——主动土压力系数。

②当支挡结构后缘有较陡峻的稳定岩石坡面，岩坡的坡角 $\theta > \left(45° + \dfrac{1}{2}\varphi\right)$ 时，应按有限范围填土计算土压力，取岩石坡面为破裂面。根据稳定岩石坡面与填土间的摩擦角按下式计算主动土压力系数

$$K_a = \frac{\sin(\alpha+\theta)\sin(\alpha+\beta)\sin(\theta-\delta_r)}{\sin^2\alpha\,\sin(\theta-\beta)\sin(\alpha-\delta+\theta-\delta_r)} \tag{5.28}$$

式中：θ——稳定岩石坡面倾角，(°)；

δ_r——稳定岩石坡面与填土间的摩擦角，(°)，根据试验确定，当无试验资料时，可取 $\delta_r = 0.33K$，K 为填土的内摩擦角标准值(°)。

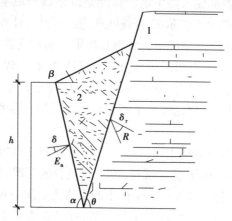

图 5.10 有限填土挡土墙土压力计算示意图

1—岩石边坡；2—填土

5.2.5 特殊情况下的土压力计算

朗肯和库仑土压力理论各有自己的假设和适用条件，应用在实际工程中会遇到许多更复杂的问题，这些问题的解决，可以借用上述理论，做半经验性的近似处理。

1)填土表面有均布荷载

(1)填土表面作用有连续均布荷载

当挡土墙后填土面有连续均布荷载 $q(\mathrm{kPa})$ 作用时，通常土压力的计算方法是将均布荷载换算成一个高度为 $h'(\mathrm{m})$、重度为 γ 的当量土层来考虑，当量的土层厚度为

$$h' = \frac{q}{\gamma} \tag{5.29}$$

式中：γ——填土的重度，$\mathrm{kN/m^3}$。

然后按墙高 $a'b(h+h')$ 为墙背来计算土压力，如图 5.11 所示，按填土面无荷载的情况计算土压力。以无黏性填土为例，填土面 a 点的主动土压力

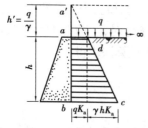

图 5.11 水平均布荷载下的土压力计算

强度为

$$\sigma_{aa} = \gamma h K_a = q K_a \tag{5.30}$$

墙底 b 点的土压力强度为

$$\sigma_{ab} = \gamma(h + h') K_a = (q + \gamma h) K_a \tag{5.31}$$

压力分布如图 5.11 所示,实际的土压力分布图为梯形 $abcd$ 部分,土压力的作用点在梯形的中心。

（2）填土表面作用有局部均布荷载

当墙后填土表面有局部均布荷载 g 作用时,其对墙的土压力强度附加值 σ_q,可按朗肯理论求得

$$\sigma_q = q K_a$$

但其分布范围可按图 5.12 所示近似处理。即从局部均布荷载的两个端点各作一条直线,都与水平面呈 $(45° + \varphi/2)$,与墙背相交于 c,d 两点,则墙背一段范围内受 $q K_a$ 的作用。

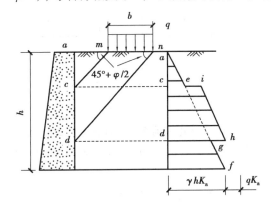

图 5.12　填土表面有局部均布荷载的土压力计算

2）墙后有成层填土

若挡土墙后填土有几种不同性质的水平土层,此时土压力的计算分几部分。各层土重度和厚度不同,可将第一层土视为连续均布荷载,将其折算成与第二层土重度相同的当量土层,其当量厚度 $h' = h_1 \dfrac{\gamma_1}{\gamma_2}$,再按墙高 $(h + h')$ 计算出土压力强度。

若为黏性土,则填土面以下深度 z 处主动土压力强度计算公式可推得

$$p_a = \sum \gamma_i h K_{ai} - 2c \sqrt{K_{ai}}$$

式中：K_{ai}——计算土层的主动土压力系数。

如图 5.13 所示,各层土压力强度为

$$\sigma_{a1上} = 0$$
$$\sigma_{a1下} = \gamma_1 h_1 K_{ai}$$
$$\sigma_{a2上} = \gamma_1 h_1 K_{a2}$$
$$\sigma_{a2下} = (\gamma_1 h_1 + \gamma_2 h_2) K_{a2}$$
$$\sigma_{a3上} = (\gamma_1 h_1 + \gamma_2 h_2) K_{a3}$$

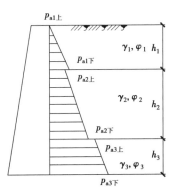

图 5.13　成层填土的土压力计算

$$\sigma_{a3\text{下}} = (\gamma_1 h_1 + \gamma_2 h_2 + \gamma_3 h_3)K_{a3}$$

按计算值绘制出土压力分布图,如图 5.13 所示。土压力合力是土压力分布图的面积,土压力方向垂直指向墙背,作用线通过土压力分布图的形心。

3)填土中有地下水

挡土墙后的填土常会部分或全部处于地下水位以下。由于地下水的存在使土的含水率增加,抗剪强度降低,使墙背受的总压力增大,因此,挡土墙应该有良好的排水措施。

当墙后填土有地下水时,作用在墙背的侧压力有土压力和水压力两部分。计算土压力时,水位下的采用有效重度进行计算。总侧压力为土压力与水压力之和,如图 5.14 所示。

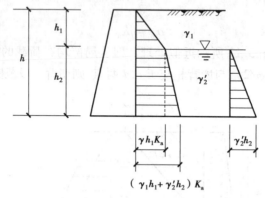

图 5.14 填土中有地下水时的土压力强度计算

例 5.1 如图 5.15 所示,某挡土墙高 7 m,填土表面作用均布荷载 $q = 20$ kPa。填土分两层,

第一层土:$h_1 = 3$ m,$\gamma_1 = 18$ kN/m³,$\varphi_1 = 26°$,$c_1 = 0$;

第二层土:$h_2 = 4$ m,$\gamma_2 = 19.2$ kN/m³,$\varphi_2 = 20°$,$c_2 = 6$ kPa。

按朗肯压力理论计算作用在挡土墙背上的主动土压力分布及合力 E_a 的大小、作用点,并绘出主动土压力强度分布图。

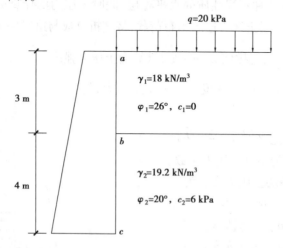

图 5.15 例 5.1 图

解:根据题意,符合朗肯土压力条件,则有

第一层土的主动土压力系数

$$K_{a1} = \tan^2\left(45° - \frac{\varphi_1}{2}\right) = \tan^2\left(45° - \frac{26°}{2}\right) = 0.39$$

第二层土的主动土压力系数

$$K_{a2} = \tan^2\left(45° - \frac{\varphi_2}{2}\right) = \tan^2\left(45° - \frac{20°}{2}\right) = 0.49$$

作用在墙背上的各点的主动土压力强度为

第一层土顶部

$$\sigma_{a1上} = qK_{a1} = 20 \times 0.39 = 7.8 \text{ kPa}$$

第一层土底部

$$\sigma_{a1下} = (q + \gamma_1 h_1)K_{a1} = (20 + 18 \times 3) \times 0.39 = 28.86 \text{ kPa}$$

第二层土顶部

$$\sigma_{a2上} = (q + \gamma_1 h_1)K_{a2} - 2c_2\sqrt{K_{a2}}$$
$$= (20 + 18 \times 3) \times 0.49 - 2 \times 6 \times \sqrt{0.49} = 44.66 \text{ kPa}$$

第二层土底部

$$\sigma_{a2下} = (q + \gamma_1 h_1 + \gamma_2 h_2)K_{a2} - 2c_2\sqrt{K_{a2}}$$
$$= (20 + 18 \times 3 + 19.2 \times 4) \times 0.49 - 2 \times 6 \times \sqrt{0.49} = 92.29 \text{ kPa}$$

土压力为

$$E_a = \left[\frac{1}{2} \times 3 \times (7.8 + 28.86) + \frac{1}{2} \times 4 \times (44.66 + 92.29)\right] = 328.89 \text{ kPa}$$

土压力作用点为土压力强度分布的形心处,作用点距离墙底为

$$y = \frac{1}{328.89}\left[\begin{array}{l}\left(7.8 \times 3 \times \frac{3}{2}\right) + \left(\frac{1}{2} \times 3 \times (28.86 - 7.8) \times \frac{3}{3}\right) + \\ \left(44.66 \times 4 \times \frac{4}{2}\right) + \left(\frac{1}{2} \times 4 \times (92.29 - 44.66) \times \frac{4}{3}\right)\end{array}\right] = 1.675 \text{ m}$$

5.3 挡土墙设计

挡土墙设计

5.3.1 挡土墙的分类及用途

挡土墙是指支承路基填土或山坡土体、防止填土或土体变形失稳的构造物。在挡土墙横断面中,与被支承土体直接接触的部位称为墙背;与墙背相对的、临空的部位称为墙面;与地基直接接触的部位称为基地;与基底相对的、墙的顶面称为墙顶;基底的前端称为墙趾;基底的后端称为墙踵。

按照设置位置不同,挡土墙可分为路肩挡土墙、路堤挡土墙、路堑挡土墙、山坡挡土墙等,如图5.16所示。设置于路堤边坡的挡土墙称为路堤挡土墙;墙顶位于路肩的挡土墙称为路肩挡土墙;设置于路堑边坡的挡土墙称为路堑挡土墙;设置于山坡上,支承山坡上可能坍塌的覆盖层土体或破碎岩层的挡土墙称为山坡挡土墙。

按照结构形式,挡土墙可分为重力式挡土墙、锚定式挡土墙、薄壁式挡土墙、加筋土挡土墙等。

按照墙体材料,挡土墙可分为石砌挡土墙、混凝土挡土墙、钢筋混凝土挡土墙、钢板挡土墙等。

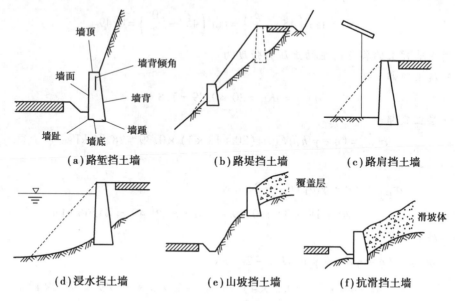

图 5.16　设置挡土墙的位置

挡土墙设置位置不同,其用途也不相同。主要有以下几个方面:

①路肩挡土墙或路堤挡土墙:设置在高填路堤或陡坡路堤的下方,防止路基边坡或基底滑动,确保路基稳定,同时可收缩填土坡脚,减少填方数量,减少拆迁和占地面积,以及保护临近线路的既有重要建筑物。

②滨河及水库路堤挡土墙:在傍水一侧设置挡土墙,可防止水流对路基的冲刷和侵蚀,是减少压缩河床或少占库容的有效措施。

③路堑挡土墙设置在堑坡底部,用于支撑开挖后不能自行稳定的边坡,同时可减少挖方数量,降低边坡高度。

④山坡挡土墙设在堑坡上部,用于支挡山坡上可能坍滑的覆盖层,兼有拦石作用。

5.3.2　挡土墙的使用条件

1)重力式挡土墙

重力式挡土墙根据墙背倾斜方向的不同,墙身断面形式可分为仰斜、垂直、俯斜、凸形折线式和衡重式等,如图 5.17 所示。通常它是由就地取材的砖、石块或素混凝土砌成,靠自身质量来平衡土压力所引起的倾覆力矩,其体积一般都比较大,同时,组成的材料抗拉强度和抗剪强度较低,墙身比较厚实,适用于小型工程,地层较稳定的情况。优点是结构简单,施工方便,应用较广;缺点是工程量大,自重大,易引起较大沉降。

2)薄壁式挡土墙

薄壁式挡土墙属于钢筋混凝土结构,可分为悬臂式和扶壁式两种。

悬臂式挡土墙一般用钢筋混凝土建造,由立壁、墙趾和墙踵组成,如图5.18(a)所示。墙的稳定主要由压在底板上的土重来保证,而力臂则可抵抗土压力所产生的弯矩和剪力。悬臂式挡土墙适用于重要工程,优点是构造简单,施工方便,能适应较松软的地基,且工程量较小,墙高一般为6~9 m;缺点是钢材用量大,技术复杂。

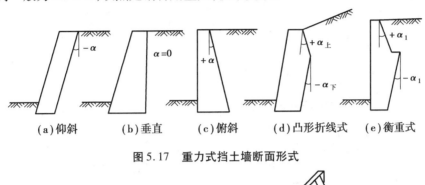

(a)仰斜　　(b)垂直　　(c)俯斜　　(d)凸形折线式　　(e)衡重式

图5.17　重力式挡土墙断面形式

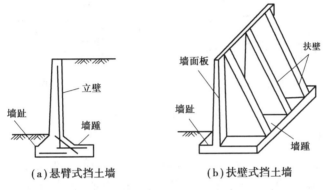

(a)悬臂式挡土墙　　　　(b)扶壁式挡土墙

图5.18　薄壁式挡土墙

扶壁式挡土墙是一种钢筋混凝土薄壁式挡土墙,是沿悬臂式挡土墙的立臂,每隔一定距离加一道扶壁,将立壁与踵板连接起来的挡土墙。一般为钢筋混凝土结构。扶壁式挡土墙由墙面板(立壁)、墙趾板、墙踵板及扶壁组成,如图5.18(b)所示。扶壁把立壁同墙踵板连接起来,起加劲的作用,以改善立壁和墙踵板的受力条件,提高结构的刚度和整体性,减小立壁的变形。其主要特点是构造简单、施工方便,墙身断面较小,自身质量轻,可以较好地发挥材料的强度性能,能适应承载力较低的地基。适用于缺乏石料及地震地区。一般在较高的填方路段采用来稳定路堤,以减少土石方工程量和占地面积。扶壁式挡土墙断面尺寸较小,踵板上的土体重力可有效地抵抗倾覆和滑移,竖板和扶壁共同承受土压力产生的弯矩和剪力,相对悬臂式挡土墙受力好。适用6~12 m高的填方边坡,可有效地防止填方边坡的滑动。

3)锚定式挡土墙

锚定式挡土墙可分为锚杆式和锚定板式两种。

锚杆式挡土墙是由预制的钢筋混凝土立柱、挡土板构成墙面,与水平或倾斜的钢锚杆联合组成,如图5.19(a)所示。锚杆的一端与立柱连接,另一端被锚固在山坡深处的稳定岩层或土层中。墙后侧向土压力由挡土板传给立柱,由锚杆与稳定岩层或上层之间的锚固力,使墙获得稳定。它适用于墙高较大,缺乏石料或挖基困难地区,具有锚固条件的路堑挡土墙。

锚定板式挡土墙是由钢筋混凝土墙面、钢拉杆、锚走板以及其间的填土共同形成的一种组合挡土结构,如图5.19(b)所示。它借助埋在填土内的锚定板的抗拔力抵抗侧土压力,保持墙的稳定。锚定式挡土墙的特点在于构件断面小,工程量省,不受地基承载力的限制,构件可顶制,有利于实现结构轻型化和施工机械化。它适用于缺乏石料地区的路肩挡土墙或路堤挡土墙。

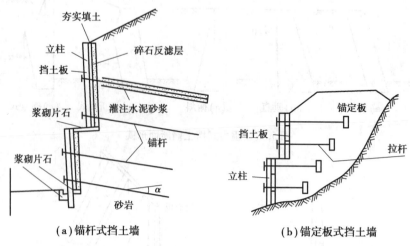

（a）锚杆式挡土墙　　　　　　　　（b）锚定板式挡土墙

图 5.19　锚定式挡土墙

4)加筋土挡土墙

加筋土挡土墙是指由填土、拉带和镶面砌块组成的加筋土承受土体侧压力的挡土墙。加筋土挡土墙一般由墙面板、填土、填土中布置的拉筋、基础、排水设施和沉降伸缩缝等部分构成,如图5.20所示。

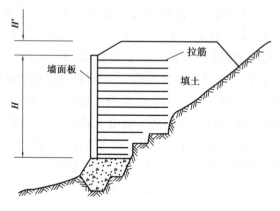

图 5.20　加筋土挡墙

加筋土挡土墙是在土中加入拉筋,利用拉筋与土之间的摩擦作用,改善土体的变形条件和提高土体的工程特性,从而达到稳定土体的目的。一般应用于地形较为平坦且宽敞的填方路段上,在挖方路段或地形陡峭的山坡,不利于布置拉筋,一般不宜使用。

加筋土是柔性结构物,能够适应地基轻微的变形,填土引起的地基变形对加筋土挡土墙的稳定性影响比对其他结构物小。加筋土挡土墙施工简便、快速,并且节省劳力和缩短工期,工序包括基槽(坑)开挖、地基处理、排水设施、基础浇(砌)筑、构件预制与安装、筋带铺设、填料填筑与压实、墙顶封闭等。其中,现场墙面板拼装、筋带铺设、填料填筑与压实等工序是交叉进行的,地基的处理较简便。加筋土挡土墙是一种很好的抗震结构物,节约占地,造型美观,造价比较低,具有良好的经济效益。

5.3.3 重力式挡土墙的构造与布置

1)重力式挡土墙的构造

常用的重力式挡土墙由墙身、基础、排水设施、沉降缝和伸缩缝等部分组成。

(1)墙身

• 墙背

根据墙背倾斜方向的不同,墙身断面形式可分为仰斜、垂直、俯斜、凸形折线式和衡重式等。在墙高和墙后填料等条件相同时,仰斜墙背所受的土压力最小,垂直墙背次之,俯斜墙背较大。

仰斜式的墙身断面较经济,用于路堑挡土墙时,墙背与开挖的临时边坡较贴合,开挖量与回填量均较小。但当墙趾处地面横坡较陡时,采用仰斜式墙背会增加墙高,断面增大。仰斜墙背适用于路堑挡土墙及墙趾处地面平坦的路肩挡土墙或路堤挡土墙。仰斜墙背的坡度越缓,所受的土压力越小,但施工越困难,仰斜墙背的坡度不宜缓于1:0.3。

俯斜墙背所受的土压力较大,相对而言,俯斜墙背的断面比仰斜式要大。但当地面横坡较陡时,俯斜式挡土墙可采用陡直的墙面,从而减小墙高。俯斜墙背的坡度缓些固然对施工有利,但所受的土压力随之增加,致使断面增大。墙背坡度不宜过缓,通常控制 $a < 21°48'$（即1:0.4）。

垂直墙背的特点介于仰斜墙背和俯斜墙背之间。

凸形折线墙背是将仰斜式挡土墙的上部墙背改为俯斜,以减小上部断面尺寸,其断面较为经济,多用于路堑挡土墙,也可用于路肩挡土墙。

衡重式墙背可视为在凸形折线式的上下墙之间设一衡重台,并采用陡直的墙面。上墙俯斜墙背的坡度通常为1:0.25 ~ 1:0.45,下墙仰斜墙背的坡度一般在1:0.25左右,上下墙的墙高比一般为2:3。适用于山区地形陡峻处的路肩挡土墙和路堤挡土墙,也可用于路堑挡土墙。

• 墙面

墙面一般为平面,墙面坡度除应与墙背的坡度相协调外,还应考虑墙趾处地面的横坡度（影响挡土墙的高度）。当地面横坡度较陡时,墙面可直立或外斜1:0.05 ~ 1:0.2,以减少墙高;当地面横坡平缓时,一般采用1:0.2 ~ 1:0.35较为经济。

• 墙顶

重力式挡土墙可采用浆砌或干砌圬工。墙顶最小宽度,浆砌时边不小于50 cm,干砌时应不小于60 cm。干砌挡土墙的高度一般不宜大于6 m。浆砌挡土墙墙顶应用5号砂浆抹平,或用较大石块砌筑,并勾缝。浆砌路肩挡土墙墙顶宜采用粗料石或混凝土做成顶帽,厚度取40 cm。干砌挡土墙顶部50 cm厚度内,宜用5号砂浆砌筑,以求稳定。

• 护栏

为增加驾驶员心理上的安全感,保证行车安全,在地形险峻地段的路肩挡土墙,或墙顶高出地面6 m以上且连续长度大于20 m的路肩挡土墙,或弯道处的路肩挡土墙的墙顶应设置护栏等防护设施。护栏分墙式和柱式两种,所采用的材料,护栏高度、宽度,视实际需要而定。护栏内侧边缘距路面边缘的距离,应满足路肩最小宽度的要求。

(2)基础

地基不良和基础处理不当,会引起挡土墙的破坏,应重视挡土墙的基础设计。基础设计的程序是:首先应对地基的地质条件作详细调查,必要时须做挖探或钻探;然后确定基础类型与埋深。

• 基础类型

当地基承载力不足且墙趾处地形平坦时,挡土墙大多数都是直接砌筑在天然地基上的浅基础。为减少基底应力和增加抗倾覆稳定性,常常采用扩大基础,如图5.21(a)所示,将墙趾部分加宽成台阶,或墙趾墙踵同时加宽,以加大承压面积。加宽宽度视基底应力需要减少的程度和加宽后的合力偏心距的大小而定,一般不小于20 cm。台阶高度按基础材料的刚性角的要求确定,对砖、片石、块石、粗料石砌体,当用低于5号的砂浆砌筑时,刚性角应不大于35°,对混凝土砌体应不大于40°。

当地基应力超过地基承载力过高时,需要的加宽值较大,为避免加宽部分的台阶过高,可采用钢筋混凝土底板基础,如图5.21(b)所示,其厚度由剪力和主拉力控制。当挡土墙修筑在陡坡上,而地基为稳定、坚硬的岩石时,为节省圬工和基坑开挖数量,可采用台阶形基础,如图5.21(c)所示。台阶的高宽比应不大于2∶1。台阶宽度不宜小于50 cm。最下一个台阶的宽度应满足偏心距的有关规定,并不宜小于1.5～2 m。

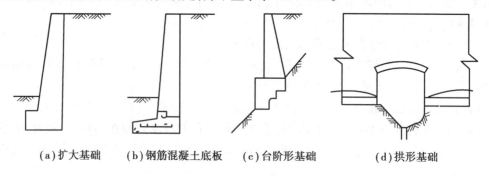

(a)扩大基础　　(b)钢筋混凝土底板　　(c)台阶形基础　　(d)拱形基础

图5.21　挡土墙基础形式

如地基有短段缺口(如深沟等)或挖基困难(如局部地段地基软弱等),可采用拱形基础,如图5.21(d)所示,以石砌拱圈跨过,再在其上砌筑墙身,但应注意土压力不宜过大,以免横向推力导致拱圈开裂。设计时应对拱圈予以验算。

当地基为软弱土层,如淤泥、软黏土等,可采用砂砾、碎石、矿渣或石灰土等材料予以换填,以扩散基底压应力,使之均匀地传递到下卧软弱土层中。

• 基础埋深

挡土墙基础应视地形、地质条件埋置足够的深度,以保证挡土墙的稳定性。设置在土质地基上的挡土墙,基底埋深应符合下列要求:

①无冲刷时,一般应在天然地面下不小于1 m。

②有冲刷时,应在冲刷线下不小于1 m。

③受冻胀影响时,应在冰冻线以下不小于0.25 m。非冰胀土层中的基础,如岩石、卵石、砾石、中砂或粗砂等,埋深可不受冻深的限制。

挡土墙基础设置在岩石上时,应清除表面风化层。当风化层较厚难以全部清除时,可根据地基的风化程度及其相应的容许承载力将基底埋在风化层中。当墙趾前地面横坡较大时,基础埋深用墙趾前的安全襟边宽度来控制,以防地基剪切破坏。襟边宽度见表5.2。

表5.2　挡土墙安全襟边宽度

地质情况	安全襟边宽 t/m	基础埋深 h/m	示意图
轻风化的硬质岩石	0.25~0.6	0.25	
风化岩石或软质岩石	0.6~1	0.6	
坚实的粗粒土	1~2	1	

(3)排水设施

挡土墙的排水处理是否得当,直接影响挡土墙的安全及使用效果。挡土墙应设置排水设施,以疏干墙后坡料中的水分,防止地表水下渗造成墙后积水,从而使墙身免受额外的静水压力,消除黏性土填料因含水量增加产生的膨胀压力,减少季节性冰冻地区填料的冻胀压力。

挡土墙的排水设施通常由地面排水和墙身排水两部分组成。

地面排水可设置地面排水沟,引排地面水;夯实回填土顶面和地面松土,防止雨水和地面水下渗,必要时可加设铺砌;对路堑挡土墙墙趾前的边沟应予以铺砌加固,以防止边沟水渗入基础。

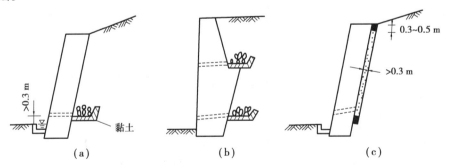

图5.22　泄水孔给排水层

墙身排水主要是为了迅速排除墙后积水。浆砌挡土墙应根据渗水量在墙身的适当高度处布置泄水孔。如图5.22、图5.23所示。泄水孔尺寸可视泄水量大小分别采用5 cm×10 cm,10 cm×10 cm,15 cm×20 cm的方孔,或直径5~10 cm的圆孔。泄水孔间距一般为2~3 m,上下交错设置。最下排泄水孔的底部应高出墙趾前地面0.3 m。当为路堑墙时,出水口应高出边沟水位0.3 m;当为浸水挡土墙时,则出水口应高出常水位以上0.3 m,以避免墙外水流倒灌。为防止水分渗入地基,在最下一排泄水孔的底部应设置30 cm厚的黏土隔水层。

在泄水孔进口处应设置粗粒料反滤层,以避免堵塞孔道。当墙背填土透水性不良或有冻胀可能时,应在墙后最低一排泄水孔到墙顶0.5 m之间设置厚度不小于0.3 m的砂、卵石排水层或采用土工布。干砌挡土墙围墙身透水可不设泄水孔。

图5.23 挡墙排水孔

(4)沉降缝和伸缩缝

为了防止因地基不均匀沉陷而引起墙身开裂,应根据地基的地质条件及墙高、墙身断面的变化情况设置沉降缝。为了防止圬工砌体因砂浆硬化收缩和温度变化而产生裂缝,必须设置伸缩缝。通常把沉降缝与伸缩缝合并在一起,统称为沉降伸缩缝或变形缝。沉降伸缩缝的间距按实际情况而定。对非岩石地基,宜每隔10~15 m设置一道沉降伸缩缝;对岩石地基,其沉降伸缩缝间距可适当增大。沉降伸缩缝的缝宽一般为2~3 cm。

浆砌挡土墙的沉降伸缩缝内可用胶泥填塞,但在渗水量大、冻害严重的地区,宜用沥青麻筋或沥青木板等材料,沿墙内外顶三边填塞,填深不宜小于15 m。当墙背为填石且冻害不严重时,可仅留空隙,不嵌填料。

对干砌挡土墙,沉降伸缩缝两侧应选平整石料砌筑,使其形成垂直通缝。

2)重力式挡土墙的布置

挡土墙的布置是挡土墙设计的一个重要内容,通常是在路基横断面图和墙趾纵断面图上进行,个别复杂的挡土墙尚应作平面布置。

(1)横向布置

横向布置主要是在路基横断面图上进行,其内容有选择挡土墙的位置、确定断面形式、绘制挡土墙横断面图等。

• 挡土墙的位置选择

路堑挡土墙大多设置在边沟的外侧。路肩墙应保证路基宽度布设。路堤墙应与路肩墙进行技术经济比较,以确定墙的合理位置。当路堤墙与路肩墙的墙高或圬工数量相近,基础情况相仿时,宜做路肩,因为采用路肩墙可减少填方和占地。但当路堤墙的墙高或圬工数量比路肩墙显著降低,且基础可靠时,则宜做路堤墙。浸水挡土墙应结合河流情况布置,以保持水流顺畅,不致挤压河道而引起局部冲刷。山坡挡土墙应考虑设在基础可靠处,墙的高度应保证墙后墙顶以上边坡的稳定性。

• 确定断面形式、绘制挡土墙横断面图

无论是路堤墙,还是路肩墙,当地形陡峻时,可采用俯斜式或衡重式。地形平坦时,可采用仰斜式。对于路堑墙来说,宜采用仰斜式或折线式。

挡土墙横断面图的绘制,选择在起讫点、墙高最大处、墙身断面或基础形式变异处,以及其他必须桩号处的横断面图上进行。根据墙身形式、墙高和地基与填料的物理力学指标等设计资料进行设计或套用标准图,确定墙身断面尺寸、基础形式和埋深,布置排水设施,指定墙背填料的类型等。

（2）纵向布置

纵向布置主要在墙趾纵断面图上进行,布置后绘制挡土墙正面图,如图 5.24 所示。

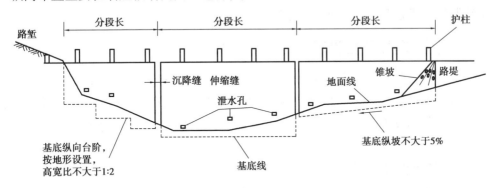

图 5.24　挡土墙正面图

①确定挡土墙的起讫点和墙长,选择挡土墙与路基或其他结构物的连接方式。

路肩墙与路堑连接应嵌入路堑中 2～3 m;与路堤连接采用锥坡和路堤衔接;与桥台连接时为防止墙后回填土从桥台尾端与挡土墙连接处的空隙中溜出,应在台尾与挡土墙之间设置隔墙及接头墙。路堑挡土墙在隧道洞口比结合隧道洞门、翼墙的设置情况平顺衔接;与路堑边坡衔接时,一般将墙顶逐渐降低到 2 m 以下,使边坡坡脚不致于伸入边沟内,有时也可用横向端墙连接。

②按地基及地形情况进行分段,布置沉降伸缩缝的位置。

③布置各段挡土墙的基础。

沿挡土墙长度方向有纵坡时,挡土墙的纵向基底宜做成不大于 5% 的纵坡。当墙趾地面纵坡不超过 5% 时,基底可按此纵坡设置;若大于 5%,应在纵向挖成台阶,台阶的尺寸随地形而变化,但其高宽比不宜大于 1:2。地基为岩石时,纵坡虽不大于 5%,为减少开挖,也可在纵向做成台阶。

a.布置泄水孔和护栏（护桩或护墙）的位置,包括数量、尺寸和间距。

b.标注各特征断面的桩号,以及墙顶、基础、基底、冲刷线、冰冻线相对于设计洪水位的标高等。

（3）平面布置

对个别复杂的挡土墙,如高的、长的沿河挡土墙和曲线路段的挡土墙,除了横、纵向布置外,还应作平面布置,并绘制平面布置图。

在平面图上,应标示挡土墙与路线平面位置的关系,与挡土墙有关的地物、地貌等情况,沿河挡土墙还应标示河道及水流方向,以及其他防护、加固工程等。

在挡土墙设计图纸上,应附有简要说明,说明选用挡土墙设计参数的依据、主要工程数量、对材料和施工的要求及注意事项等,有利于指导施工。

①根据具体情况,通过技术和经济比较,确定墙趾位置。

②测绘墙趾处的纵向地面线,核对路基横断面图,收集墙趾处的地质和水文等资料。

③选择墙后填料,确定填料的物理力学计算参数和地基计算参数。

④进行挡土墙断面形式、构造和材料设计,确定有关计算参数。

⑤进行挡土墙的纵向布置。

⑥用计算法或套用标准图确定挡土墙的断面尺寸。

⑦绘制挡土墙立面、横断面和平面图。

5.3.4 挡土墙稳定性验算

为保证挡土墙在土压力及外荷载作用下有足够的强度及稳定性,在设计挡土墙时,应验算挡土墙沿基底的抗滑动稳定性、绕墙趾的抗倾覆稳定性、基底应力和偏心距以及墙身强度等。一般情况下,主要由基底承载力和滑动稳定性来控制设计,墙身应力可不必验算。挡土墙的力学计算取单位长度计算。

1)作用在挡土墙上的力系

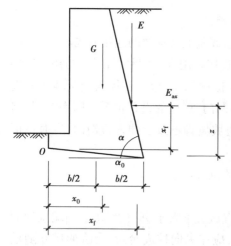

图 5.25 挡土墙作用力及力臂示意图

挡土墙所受到的力主要有墙体自重、墙后土体的土压力和地基反力,如图 5.25 所示。

（1）按力的作用性质分类

①主要力系:经常作用于挡土墙的各种力。

a.挡土墙自重及位于墙上的恒载。

b.墙后土体的主动土压力,包括作用在墙后填料破裂棱体上的荷载,简称超载。

c.基底的法向反力及摩擦力。

d.墙前土体的被动土压力。

浸水挡土墙的主要力系包括常水位时的静水压力和浮力。

②附加力:季节性作用于挡土墙的各种力,如洪水时的静水压力和浮力、动力压力、波浪冲击力、冻胀压力及冰压力等。

③特殊力:偶然出现的力,如地震力、施工荷载、水流漂浮物的撞击力等。

（2）设计

按最不利的组合作为依据。

2)挡土墙抗倾覆验算

挡土墙可能的破坏情况有强度破坏和稳定性破坏。强度破坏包括墙身和地基的强度破坏两种形式,稳定性破坏包括倾覆和滑移破坏两种形式。倾覆,即挡土墙绕墙 O 点作外倾运动,如图 5.25 所示。

将所有作用于墙体的力都分解在水平和竖直方向,求出绕 O 点阻止转动的力矩(抗倾覆力矩)和引起转动的力矩(倾覆力矩),这两者的比值称为抗倾覆安全系数 K_1,它应满足下式:

$$K_1 = \frac{Gx_0 + E_{az}x_f}{E_{ax}z_f} \geqslant 1.6 \qquad (5.32)$$

$$E_{ax} = E_a\sin(\alpha - \delta)$$

$$E_{az} = E_z\cos(\alpha - \delta)$$

$$E_a = \psi_c\frac{1}{2}\gamma h^2 K_a$$

$$x_f = b - z\cot\alpha \qquad z_f = z - b\tan\alpha_0$$

式中：G——挡土墙每延米自重，kN/m；

$\quad b$——基底的水平投影宽度，m；

$\quad z$——土压力作用点离墙踵高度，m；

$\quad \delta$——土对挡土墙墙背的摩擦角，见表5.3；

$\quad E_{ax}$——主动土压力在 x 方向的投影，kN/m；

$\quad E_{az}$——主动土压力在 z 方向的投影，kN/m；

$\quad \alpha$——挡土墙墙背与水平面的夹角；

$\quad \alpha_0$——挡土墙基底与水平面的夹角；

$\quad \psi_c$——主动土压力增大系数，取值同前。

3)挡土墙抗滑移验算

挡土墙稳定性验算时，要考虑墙体沿基底处发生滑移。应使沿滑移面的抗滑力大于滑移力，这两者之比成为抗滑移系数 K_s，它应符合下式要求(图5.26)：

$$K_s = \frac{(G_n + E_{an})\mu}{E_{at} - G_t} \geqslant 1.3 \qquad (5.33)$$

$$G_n = G\cos\alpha_0$$

$$G_t = G\sin\alpha_0$$

$$E_{an} = E_a\cos(\alpha - \alpha_0 - \delta)$$

$$E_{at} = E_a\sin(\alpha - \alpha_0 - \delta)$$

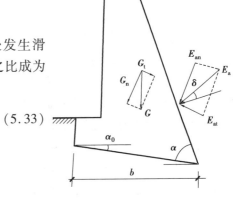

图5.26 挡土墙抗滑移计算分析

式中：μ——土对挡土墙基底的摩擦系数，见表5.3。

表5.3 土的挡土墙基底摩擦系数

土的类别		摩擦系数 μ
黏性土	可塑	0.25 ~ 0.30
	硬塑	0.30 ~ 0.35
	坚硬	0.35 ~ 0.45
粉土	$S_r \leqslant 0.5$	0.30 ~ 0.40
中砂、粗砂、砾砂	—	0.40 ~ 0.50
碎石土	—	0.40 ~ 0.60
软质岩石	—	0.40 ~ 0.60
表面粗糙的硬质岩石	—	0.65 ~ 0.75

5.4 土坡稳定分析

5.4.1 土坡失稳的机理及影响因素

1）土坡的滑动破坏形式

根据滑动的诱因,土坡的滑动破坏可分为推动式滑坡和牵引式滑坡。推动式滑坡是由坡顶超载或地震等因素导致下滑力大于抗滑力而失稳;牵引式滑坡主要是由坡脚受到切割导致抗滑力减小而破坏。

根据滑动面形状的不同,土坡的滑动破坏通常有以下两种形式:

①滑动面为平面的滑坡,常发生在匀质的和成层的非均质的无黏性土构成的土坡中。

②滑动面为近似圆弧面的滑坡,常发生在黏性土坡中。

2）土坡滑动失稳的机理

土坡滑动失稳的原因一般有以下两类情况:

①外界力的作用破坏了土体内原来的应力平衡状态,如基坑的开挖、地基内自身重力发生变化,又如路堤的填筑、土坡顶面上作用外荷载、土体内水的渗流、地震力的作用等。

②土的抗剪强度受到外界各种因素的影响而降低,促使土坡失稳破坏。

滑坡的实质是土坡内滑动面上作用的滑动力超过了土的抗剪强度。

土坡的稳定程度通常用安全系数来衡量,它表示土坡在预计的最不利条件下具备的安全保障。土坡的安全系数为滑动面上的抗滑力矩 M_r 与滑动力矩 M 之比值,即 $K = M_r/M$（或为抗滑力 T_f 与滑动力 T 之比值,即 $K = T_f/T$）,或为土体的抗剪强度 τ_f 与土坡最危险滑动面上产生的剪应力 τ 的比值,即 $K = \tau_f/\tau$。也有用内聚力、内摩擦角、临界高度表示的。对不同的情况,采用不同的表达方式。土坡稳定分析的可靠程度在很大程度上取决于计算中选用的土的物理力学性质指标（主要是土的抗剪强度指标 c,φ 及土的重度 γ 值）,选用得当,才能获得符合实际的稳定分析。

3）土坡稳定的影响因素

①土坡陡峭程度。土坡越陡越不安全;土坡越平缓越安全。

②土坡高度。试验研究表明,在土坡其他条件相同时,坡高越小,土坡越稳定。

③土的性质。土的性质越好,土坡越稳定。例如,土的重度和抗剪强度指标 c 值大的土坡,比 c 值小的土坡更加安全。

④地下水的渗流作用。当土坡中存在着地下水渗流,渗流方向又与土体滑动方向一致时,可能发生这种情况。

⑤土坡作用力发生变化,如坡顶堆放材料的增减;在离坡顶不远位置或坡段上建筑房屋、打桩、车辆行驶、爆破、地震等引起的震动,使原来的平衡状态发生改变。

⑥土的抗剪强度降低,如土体含水量或超静水压力的增加。

⑦静水压力的作用,如流入土坡竖向裂缝里的雨水,会对土坡产生侧向压应力,促使土坡向下滑动。

5.4.2 砂性土土坡的稳定性分析

根据实际观测,由均质砂性土或成层的非均质的砂性土构成的土坡,破坏时的滑动面往往接近于一个平面,在分析砂性土的土坡稳定时,为计算简化,一般均假定滑动面是平面,如图 5.27 所示。

已知土坡高为 H,坡角为 β,土的重度为 γ,土的抗剪强度 $\tau_f = \sigma \tan \varphi$。若假定滑动面是通过坡脚 A 的平面 AC,AC 的倾角为 α,则可计算滑动土体 ABC 沿 AC 面上滑动的稳定安全系数 K 值。

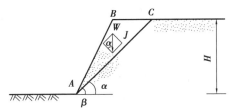

图 5.27 砂土土坡稳定分析

沿土坡长度方向截取单位长度土坡作为平面应变问题分析。已知滑动土体 ABC 的重力为

$$W = \gamma \cdot S_{\triangle ABC} \qquad (5.34)$$

W 在滑动面 AC 上的平均法向分力 N 及由此产生的抗滑力 T_f 为

$$N = W \cos \alpha \quad T_f = N \tan \varphi = W \cos \alpha \tan \varphi$$

W 在滑动面 AC 上产生的平均下滑力 T 为

$$T = W \sin \alpha$$

土坡的滑动稳定安全系数 K 为

$$K = \frac{T_f}{T} = \frac{W \cos \alpha \tan \varphi}{W \sin \alpha} = \frac{\tan \varphi}{\tan \alpha} \qquad (5.35)$$

安全系数 K 随倾角 α 的增大而减小,当 $\alpha = \beta$ 时,滑动稳定安全系数最小,即土坡面上的一层土是最容易滑动的。砂性土土坡的滑动稳定安全系数可取为

$$K = \frac{\tan \varphi}{\tan \beta} \qquad (5.36)$$

当坡角 β 等于土的内摩擦角 φ 时,即稳定安全系数 $K = 1$ 时,土坡处于极限平衡状态。砂性土土坡的极限坡角等于土的内摩擦角 φ,此坡角称为自然休止角。只要坡角 $\beta < \varphi(K > 1)$,土坡就是稳定的。为了保证土坡具有足够的安全储备,工程中一般要求 $K \geqslant 1.25 \sim 1.3$。

砂性土土坡的稳定性与坡高无关,与坡体材料的质量无关,仅取决于 β 和 φ。

例 5.4 一均质砂性土土坡,其饱和重度 $\gamma = 19.3$ kN/m³,内摩擦角 $\varphi = 35°$,坡高 $H = 6$ m,试求当此土坡的稳定安全系数为 1.25 时其坡角为多少?

解:由 $K = \dfrac{\tan \varphi}{\tan \beta}$,得 $\tan \beta = \dfrac{\tan \varphi}{K} = \dfrac{\tan 35°}{1.25} = 0.560\ 2$,解得 $\beta = 29.26°$

课堂讨论:砂性土土坡的稳定性与哪些因素有关?

5.4.3 黏性土土坡的稳定性分析

黏性土土坡由剪切而破坏的滑动面大多为一曲面,一般在破坏前坡顶先有张力裂缝发生,继而沿某一曲面产生整体滑动,在理论分析时可以近似地假设为圆弧。为了简化计算,在稳定分析中通常作为平面问题处理,而且假定滑动面为圆弧面。

黏性土土坡的稳定分析有许多种方法,目前工程上最常用的是瑞典条分法。瑞典工程师费兰纽斯假定最危险圆弧面通过坡角,并忽略作用在土条两侧的侧向力,提出了广泛用于黏性土坡稳定性分析的条分法。其原理是:将圆弧滑动体分成若干土条,计算各土条上的力系对弧心的滑动力矩和抗滑力矩,抗滑力矩与滑动力矩之比为土坡的稳定安全系数,选择多个滑动圆心,要求最小的稳定安全系数。

具体步骤如下:

如图 5.28 所示土坡,取单位长度土坡按平面问题计算。设可能的滑动面是一圆弧 AD,其圆心为 O,半径为 R。将滑动土体 $ABCDA$ 分成许多竖向土条,土条宽度一般可取 $b = 0.1R$。

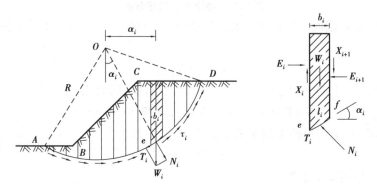

图 5.28 土坡稳定分析的条分法

任一土条 i 上的作用力包括:土条的重力 W_i,其大小、作用点位置及方向均已知;滑动面 ef 上的法向反力 N_i 及切向反力 T_i,假定 N_i,T_i 作用在滑动面 ef 的中点,它们的大小均未知;土条两侧的法向力 E_i,E_{i+1} 及竖向剪切力 X_i,X_{i+1},其中 E_i 和 X_i 可由前一个土条的平衡条件求得,而 E_{i+1} 和 X_{i+1} 的大小未知,E_{i+1} 的作用点位置也未知。

由此可知,土条 i 的作用力中有 5 个未知数,但只能建立 3 个平衡条件方程,为非静定问题。为了求得 N_i,T_i 值,必须对土条两侧作用力的大小和位置作适当假定。费伦纽斯的条分法假设不考虑土条两侧的作用力,即假设 E_i 和 X_i 的合力等于 E_{i+1} 和 X_{i+1} 的合力。同时,它们的作用线重合,土条两侧的作用力相互抵消。这时土条 i 仅有作用力 W_i,N_i 及 T_i,根据平衡条件可得

$$N_i = W_i \cos \alpha_i \qquad T_i = W_i \sin \alpha_i$$

滑动面 ef 上土的抗剪强度为

$$\tau_{fi} = \sigma_i \tan \varphi_i + c_i = \frac{1}{l_i}(N_i \tan \varphi_i + c_i l_i) = \frac{1}{l_i}(W_i \cos \alpha_i \tan \varphi_i + c_i l_i)$$

式中:α_i——土条 i 滑动面的法线(即半径)与竖直线的夹角,(°);

l_i——土条 i 滑动面 ef 的弧长,m;

c_i, φ_i——滑动面上土的黏聚力及内摩擦角,kPa,(°)。

土条 i 上的作用力对圆心 O 产生的滑动力矩 M_s 及抗滑力矩 M_r 分别为

$$M_s = T_i R = W_i \sin \alpha_i R$$

$$M_r = \tau_{fi} l_i R = (W_i \cos \alpha_i \tan \varphi_i + c_i l_i) R$$

整个土坡相应于滑动面 AD 时的稳定安全系数为

$$K = \frac{M_r}{M_s} = \frac{R \sum_{i=1}^{n} (W_i \cos \alpha_i \tan \varphi_i + c_i l_i)}{R \sum_{i=1}^{n} W_i \sin \alpha_i} \tag{5.37}$$

对均质土坡,$c_i = c, \varphi_i = \varphi$,则

$$K = \frac{M_r}{M_s} = \frac{\tan \varphi \sum_{i=1}^{n} W_i \cos \alpha_i + c\hat{L}}{\sum_{i=1}^{n} W_i \sin \alpha_i} \tag{5.38}$$

上述稳定安全系数 K 是对某一个假定滑动面求得的,需要试算许多个可能的滑动面,相应于最小安全系数的滑动面即为最危险滑动面。也可以用费伦纽斯或泰勒提出的确定最危险滑动面圆心位置的经验方法,但当坡形复杂时,一般还是采用电算搜索的方法确定。

项目小结

土压力与土坡稳定性是工程上经常遇到的问题,本项目学习的重点是明确土压力的基本概念,掌握朗肯土压力、库仑土压力的基本理论,熟练掌握朗肯理论土压力的计算方法,掌握特殊土情况下土压力的计算方法,理解并掌握其中重要的计算。

①主动土压力:$\sigma_a = \gamma z K_a - 2c \sqrt{K_a}$;$E_a = \frac{1}{2} \gamma h^2 \tan^2\left(45° - \frac{1}{2}\varphi\right)$;$K_a = \tan^2\left(45° - \frac{\varphi}{2}\right)$。

②被动土压力:$\sigma_p = \gamma z K_p + 2c \sqrt{K_p}$;$E_p = \frac{1}{2} \gamma h^2 K_p$;$K_p = \tan^2\left(45° + \frac{\varphi}{2}\right)$。

③土表面连续均布荷载时土压力的计算。
④墙后有成层填土时的土压力计算。
⑤填土中有地下水时土压力的计算。

要熟悉规范法,熟悉挡土墙的类型及主要作用,掌握挡土墙的构造,熟练掌握重力式挡土墙设计与计算,熟悉土压力的类型及其产生条件,理解土坡稳定分析原理并能判断简单的土坡稳定情况。

习 题

一、填空题

1.按挡土结构的位移情况和墙后土体所处的应力状态,可将土压力分为_____、
_____和_____ 3 种。

2.朗肯土压力理论的基本假设是_____、_____、_____。

3.库仑土压力理论的适用条件是_____、_____、_____。

4.无黏性土土坡的稳定性仅取决于土坡_____,其值越小,土坡的稳定性越_____。

5.当采用相同的计算指标和计算方法时,挡土墙背以_____时主动土压力最小,
_____居中,_____最大。

二、选择题

1.相同条件下,作用在挡土构筑物上的主动土压力、被动土压力、静止土压力的大小之
间存在的关系是(   )。

A.$E_p > E_a > E_0$ B.$E_a > E_p > E_0$ C.$E_p > E_0 > E_a$ D.$E_0 > E_p > E_a$

2.如在开挖临时边坡以后砌筑重力式挡土墙,合理的墙背形式是(   )。

A.仰斜   B.俯斜   C.直立   D.背斜

3.若挡土墙的墙背竖直且光滑,墙后填土水平,黏聚力 $c = 0$,采用朗肯解和库仑解,得到
的主动土压力(   )。

A.朗肯解大   B.库仑解大   C.相同   D.无法确定

4.地下室外墙面上的土压力应按(   )进行计算。

A.静止土压力   B.主动土压力   C.被动土压力   D.3 种土压力均可

5.库仑土压力理论通常适用于(   )。

A.黏性土   B.砂性土   C.各类土

三、简答题

1.试比较朗肯土压力理论和库仑土压力理论的基本假定及适用条件。

2.挡土墙有哪几种类型?如何确定重力式挡土墙断面尺寸?

3.土坡稳定有何实际意义?影响土坡稳定的因素有哪些?如何防止土坡滑动?

4.何谓无黏性土土坡的自然休止角?无黏性土土坡的稳定性与哪些因素有关?

5.土坡稳定分析的条分法原理是什么?如何确定最危险圆弧滑动面?

四、计算题

1.某挡土墙高 6 m,墙背竖直光滑,填土面水平,$\gamma = 20$ kN/m³,$\varphi = 20°$,$c = 16$ kPa。试计算:①该挡土墙主动土压力分布、合力大小及其作用点位置;②若该挡土墙在外力作用下,向填土方向产生较大位移时,作用在墙背的土压力分布、合力大小及其作用点位置又为多少?

2.某挡土墙高 $h = 7$ m,墙背直立、光滑,填土面水平墙后填土为无黏性土,其物理力学性质指标:内摩擦角 $\varphi = 30°$,黏聚力 $c = 0$,孔隙比 $e = 0.8$,相对密度 $d_s = 2.7$。地下水位在填土表面下 2 m 的深度,水位以上填土的含水量 $w = 20\%$。求墙后土体处于主动土压力状态时

墙所受到的总侧压力,并绘出侧压力分布图。

3.如图 5.29 所示的挡土墙,墙身的砌体重度 $\gamma_k = 22 \text{ kN/m}^3$,试验算挡土墙的稳定性。

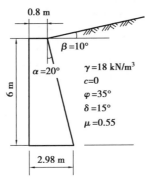

图 5.29　习题 3 图

项目 6
岩土工程勘察

项目导读

  岩土工程勘察的主要任务是探明建筑场地及其附近的工程地质及水文地质条件,为建筑选址、建筑平面布置、建筑地基基础设计和施工提供必要的资料。场地是指工程建筑所处的土地和直接使用的土地,地基是指场地范围内直接承受建筑基础的岩土。

  通过本项目的学习,主要让学生了解工程地质勘察的阶段、分级和目的;掌握工程地质勘察的内容和方法;通过工程实例分析,掌握阅读和使用工程地质勘察报告。

6.1 岩土工程勘察的阶段与分级

6.1.1 岩土工程勘察的阶段

  岩土工程勘察对拟建工程的可行性与经济分析以及进行地基基础的设计和施工是必不可少的。不进行岩土工程勘察,就不能进行设计。没有设计,不可以进行施工。建筑场地的工程地质勘察属于岩土工程勘察的范畴,必须遵守《岩土工程勘察规范》(GB 50021—2001,2009 版)、《工程地质勘察规范》(DBJ 50/T—043—2016)和《建筑边坡工程技术规范》(GB 50330—2013)的有关规定。

  根据基本建设程序,岩土工程勘察工作应先于土木工程的设计与施工,并与设计和施工的各个阶段密切配合。一般来讲,土木工程的设计分为方案设计、初步设计和施工图设计 3 个阶段,工程地质勘察也相应地划分为可行性研究勘察、初步勘察和详细勘察 3 个阶段。

  ①可行性研究勘察应满足可行性研究确定的场址方案的要求。

  ②初步勘察应满足初步设计或扩大初步设计的要求。

  ③详细勘察应满足施工图设计的要求。

  对工程地质条件复杂或有特殊施工要求的重大建(构)筑物地基,尚应增加施工勘察;对面积不大且工程地质条件简单的建筑场地,或有建筑经验的地区,可适当简化勘察阶段。要充分利用邻近已有的工程地质勘察资料或城市的工程地质图。

对大多数一般建筑,通常可采用简化勘察阶段的方式,不需要进行初步勘察,直接进行一次性详勘。

需要进行初步勘察的依据如下:

①在复杂场地上建设工程安全等级为一级的建设项目。

②滑坡、危岩、崩塌、泥石流、岩溶塌陷等不良地质作用较为发育,且其影响面积占建设场地30%及以上的建设场地。

③场地地形坡角大于30°的自然土坡或地形坡角大于60°的自然岩坡,且其影响面积占建设场地50%及以上的建设场地。

④三峡库区175 m蓄水位(吴淞高程)岸线外侧水平距离100 m范围内的建设场地。

⑤存在矿产采空区或地下洞室,且采空区域地下洞顶距离拟建工程最底面小于两倍洞跨的建设场地。

⑥总建筑规模大于50万 m² 且高层建筑规模占总建筑规模的比例超过70%的大型住宅小区。

⑦建筑高度大于200 m 的超高层建筑。

⑧总建筑面积超过10 000 m² 的城市轨道交通地下车站或长度大于500 m的隧道。

⑨主跨跨径150 m 及以上的斜拉桥、悬索桥等缆索承重桥梁以及拱桥,立体交叉线路为3层及3层以上(不计地面道路及地道)的大型互通立交桥梁。

6.1.2 岩土工程勘察的分级

根据工程的规模和特征,以及由岩土工程问题造成工程破坏或影响正常使用的后果,可分为3个工程重要性等级:

①一级工程:重要工程,后果很严重。

②二级工程:一般工程,后果严重。

③三级工程:次要工程,后果不严重。

根据场地的复杂程度,可按下列规定分为3个场地等级:

①符合下列条件之一者为一级场地(复杂场地):

a.对建筑抗震危险的地段。

b.不良地质作用强烈发育。

c.地质环境已经或可能受到强烈破坏。

d.地形地貌复杂。

e.有影响工程的多层地下水、岩溶裂隙水或其他水文地质条件复杂,需专门研究的场地。

②符合下列条件之一者为二级场地(中等复杂场地):

a.对建筑抗震不利的地段。

b.不良地质作用一般发育。

c.地质环境已经或可能受到一般破坏。

d.地形地貌较复杂。

e.基础位于地下水位以下的场地。

③符合下列条件者为三级场地(简单场地):

a.抗震设防烈度等于或小于6度,或对建筑抗震有利的地段。

b.不良地质作用不发育。

c.地质环境基本未受破坏。

d.地形地貌简单。

e.地下水对工程无影响。

根据地基的复杂程度,可按下列规定分为3个地基等级:

①符合下列条件之一者为一级地基(复杂地基):

a.岩土种类多,很不均匀,性质变化大,需特殊处理。

b.严重湿陷、膨胀、盐渍、污染的特殊性岩土,以及其他情况复杂,需作专门处理的岩土。

②符合下列条件之一者为二级地基(中等复杂地基):

a.岩土种类较多,不均匀,性质变化较大。

b.其他的特殊性岩土。

③符合下列条件者为三级地基(简单地基):

a.岩土种类单一,均匀,性质变化不大。

b.无特殊性岩土。

根据工程重要性等级、场地复杂程度等级和地基复杂程度等级,可按下列条件划分岩土工程勘察等级:

①甲级:在工程重要性、场地复杂程度和地基复杂程度等级中,有一项或多项为一级。

②乙级:除勘察等级为甲级和丙级以外的勘察项目。

③丙级:工程重要性、场地复杂程度和地基复杂程度等级均为三级。

注:建筑在岩质地基上的一级工程,当场地复杂程度等级和地基复杂程度等级均为三级时,岩土工程勘察等级可定为乙级。

工程地质勘察的基本工作程序如下:

①由设计或建设单位向勘察单位提交工程地质勘察任务书。在任务书中应说明工程意图、设计阶段、勘察技术要求、勘察报告的基本内容和目的。此外,还需向勘察单位提供必要的方案设计图和竖向受力构件的承载力等相关资料。

②勘察单位要根据任务书,制订符合现场情况的勘察计划,按照任务书和规范要求进行各阶段的勘察工作。

③在实际工作的基础上,分析整理所取得的勘察资料,对场地的工程地质条件作全面的评价,并以文字和图表形式编制成工程地质勘察报告。

6.2　工程地质勘察的基本要求

工程地质勘察的基本要求,按不同的被勘察物分为建筑物和构筑物、地下洞室、岸边工程、管道和架空线路工程、废弃物处理工程、核电厂、边坡工程、基坑工程、桩基础、地基处理、既有建筑物的增载和保护11个不同类别。本节侧重介绍建筑物和构筑物、边坡工程等。

6.2.1 对建筑物和构筑物的总体勘察要求

房屋建筑分为两大类:一类为建筑物,是供人们生产、生活、居住而修建的房屋,如厂房、商场、住宅等;另一类为构筑物,一般是指附属于建筑物的配套设施,如大门、操场、高压铁塔、水池等。

房屋建筑的岩土工程勘察,应在搜集建筑上部荷载、功能特点、结构类型、基础形式、埋深和变形限制等方面资料的基础上进行。其主要工作内容应符合下列规定:

①查明场地和地基的稳定性、地层结构、持力层和下卧层的工程特性、土的应力历史和地下水条件以及不良地质作用等。

②提供满足设计、施工所需的岩土参数,确定地基承载力,预测地基变形性状。

③提出地基基础、基坑支护、工程降水和地基处理设计与施工方案的建议。

④提出对建筑物有影响的不良地质作用的防治方案建议。

⑤对抗震设防烈度等于或大于6度的场地,进行场地与地基的地震效应评价。

6.2.2 对建筑物和构筑物的可行性研究勘察要求

1)可行性研究勘察要求

①搜集区域地质、地形地貌、地震、矿产、当地的工程地质、岩土工程和建筑经验等资料。

②在充分搜集和分析已有资料的基础上,通过踏勘了解场地的地层、构造、岩性、不良地质作用和地下水等工程地质条件。

③当拟建场地工程地质条件复杂,已有资料不能满足要求时,应根据具体情况进行工程地质测绘和必要的勘探工作。

④当有两个或两个以上拟选场地时,应进行比选分析。

根据我国的建设经验,下列地区、地段不宜选为场址:

a.不良地质现象发育,且对场地稳定性有直接危害或潜在威胁的地区,如泥石流河谷、崩塌、滑坡、土洞、塌陷、岸边冲刷、地下潜蚀等地。

b.地基土性质严重不良的场地,如Ⅳ级自重湿陷性场地、胀缩性强烈的Ⅰ级膨胀土地基、软硬突变的场地。

c.对建筑物抗震危险的地段,即地震时可能发生滑坡、崩塌、地裂、泥石流等及地震断裂带上可能发生地表错位的部位。

d.洪水或地下水对建筑场地有严重不良影响的地段,如位于洪水淹没区。

e.地下有尚未开采的有价值矿藏或未稳定的地下采空区。

2)设计建议

一般说来,可行性研究阶段的勘察仅适用于城市中少数重点的、勘察等级为甲级的高层建筑、城市中具有历史意义和深远影响的标志性建筑以及规划新建的大型厂矿企业。对城市大量的民用建筑工程和工业区建筑,一般都已积累了大量的工程勘察资料,无须进行可行性研究勘察工作。

可行性研究勘察的主要工作为搜集整理地质资料。

对于民用建筑而言,结构设计技术人员很难有机会直接参与工程的可行性研究阶段工作。对大范围的建设,如新建大学城或大型工业园区等,小区开发主管部门一般都制订有较为详细的地基基础设计概要或指引。对重大工程,结构设计技术人员应仔细研读其可行性研究报告。当可行性研究报告的勘察深度不满足结构设计需要时,应及时提出,并在后续勘察阶段中补充完善。

6.2.3 对建筑物和构筑物的初步勘察要求

可行性研究勘察对场地稳定性给予全局性评价之后,还存在有建筑地段的局部稳定性的评价问题。初步勘察的任务之一就是查明建筑场地不良地质现象的成因、分布范围、危害程度以及发展趋势,在确定建筑总平面布置时,使主要建筑避开不良地质现象比较发育的地段。除此之外,查明地层及其构造、土的物理力学性质、地下水埋藏条件以及土的冻结深度等,这些工程地质资料为建筑物基础方案的选择、不良地质现象的防治提供依据。

1)初步勘察应对场地内拟建建筑地段的稳定性作评价,并进行下列主要工作

①搜集拟建工程的有关文件、工程地质和岩土工程资料以及工程场地范围的地形图。

②初步查明地质构造、地层结构、岩土工程特性、地下水埋藏条件。

③查明场地不良地质作用的成因、分布、规模、发展趋势,并对场地的稳定性作评价。

④对抗震设防烈度等于或大于6度的场地,应对场地和地基的地震效应作初步评价。

⑤季节性冻土地区,应调查场地土的标准冻结深度。

⑥初步判定水和土对建筑材料的腐蚀性。

⑦高层建筑初步勘察时,应对可能采取的地基基础类型、基坑开挖与支护、工程降水方案进行初步分析评价。

2)初步勘察的勘探工作应符合下列要求

①勘探线应垂直地貌单元、地质构造和地层界线布置。

②每个地貌单元均应布置勘探点,在地貌单元交接部位和地层变化较大的地段,勘探点应予加密。

③在地形平坦地区,可按网格布置勘探点。

④对岩质地基,勘探线和勘探点的布置、勘探孔的深度,应根据地质构造、岩性、风化情况等按地方标准或当地经验确定。

3)初步勘察勘探线勘探点间距和探孔深度要求

勘探点间距可按表6.1确定,局部异常地段应予加密。

表6.1 初步勘察勘探线、勘探点间距 单位:m

复杂程度等级	勘探线间距	勘探点间距
一级(复杂)	50 ~ 100	30 ~ 50
二级(中等复杂)	75 ~ 150	40 ~ 100
三级(简单)	150 ~ 300	75 ~ 200

注:①表中间距不适用于地球物理勘探。
②控制性勘探点宜占勘探点总数的1/5 ~ 1/3,且每个地貌单元均应有控制性勘探点。

探孔深度可按表6.2确定。

表6.2　初步勘察勘探孔深度　　　　　　　　单位:m

工程重要性等级	一般性勘探孔深度	控制性勘探孔深度
一级(复杂)	≥15	≥30
二级(中等复杂)	10~15	15~30
三级(简单)	6~10	10~20

注:①勘探孔包括钻孔、探井和原位测试孔。
　　②特殊用途的钻孔除外。

(1)当遇下列情形之一时,应适当增减勘探孔深度

①当勘探孔的地面标高与预计整平地面标高相差较大时,应按其差值调整勘探孔深度。

②在预定深度内遇基岩时,除控制性勘探孔仍应钻入基岩适当深度外,其他勘探孔达到确认的基岩后即可终止钻进。

③在预定深度内有厚度较大,且分布均匀的坚实土层(如碎石土、密实砂、老沉积土等)时,除控制性勘探孔应达到规定深度外,一般性勘探孔的深度可适当减小。

④当预定深度内有软弱土层时,勘探孔深度应适当增加,部分控制性勘探孔应穿透软弱土层或达到预计控制深度。

⑤对重型工业建筑应根据结构特点和荷载条件适当增加勘探孔深度。

(2)初步勘察采取土试样和进行原位测试应符合下列要求

①采取土试样和进行原位测试的勘探点应结合地貌单元、地层结构和土的工程性质布置,其数量可占勘探点总数的1/4~1/2。

②采取土试样的数量和孔内原位测试的竖向间距,应按地层特点和土的均匀程度确定。每层土均应采取土试样或进行原位测试,其数量不宜少于6个。

(3)初步勘察应进行下列水文地质工作

①调查含水层的埋藏条件、地下水类型、补给排泄条件、各层地下水位,调查其变化幅度,必要时应设置长期观测孔,监测水位变化。

②当需绘制地下水等水位线图时,应根据地下水的埋藏条件和层位,统一量测地下水位。

③当地下水可能浸湿基础时,应采水试样进行腐蚀性评价。

6.2.4　对建筑物和构筑物的详细勘察要求

经过可行性研究和初步勘察后,建筑场地的工程地质条件已经基本查明。详细勘察的任务是对具体的建筑地基及具体问题进行勘察,为施工图设计和施工提供可靠的依据或设计参数。在这个阶段,必须查明建筑物范围内的地层结构、岩土物理力学性质,对地基稳定性及其承载力作评价;查明地下水类型、埋藏条件和侵蚀性,必要时,还应查明地层的渗透性、水位变化幅度及规律;提供不良地质现象防治工程所需的计算指标及资料;判定地基岩土体和地下水在建筑物施工与使用期间,可能发生的变化以及对建筑物的影响程度。

详细勘察应按单体建筑物或建筑群提出详细的岩土工程资料和设计、施工所需的岩土

参数,对建筑地基作岩土工程评价,并对地基类型、基础形式、地基处理、基坑支护、工程降水和不良地质作用的防治等提出建议。

①主要应进行下列工作:

a. 搜集附有坐标和地形的建筑总平面图,场区的地面整平标高,建筑物的性质、规模、荷载、结构特点、基础形式、埋深、地基允许变形等资料。

b. 查明不良地质作用的类型、成因、分布范围、发展趋势和危害程度,提出整治方案的建议。

c. 查明建筑范围内岩土层的类型、深度、分布、工程特性,分析和评价地基的稳定性、均匀性和承载力。

②对需进行沉降计算的建筑物,提供地基变形计算参数,预测建筑物的变形特征。

③查明埋藏的河道、沟浜、墓穴、防空洞、孤石等对工程不利的埋藏物。

a. 查明地下水的埋藏条件,提供地下水位及其变化幅度。

b. 在季节性冻土地区,提供场地土的标准冻结深度。

c. 判定水和土对建筑材料的腐蚀性。

详细勘察阶段的勘察方法和手段,主要以勘探、原位测试和室内土工试验为主,必要时可以补充一些物探和工程地质测绘和调查工作。

详细勘察勘探点布置和勘探孔深度,应根据建筑物特性、岩土工程条件和岩土工程勘察等级确定。对岩质地基,应根据地质构造、岩性、风化情况等,结合建筑物对地基的要求,按地方标准或当地经验确定。对安全等级为一级、二级建(构)筑物宜按主要柱列线或建(构)筑物的周边线和角点布置。

对三级和无特殊要求的其他建(构)筑物可按建筑物或建筑群的范围布置。同一建筑范围内的主要受力层或有影响的下卧层起伏较大时,应加密勘探点,查明其变化。重大设备基础应单独布置勘探点,重大的动力机器基础和高耸构筑物,勘探点不宜少于3个。勘探手段宜采用钻探与触探相配合,在复杂地质条件、湿陷性土、膨胀岩土、风化岩和残积土地区宜布置适量探井。详细勘察的单栋高层建筑勘探点的布置,应满足对地基均匀性评价的要求,且不应少于4个,对密集的高层建筑群,勘探点可适当减少,但每栋建筑物至少应有1个控制性勘探点。高耸构筑物(如烟囱、水塔等)应专门布置必要数量的勘探点。详细勘察勘探点的间距可按表6.3确定。

表6.3　详细勘察勘探点的间距

地基复杂程度等级	勘探点间距/m
一级(复杂)	10 ~ 15
二级(中等复杂)	15 ~ 30
三级(简单)	30 ~ 50

勘探孔深度应能控制地基主要受力层,当基础底面宽度不大于5 m时,勘探孔的深度对条形基础不应小于基础底面宽度的3倍,对单独柱基不应小于1.5倍,且不应小于5 m。高层建筑和需作变形计算的地基,控制性勘探孔的深度应超过地基变形计算深度。高层建筑

的一般性勘探孔应达到基底下0.5~1倍的基础宽度,并深入稳定分布的地层。仅有地下室的建筑或高层建筑的裙房,当不能满足抗浮设计要求,需设置抗浮桩或锚杆时,勘探孔深度应满足抗拔承载力评价的要求。有大面积地面堆载或软弱下卧层时,应适当加深控制性勘探孔的深度。上述规定深度内,当遇基岩或厚层碎石土等稳定地层时,勘孔根据实际情况适度减少。

采取土试样和进行原位测试的勘探点数量,应根据地层结构、地基土的均匀性和设计要求确定,对地基基础设计等级为甲级的建筑物每栋不应少于3个场地。主要土层的原状土试样或原位测试数据不应少于6件(组)。地基主要受力层内,对厚度大于5 m的夹层或透镜体,应采土试样或进行原位测试。当土层性质不均匀时,应增加取土量。

基坑或基槽开挖后,岩土条件与勘察资料不符或发现必须查明的异常情况时,应进行施工勘察。在工程施工或使用期间,当地基土、边坡体、地下水等发生未曾估计到的变化时,应进行监测,并对工程和环境的影响进行分析评价。

6.2.5 对建筑物和构筑物的施工勘察要求

施工勘察,是指施工阶段遇到异常情况进行的补充勘察,主要是配合施工开挖进行地质编录、校对、补充勘察资料,进行施工安全预报等。当遇到下列情况时,应配合设计和施工:

①单独进行施工勘察,解决施工中的工程地质问题,并提供相应的勘察资料。

②对高层或多层建筑,均需进行施工验槽,发现异常问题需进行施工勘察。

③对较重要的建筑物复杂地基,需进行施工勘察。

④深基坑的设计和施工需进行有关监测工作。

⑤当处理软弱地基时,需进行设计和检验工作。

⑥当地基中岩溶、土洞较为发育时,需进一步查明分布范围并进行处理。

⑦施工中出现基壁坍塌、滑动时,需勘测并进行处理。

上述各勘察阶段的勘察目的与主要任务都不相同。若为单项工程或中、大型工程,则往往简化勘察阶段,一次完成详细勘察,以节省时间与费用。

6.2.6 对边坡工程的施工勘察要求

边坡工程情况复杂,受河流、外部降雨量等气候条件干扰大,是勘察工作的难点。

①边坡工程勘察应查明下列内容:

a. 地貌形态,存在滑坡、危岩和崩塌、泥石流等不良地质作用。

b. 岩土的类型、成因、工程特性,覆盖层厚度,基岩面的形态和坡度。

c. 岩体主要结构面的类型、产状、延展情况、闭合程度、充填状况、充水状况、力学属性和组合关系,主要结构面与临空面关系,是否存在外倾结构面。

d. 地下水的类型、水位、水压、水量、补给和动态变化,岩土的透水性和地下水的出露情况。

e. 地区气象条件(特别是雨期、暴雨强度)、汇水面积、坡面植被,地表水对坡面、坡脚的冲刷情况。

f. 岩土的物理力学性质和软弱结构面的抗剪强度。

②勘探线应垂直边坡走向布置,勘探点间距应根据地质条件确定。当遇有软弱夹层或不利结构面时,应适当加密。勘探孔深度应穿过潜在滑动面并深入稳定层 $2 \sim 5$ m。除常规钻探外,可根据需要,采用探洞、探槽、探井和斜孔。主要岩土层和软弱层应采取试样。每层的试样对土层不应少于6件,对岩层不应少于9件,软弱层宜连续取样。

③对边坡岩土工程勘察报告还应论述下列内容:

a. 边坡的工程地质条件和岩土工程计算参数。

b. 分析边坡和建在坡顶、坡上建筑物的稳定性,对坡下建筑物的影响。

c. 提出最优坡形和坡角的建议。

d. 提出不稳定边坡整治措施和监测方案的建议。

④大型边坡勘察宜分阶段进行,各阶段应符合下列要求:

a. 初步勘察应搜集地质资料,进行工程地质测绘和少量的勘探和室内试验,初步评价边坡的稳定性。

b. 详细勘察应对可能失稳的边坡及相邻地段进行工程地质测绘、勘探、试验、观测和分析计算,作出稳定性评价,对人工边坡提出最优开挖坡角,对可能失稳的边坡提出防护处理措施的建议。

c. 施工勘察应配合施工开挖进行地质编录,核对、补充前阶段的勘察资料,必要时,进行施工安全预报,提出修改设计的建议。

另外,大型边坡应进行监测,监测内容根据具体情况可包括边坡变形、地下水动态和易风化岩体的风化速度等。

6.3　岩土工程勘察的方法

勘探是工程地质勘察过程中揭露地下地质情况的一种主要手段,是在地面测绘与调查所取得的各项定性资料基础上,进一步对场地的工程地质条件进行定量的评价。常用的勘探方法包括坑槽探、钻探和触探。地球物理勘探只在弄清某些地质问题时才采用。

6.3.1　地球物理勘探

地球物理勘探是指用物理的方法勘测地层分布、地质构造和地下水埋藏深度等的一种勘探方法。不同的岩土层具有不同的物理性质,如导电性、密度、波速和放射性等,可以用专门的仪器测量地基内不同部位物理性质的差别,从而判断、解释地下的地质情况,并测定某些参数。地球物理勘探是一种简便而迅速的间接勘探方法,如果运用得当,可以减少直接勘探(如钻探和坑槽探)的工作量,降低勘探成本,加快勘探进度。

地球物理勘探的方法很多,如地震勘探(包括各类测定波速的方法)、电法勘探、磁法勘探、放射性勘探、声波勘探、雷达勘探、重力勘探等,其中最常用的是地震勘探。在《建筑抗震设计规范》(GB 50011—2019)中,要求按剪切波速的大小进行场地的岩土类型划分,这时就必须进行现场地震勘探以确定岩土的传播速度。有关这类方法的原理、设备和测试内容可参阅有关专门资料。

6.3.2 坑槽探

坑槽探也称掘探法,是指在建筑场地用人工开挖探坑、探槽或探井,或者直接观察、了解槽壁土层情况或取原状土样,从而获取土层物理力学性质资料的一种方法。当地基中含有块石、漂石、钻探困难或不易取得原状土样时,可用坑探法。其优点是无须专门的钻探工具,而且当场地地质条件比较复杂时,可以直接了解土性,并观察地层的结构和变化,可取优质原状土样或在探坑中做现场荷载试验。缺点是开挖深度较浅,当土质疏松或深度较大时,必须支撑且不能用于地下水位以下。坑槽探示意图如图6.1所示。

图6.1 坑槽探示意图

坑槽探是在钻探方法难以准确查明地下情况时采用探坑、探槽进行勘探。在坝址、地下工程、大型边坡等勘察中,当需要详细查明深部岩层性质、构造特征时,可采用竖井和平洞。对坑槽探,除了对探坑、探槽的位置、长度、宽度、深度,地层土质分布、密度、含水量、稠度以及颗粒成分与级配、含有物及土层特征、地层异常情况、地下水位等进行详细的文字描述记录外,还应绘制具有代表性的剖面图或整个探坑、探槽的展示图等,以反映井、槽、洞壁和底部的岩性、地层分界、构造特征、取样和原位测试位置等,并且对代表性部位,辅以彩色照片真实展示。

6.3.3 钻探

钻探是用钻机在地层中钻孔,以鉴别和划分底层,沿孔深分层取土,测定岩土的物理力学性质。也可沿孔深取样,用以测定土层的物理力学性质指标。需要时还可以直接在钻孔内进行原位测试。钻进方法有回转、冲击、振动和静压4种,可根据岩土类别和勘察要求按表6.4选用。

表6.4 钻探方法的适用范围   单位:m

钻探方法		岩土类别					勘察要求	
		黏性土	粉土	砂土	土	岩石	直接鉴别、采取不扰动试样	直接鉴别、采取扰动试样
回转	螺旋钻探	22	2	2	—	—	22	22
	无岩芯钻探	22	22	22	2	22	—	—
	岩芯钻探	22	22	22	2	22	22	22

钻探地质勘察

续表

钻探方法		岩土类别					勘察要求	
		黏性土	粉土	砂土	土	岩石	直接鉴别、采取 不扰动试样	直接鉴别、采取 扰动试样
冲击	冲击钻探	—	2	22	22	—	—	—
	锤击钻探	22	22	22	2	—	22	22
振动		22	22	22	2	—	2	22
静压		2	22	22	—	—	—	—

注:"—"为不适用。

钻机一般分为回转式、冲击式和振动式 3 种。

①回转式钻机是利用钻机回转器带动钻具旋转,并借助钻杆将动力传给钻头,使钻头在孔底转动,磨削孔底的地层进行钻进,它通常使用管状钻具,能取柱状岩芯标本。

②冲击钻一般采用钢丝绳带动钻具,利用钻具的重力往复冲击孔底岩土层,将地层击碎、震松并切入地层形成钻孔,但它只能取出岩石碎块或扰动土样。

③振动钻是利用机械动力所产生的振动力,通过钻杆和钻具传到圆筒形钻头周围土中,使土的抗剪强度急剧下降,从而切削土层,达到钻进的目的,但它在钻进过程中对地层有扰动。

如图 6.2 所示为国产 SH-30 型钻机,适用于房屋建筑工程以及道路、桥梁等工程的地基勘探。它可以回转,也可以冲击两种方式钻进,最大钻进深度达 30 m。如先钻成孔再在钻杆下端将钻头换成取土器,冲击或压入土中,即可取原状土样,供土工试验用。人工钻主要用麻花钻和洛阳铲,勘探深度一般不超过 10 m。它只能取得扰动土样,用肉眼鉴别和划分土层,多用于小型工程中。

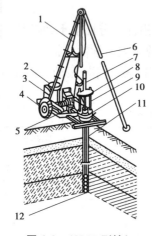

图 6.2　SH-30 型钻机

1—钢丝绳;2—汽油机;3—卷扬机;4—车轮;

5—变速箱及操纵把;6—四腿支架;7—钻杆;

8—钻杆夹;9—拨棍;10—转盘;11—钻孔;12—螺旋钻头

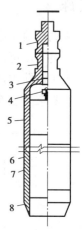

图 6.3　上提活阀式取土器

1—接头;2—连接帽;3—操纵杆;4—活阀;

5—余土管;6—衬筒;7—取土筒;8—筒靴

场地内布置的钻孔,一般分技术孔和鉴别孔两类。在技术孔中,按照不同土层、深度取原状土样,采用取土器采取原状土样,取土器上部封闭性能的好坏决定了取土器能否顺利进入土层提取土样。根据其上部封闭装置的结构形式,取土器可分为活阀式和球阀式两类,图6.3 所示为上提活阀式取土器。

6.3.4　触探

触探是指通过探杆用静力或动力将金属探头贯入土层,并量测各层土对触探头的贯入阻力大小的指标,从而间接地判断土层及其性质的一类勘探方法和原位测试技术。通过触探,可划分土层,了解土层的均匀性,也可估计地基承载力和土的变形指标。触探法不需要取原状土样,对水下砂土、软土等地基,更能显示其优越性。但触探法无法对地基土命名及绘制地质剖面图,无法单独使用,通常与钻探法配合,可提高勘察的质量。

1)静力触探

静力触探借静压力将触探头压入土层,再利用电测技术测得贯入阻力来判断土的力学性质。它具有连续、快速、灵敏、精确、方便等优点,在我国各地区得到广泛应用。

根据提供静压的方法,静力触探仪可分为机械式和液压式两类。液压式静力触探仪的主要组成部分如图6.4 所示。

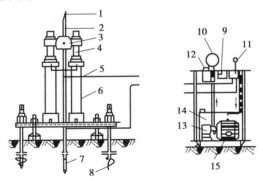

图 6.4　液压式静力触探仪

1—电缆;2—触探杆;3—卡杆器;4—活塞杆;5—油管;6—油缸;7—触探头;
8—地铺;9—节流阀;10—压力表;11—换向阀;12—倒顺开关;13—油泵;14—油箱;15—电动机

静力触探设备中的核心部分是触探头,探头在贯入的过程中所受的地层阻力通过其上贴的应变片转变成电信号并由仪表测量出来。探头按其结构可分为单桥探头、双桥探头和三桥探头3 类,如图6.5 所示。

在现场的触探实测完成后,进行其资料数据整理工作。有时候为了直观地反映勘探深度范围内土层的力学性质,可以绘制深度和阻力的关系曲线。地基土的承载能力取决于土体本身的力学性质,静力触探所得的指标在一定程度上反映了土的某些力学性质,根据触探资料可以估算土的承载能力等力学指标。

2)动力触探

动力触探一般是将标准质量的穿心锤提升至标准高度自由下落,将探头贯入地基土层标准深度,记录所需的锤击数值的大小,以此来判定土的工程性质的好坏。

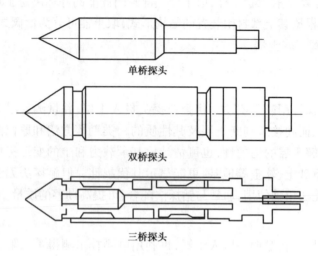

单桥探头

双桥探头

三桥探头

图 6.5　静力触探探头示意图

下面简要介绍标准贯入试验和轻便触探试验两种动力触探方法。

（1）标准贯入试验

标准贯入试验来源于美国,是一种在现场将质量为 63.5 kg 的穿心锤用钻机的卷扬机提升至 76 cm 高度,令穿心锤自由下落,将贯入器贯入土中,先打入土中 15 cm 不计锤数,以后打入土层 30 cm 的锤击数,即为标准贯入击数 N。当锤击数已经达到 50 击,而贯入深度未达 30 cm 时,可记录 50 击的实际贯入深度,按式(6.1)换算成相当于 30 cm 的记录标准贯入锤击数 N,并终止试验。

$$N = 30 \times \frac{50}{\Delta S} \tag{6.1}$$

式中:ΔS——50 击时的贯入度,cm。

标准贯入试验设备如图 6.6 所示。

标准贯入试验成果可对砂土、粉土、黏性土的物理状态,土的强度,变形参数,地基承载力,单桩承载力,砂土和粉土的液化,成桩的可能性进行评价。

（2）轻便触探试验

轻便触探试验的设备简单,如图 6.7 所示,其操作方便,适用于粉土、黏性土等地基,触探深度不超过 4 m。试验时,先用轻便钻具开孔至被测土层,然后以手提质量为 10 kg 的穿心锤,使其至 50 cm 高度自由落体,连续冲击,将锥头打入土中,记录贯入深度为 30 cm 的锤击数,称为 N_i。由标准贯入试验和轻便触探试验确定锤击数 N 和 N_i。轻便触探试验可用于确定地基土的承载能力,估计土的抗剪强度及变形指标。

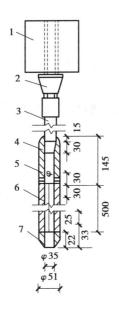

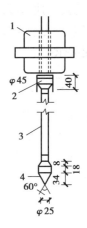

图6.6　标准贯入试验设备

1—穿心锤;2—锤垫;3—触探杆;4—贯入器头;5—出水孔;
6—由两半圆形管合并而成的贯入器身;7—贯入器靴

图6.7　轻便触探设备

1—穿心锤;2—锤垫;
3—触探杆;4—尖锥头

6.4　岩土工程的报告及应用

6.4.1　工程地质勘察报告的阅读

工程地质勘察报告包括很多对基础设计实际有用的内容。以下为重点关注的内容和数据:

①直接看结束语和结论中的持力层土质、地基承载力特征值、地基类型以及基础砌筑标高。从持力层土质提供的承载力特征值大小可以初步判断该土质的好坏。一般认为不小于180 kPa 的土为好土,低于180 kPa 的土可认为土质不好。天然地基无法满足要求时,可采用一些地基处理方式形成复合地基,提高地基的承载力。

②结合钻探点号看地质剖面图,并一次确定基础埋置标高。以报告中建议的最高埋深为起点,画一条水平线从左向右贯穿剖面图,看此水平线是否绝大部分落在报告所建议的持力层土质标高层范围内,以此确定基础埋深。对局部未进入持力层的小部分回填土,可在验槽时与勘察单位协商,采取局部清除,用级配砂石替换等方法处理。

③看结束语或建议中对存在饱和砂土和饱和粉土的地基是否有液化判别。这条很重要,若没有,要让勘察单位重新补充且明确液化判别。

④重点看两个水位——历年来地下水的最高水位和抗浮水位。历年来地下水的最高水位,在设计地下构件如地下混凝土外墙配筋时要用来计算外墙受到的水压力。当估计建筑物有可能抗浮不满足要求时,一般要用到抗浮水位。

⑤对结束语或建议中定性的预警语句,必要时将其转写进基础的一般说明中。例如,本

147

工程地下水位较高,基槽边界条件较为复杂,应妥善选择降水及基坑边坡支护方案,并在施工过程中加强观测,降水开始后需经设计人员同意方可停止等。

⑥了解结束语或建议中场地类别、场地类型、覆盖层厚度和地面下 15 m 范围内平均剪切波速,尤其是建筑场地类别,在电算时要用到。

⑦了解持力层土质下是否存在软弱下卧层。如果有,需验算一下软弱下卧层的承载力是否满足要求。

6.4.2　工程实例分析

本节通过工程实例及实例分析,系统地表达针对实际工程应提出的主要勘察要求,针对结构设计过程中所遇到的与勘察相关的实际问题,就其采用的方法展开分析,指出采用该方法的原因和适用条件并提出相关设计建议,以期对读者以有益的启示。

1)工程实例

(1)工程简介

①前言。

②近期目标和远期规划。

(2)地质条件

①场区工程地质条件概况。

②环区道路工程地质条件和水文地质条件。

③土层的物理力学性质。

(3)道路地质条件及地基处理

①地基处理的方法分类及适用范围。

②地基处理方案的选择和设计要求。

③环区道路工程的地基处理方案和建议。

(4)建筑地基及基础

①地基基础的设计依据。

②建筑地基基础分类和适用范围。

③建筑地基基础方案的选择和设计原则。

④浅基础。

⑤桩基础。

(5)检测与监测

①道路施工监控。

②道路路基质量监测。

③建筑物变形监测。

④建筑物地基基础监测。

(6)相关图表

相关图表见案例。

2)工程实例分析

①本例为说明新建大学城或大型工业园区等项目的开发主管部门,先期制订的本区域

地基处理及基础设计技术指南(提纲),其目的在于使读者对相关资料有接触性了解。

②前言部分可包括园区位置、周围自然环境等。

③一般情况下,对大型园区分期建设是必不可少的,在技术指南中应将近期目标和远期规划予以明确,便于技术上统筹考虑。

④园区地质条件,可以提供园区地质情况的大致变化规律,此部分内容属于可行性勘察阶段的工作内容,主要通过相关调查及对已有相关地质资料的分析,摸清园区范围内地质情况的主要分布规律和水文地质条件,为下阶段勘察和结构设计提供基础性资料,此研究报告与实际情况越吻合,对园区建设的指导意义就越大。

⑤大型园区建设往往投资大、周期长,采取分区域、分阶段合理选用安全可靠而经济实用的基础形式或地基处理方案,对节约建设投资意义重大。

例6.1 福建龙岩会展中心工程初步勘察说明

1)工程实例

(1)工程概况

本工程为集会议、展览和观演为一体的综合性大型公共建筑,地上5层(无地下室),结构最大高度45 m,总平面为椭圆形,长轴167 m,短轴122 m,总建筑面积5 000 m²,钢筋混凝土框架结构,总平面共分为6个温度区段,每区段结构长度约70 m。屋顶采用钢筋混凝土结构(局部采用钢桁架结构)。

与勘探相关的设计数据:框架柱的最大轴力设计值约22 500 kN。

(2)勘探孔的布置及孔深要求

①依据总平面布置,本次勘探共布置勘探孔21个(图6.8),其中控制性勘探孔7个(图中用实心圆表示),一般性勘探孔14个(图中以空心圆表示)。

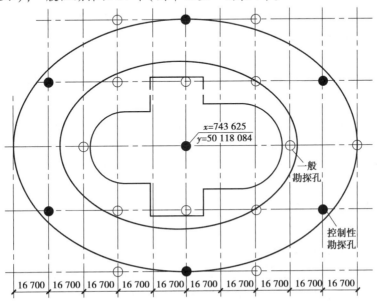

$x=743\ 625$
$y=50\ 118\ 084$

一般勘探孔

控制性勘探孔

16 700 16 700 16 700 16 700 16 700 16 700 16 700 16 700 16 700 16 700

图6.8 福建龙岩会展中心工程初步勘察布点图

②勘探孔的深度应根据场地的具体情况,适合本工程的基础形式并结合当地勘探经验确定。此处提供孔深的一般要求,供勘探单位参考选用。

一般勘探孔,孔深不宜小于 15 m;控制性勘探孔,孔深不宜小于 30 m,并不小于进入稳定基岩层内 3 m。

应特别注意,本工程框架柱下的地基承载力要求。孔深还应满足提供相应变形计算参数的要求。

依据《岩土工程勘察规范》(GB 50021—2001,2009 版)的规定,设计提供的勘探孔布设和孔深要求只可作为勘察单位确定勘察方案时的参考。上述勘探孔的布置和孔深,勘探单位认为有必要时,可结合当地具体情况与设计另行商定。

(3)勘察报告应提供的资料

①对地质灾害的危险性作评价,查明场地内有无影响建筑场地稳定性的不良地质条件及其危害程度。

②对建筑物范围内的地层结构及其均匀性作评价,提供各岩土层的物理力学性质(含各钻孔剖面图及相应图表)。

③地下水埋藏情况、类型和水位变化幅度及规律,以及对建筑材料的腐蚀性。

④明确对抗震有利、不利和危险地段,划分场地土类型和场地类别,并对饱和砂土及粉土进行液化判别,对地震安全性作评价。

⑤对可供采用的地基基础设计方案进行论证分析,提出经济合理的设计方案建议。

⑥提供与设计要求相对应的地基承载力及变形计算参数(当采用桩基时,还应提供桩基承载力及变形计算的相关技术指标和参数),并对设计和施工时应注意的问题提出建议。

⑦勘探报告的深度应满足相关规范及规程的要求。

(4)设计建议的勘探布点图

2)实例分析

①根据结构设计的现场调查,本工程地处龙岩山区,位于龙岩盆地中部涛溪Ⅰ级堆积阶地上(基岩为石灰岩且有岩溶发育的可能性大),可初步判断为地质条件复杂地区,提出分阶段勘察要求。

②对复杂地段的勘探,按规范要求从严确定勘探点线的间距,本工程控制勘探点间距为 30 m 左右。

③对复杂地段的勘探,按规范要求从严确定勘探点深度,本工程规定一般勘探孔的最小深度为 15 m,控制性勘探孔的最小孔深为 30 m。考虑受山坡基岩走向的影响,孔深控制较为困难,提出原则性补充要求,同时,考虑上部结构柱轴力变化很大,有采用单柱单桩的可能,要求勘探孔进入基岩层不小于 3 m。

④控制性勘探孔的数量应能把握本工程场地的全部地质状况,达到平面涵盖、不同地质条件涵盖的基本要求,同时应便于详细勘察阶段增补孔位。

⑤分阶段勘察的工程,在初步勘察孔布设时,应对本工程的全部勘察工作(初步勘察和详细勘察)有统一的考虑,便于今后详细勘察工作的开展(如本工程采用 30 m×33.4 m 线网布置,详细勘察时,可扩展为 15 m×16.7 m,或 30 m×16.7 m 及 15 m×33.4 m 线网)。

例6.2 莫斯科中国贸易中心初步勘察说明

1）工程实例

（1）工程概况

莫斯科中国贸易中心工程，建于莫斯科市，横跨威廉匹克大街，紧邻规划四环路和城市轻轨及地铁6号线的 BOTANICHESKY SAD 站，是集办公、商业、公寓及中国园林为一体的综合建筑群，总建筑面积20万 m^2。按功能和区域将总平面地块划分为3个地块，各区段主要功能及结构形式见表6.5。

表6.5　本工程功能区情况

地块划分	主要建筑	层数/层		建筑高度/m	主要结构形式	基础标高处的结构质量估算值/(kN·m^{-2})
		地下	地上			
1号地	接待中心	1	2	<15	钢筋混凝土框架结构	50
2号地	超高层塔楼	2	44	180	钢筋混凝土框架-筒体结构	900
	裙房	2	6	27	钢筋混凝土框架结构	160
3号地	高层公寓	2	22	87	钢筋混凝土框架-剪力墙结构	500
	商业租房	1	3	21	钢筋混凝土框架结构	100

（2）勘探孔的布置及孔深要求

①依据总平面布置，本次勘探共布置勘探孔37个，如图6.9所示，其中，控制性勘探孔10个（图中用实心圆表示），一般性勘探孔27个（图中以空心圆表示）。

②勘探孔的深度应根据场地的具体情况，适合本工程的基础形式并结合当地勘探经验确定，此处提供孔深的一般要求，供勘探单位参考选用。

a.一般勘探孔，超高层塔楼及高层公寓孔深不宜小于25 m，其他各处孔深不宜小于15 m。

b.控制性勘探孔，孔深不宜小于50 m，并不小于进入稳定基岩层内3 m。

应特别注意，勘探孔深度在满足本工程各区段不同的地基承载力要求的同时，还应满足提供相应变形计算参数的要求。

（3）勘察报告应提供下列资料

①对地质灾害的危险性作评价，查明场地内有无影响建筑场地稳定性的不良地质条件及其危害程度。

②对建筑物范围内的地层结构及其均匀性作评价，提供各岩土层的物理力学性质（含各钻孔剖面图及相应图表）。

③地下水埋藏情况、类型和水位变化幅度及规律，以及对建筑材料的腐蚀性。

④明确对抗震有利、不利和危险地段，划分场地土类型和场地类别，并对饱和砂土及粉土进行液化判别，对地震安全性作评价。

⑤确定地基土的冻胀性，提供季节性冻土的标准冻深及建议采用的防冻害措施。

⑥对可供采用的地基基础设计方案进行论证分析，提出经济合理的基础设计方案建议。

⑦提供与设计要求相对应的地基承载力及变形计算参数（当采用桩基时，还应提供桩基

承载力及变形计算的相关技术指标和参数),并对设计及施工时应注意的问题提出建议。

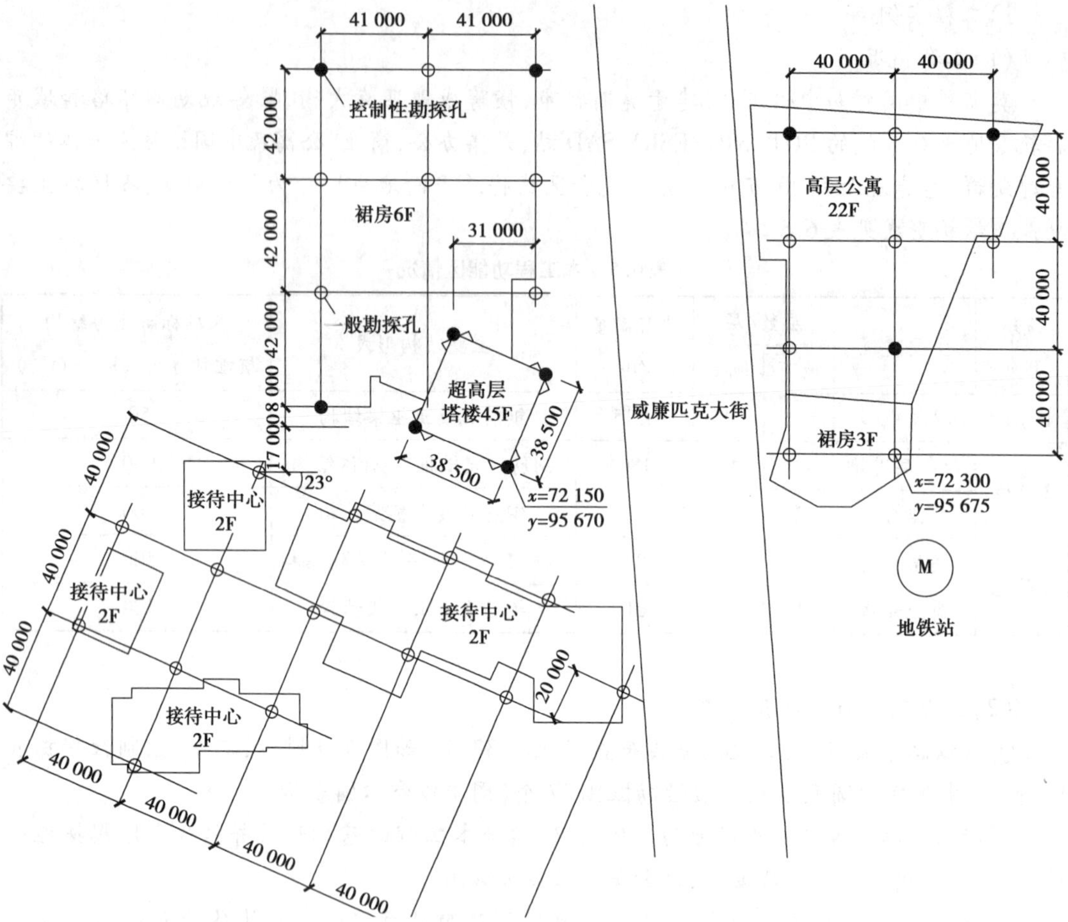

图 6.9 莫斯科中国贸易中心初步勘探布点图

(4)设计建议的勘探布点图勘探应执行的规范、规程和标准

①本次勘探及相应勘探文件应满足俄罗斯相关规范和标准的要求。

②本次勘探及相应勘探文件应满足中华人民共和国下列规范、规程的要求:

a. 中华人民共和国国家标准《岩土工程勘察规范》(GB 50021—2001,2009 版)。

b. 中华人民共和国行业标准《高层建筑岩土工程勘察规程》(JGJ/T 72—2017)。

(5)特别说明

①勘探报告文件的编制深度应同时满足中俄两国相关规范及规程的要求。

②依据我国规范的相关规定,设计提供的勘探孔布设和孔深要求只可作为勘察单位确定勘察方案时的参考。上述勘探孔的布置和孔深,勘探单位认为有必要时,可结合当地具体情况与设计另行商定。

③本工程实行分阶段勘察,详勘要求将根据本次初步勘察报告结合结构设计进程再适时补充勘察。

④本工程地基基础设计等级一级,勘察等级甲级。

⑤本勘察说明按中华人民共和国国家现行规范要求提出。

2) 实例分析

本工程为中方投资的境外工程,是中俄经济和文化交流的象征。

按业主要求,本工程应满足俄罗斯国家规范要求。由于历史的原因,使我们对俄罗斯建筑结构设计的了解严重滞后,对俄罗斯相关规范规程的了解深度远远不够,目前情况下远不可能实现按俄罗斯规范进行结构设计的要求,为此,采取中方按中国规范设计,寻求俄罗斯相关设计单位对中方的结构设计进行复核性审查,中方按俄方的审查意见进行设计修改,最后达到满足俄罗斯规范的目的。

①本工程采用两个阶段勘察,分初步勘察和详细勘察,其主要原因如下:

a.考虑本工程的重要性、各区段建筑规模的大小和各主要建筑高度悬殊较大的实际情况。

b.考虑中方结构设计人员对场地情况了解不深的实际情况,采用分阶段勘察,能应对各种可能出现的场地情况,并根据初勘所得的场地实际情况,有针对性地提出详勘要求,弥补因初勘不合理而造成的不足,避免出现分阶段勘察给结构设计带来的波动。

c.考虑适当减少勘察费用,避免不合理勘察造成的损失。

②由于采用分阶段勘察,从而大大降低了对初步勘察的勘探点布置及孔深的准确性要求,可以根据工程的重要性程度和地基基础等级等情况综合确定。

③考虑本工程超高层塔楼和高层公寓的建筑高度明显高于其他建筑,在一般性勘探孔的孔深要求中予以体现。考虑控制性勘探孔为摸清场地的主要特性,通过调整控制性勘探孔的布置(在超高层塔楼和高层公寓平面范围内,适当增加控制性勘探孔的数量,适当减少其他各处控制性勘探孔的布置)来实现。

④根据设计的进展情况,接待中心平面及布局有调整的可能性,钻探孔平面布置需考虑上述因素。

⑤勘探孔的间距控制在40 m左右,控制性勘探孔深为50 m(可按地基变形计算深度公式确定,超高层塔楼取边长为45 m的正方形平面计算)。

⑥对涉外工程,明确设计依据和要求是必要的,同时还应考虑国内习惯做法在国外的适用性问题。

例6.3 福建龙岩会展中心工程详细勘察说明

1) 工程实例

(1) 工程概况

工程概况同本节例6.1。

(2) 勘探孔的布置及孔深要求

①依据总平面布置,本次勘探共布置勘探孔58个,其中,控制性勘探孔10个(图中用实心圆表示),一般性勘探孔48个(图中以空心圆表示)。

②勘探孔的深度应根据场地的具体情况,适合本工程的基础形式并结合当地勘探经验确定,此处提供孔深的一般要求,供勘探单位参考选用。

a.一般勘探孔,孔深不宜小于20 m。

b.控制性勘探孔,孔深不宜小于30 m,并不小于进入稳定基岩层内3 m。

依据《岩土工程勘察规范》(GB 50021—2001,2009版)规定,设计提供的勘探孔布设和孔深要求只可作为勘察单位确定勘察方案时的参考。上述勘探孔的布置和孔深,勘探单位认为有必要时,可结合当地具体情况与设计另行商定。

③勘探孔布置如图6.10所示,图中以空心三角形表示初勘一般性勘探孔,实心三角形表示初步勘控制性勘孔。

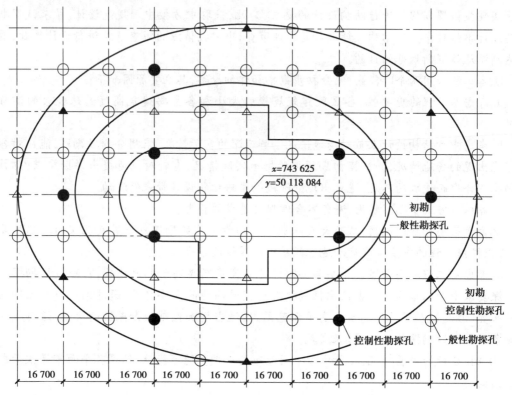

x=743 625
y=50 118 084

初勘
一般性勘探孔

初勘
控制性勘探孔

控制性勘探孔   一般性勘探孔

16 700 16 700 16 700 16 700 16 700 16 700 16 700 16 700 16 700 16 700

图6.10 龙岩会展中心详细勘探孔平面布置图

(3)勘察报告应提供下列资料

①对地质灾害的危险性作出评价,查明场地内有无影响建筑场地稳定性的不良地质条件及其危害程度。

②对建筑物范围内的地层结构及其均匀性作出评价,提供各岩土层的物理力学性质(含各钻孔剖面图及相应图表)。

③地下水埋藏情况、类型和水位变化幅度及规律,以及对建筑材料的腐蚀性。

④明确对抗震有利、不利和危险地段,划分场地土类型和场地类别,并对饱和砂土及粉土进行液化判别,对地震安全性作出评价。

⑤确定地基土的冻胀性,提供季节性冻土的标准冻深及建议采用的防冻害措施。

⑥对可供采用的地基基础设计方案进行论证分析,提出经济合理的基础设计方案建议。

⑦提供估算的地基最终沉降量。

⑧勘探报告的深度应满足相关规范及规程的要求。

(4)本工程结构设计采用经审查合格后的勘察报告

①本项目岩土工程勘察工作是按国家现行有关勘察规范进行的。勘察工作布置合理,

钻孔深度控制适当,取样数量及试验项目符合规范要求。审查评定为合格。

②通过本次勘察,已查明了拟建场地的工程地质条件。报告内容齐全,场地稳定性及建筑适宜性评价正确,持力层选择合理,建议的基础形式符合场地实际,报告中提出的各项参数可靠。报告符合规范规定,满足业主委托要求。

③该报告经送××市勘察质量施工图审查机构审查合格后,可提交设计、施工、监理使用。

2) 实例分析

①本工程初步勘察报告揭示的基本情况。

a. 地表以下依次为耕土层、淤泥质黏土夹砂层、砾砂层、含卵石粉质黏土层、含角砾粉质黏土层、黏土层、粉质黏土层、微风化石灰岩基岩(部分地段分布有"开口形"溶洞填充物)。典型地质剖面如图6.11所示,场地岩土层的岩性变化较大,层位较不稳定,土层相互交错重叠,下伏石灰岩顶面起伏变化较大(相邻钻孔水平距离30 m,而岩层顶面最大高差达24.7 m,岩层顶面坡度接近40°)。

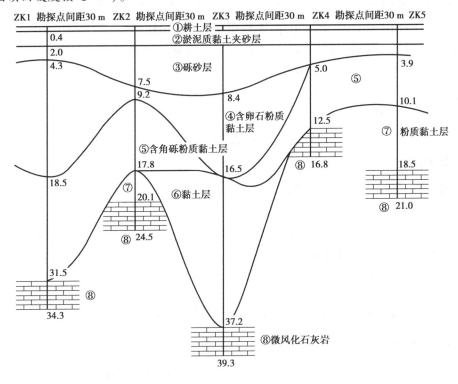

图6.11　初步勘察揭示的典型地质剖面图

b. 初步勘察报告揭示的情况验证了初勘之初对本工程场地复杂程度的基本判断(场地位于地质条件复杂地区),本工程实行分阶段勘察是必要的,提出详细勘察阶段的勘察要求。

②根据初步勘察报告提供的建议,本工程基础可采用天然地基及钻孔灌注桩基础。提供详细勘察要求时,上部结构设计正在进行,基础形式倾向于采用桩基础。按采用桩基础的详细勘察要求确定本工程的详细勘探要求。

③考虑本工程桩基持力层为石灰岩层,且场区持力层为岩溶地貌,详细勘察应最大限度

地摸清岩溶分布情况,同时柱网布置尚有一定的不确定性,且基础形式尚未最后确定,最终将根据详细勘察报告和基础选型情况,确定是否进行施工勘察。

6.5 与勘察相关的常见设计问题分析

本节针对结构设计过程中常出现的与勘察相关的设计问题展开讨论,分析出现问题的主要原因,指出解决问题的办法,并提醒读者注意勘察深度与地基主要受力层范围的关联性,避免在设计工作中出现类似问题。

6.5.1 无勘察报告时的结构设计

1)原因分析

①工程场地条件复杂多变、不直观,且对结构设计影响重大,拟建场地的工程地质勘察报告是结构设计的重要依据,结构设计必须采用经审查合格的拟建场地勘察报告。

②建设单位的进度要求、工期紧张,不能作为无勘察设计的理由。

③相邻建筑的勘察报告可作为结构设计的参考资料,不能作为设计依据。

④无勘察报告时的结构施工图设计,常造成结构设计的下列后果:

a.给结构设计带来安全隐患。

b.造成结构设计浪费。

c.造成结构设计返工,从而影响整个工程进度。

2)设计建议

①无勘察报告时,不宜进行结构的施工图设计。

②无勘察报告时,不应进行高层结构的施工图设计。

③结构施工图设计应采用经过审查合格的勘察报告,避免造成设计返工影响工程进度。

④工程进度需要且无拟建场地的工程勘察报告时,可参考相邻建筑的勘察报告或根据地质调查结果,进行结构的初步设计。

6.5.2 勘探点位置不满足要求时的结构设计

1)原因分析

①建筑功能的改变及建筑平面的变动,使得原勘探点的位置不再能满足结构设计要求。

②钻孔位置不准确或数量不满足要求时,将影响对场地均匀性的判断。当为复杂场地时,将影响对场地异常情况的分析和判别,给设计和施工留下隐患。

2)设计建议

①对多层建筑,可要求原勘察单位提供勘察咨询报告,并通过施工图审查要求。

②对高层建筑,应提出相应的补勘要求。

③对均匀场地的建筑,当勘察点布置与建筑平面位置相差不大于 2 000 cm(或不大于20 m)时,可不提出补勘要求。

6.5.3 勘探孔深度不满足要求时的结构设计

1)原因分析

①建筑功能的改变,如增设地下室等。

②基础形式的改变,如原结构采用天然地基,最终需采用桩基础时。

③对主要受力层深度预估不足,导致勘察深度不满足结构设计要求。

④钻孔深度不足时,无法满足地基变形验算要求,当持力层下存在软弱下卧土层时,无法进行较为准确的下卧层验算。

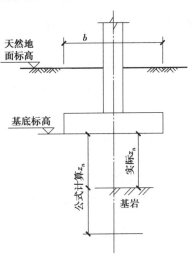

图6.12 z_n 取值图(基岩表面)

2)设计建议

勘察阶段可根据地基主要受力层深度确定相应的勘察深度。《建筑地基基础设计规范》(GB 50007—2011)中规定:当无相邻荷载影响,基础宽度在 1 ~ 30 m 范围内时,基础中点的地基变形计算深度可按简化式(6.2)进行计算。在计算深度范围内存在基岩时,z_n 可取至基岩表面(图6.12);当存在较厚的坚硬黏性土层,其孔隙比小于0.5、压缩模量大于 50 MPa,或存在较厚的密实砂卵石层,其压缩模量大于 80 MPa 时,z_n 可取至该层土表面(图6.13、图6.14)。

$$z_n = b(2.5 - 0.4 \ln b) \tag{6.2}$$

式中:b——基础宽度,m。

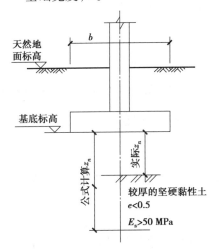

图6.13 z_n 取值图(孔隙比小于0.5、压缩模量大于50 MPa)

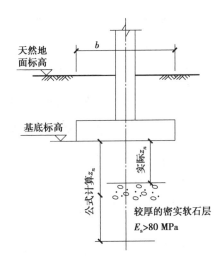

图6.14 z_n 取值图(压缩模量大于80 MPa)

6.5.4 加固加建工程未进行地基评价

1)原因分析

旧有建筑的加固改造工程,采用原设计的地质勘察报告。

2)设计建议

①当加固加建引起的基础底面压力标准值增加幅度不超过地基承载力特征值10%时，可根据《建筑抗震鉴定标准》(GB 50023—2009)考虑地基土长期压密对承载力的提高作用。

②当加固加建引起的基础底面压力标准值增加幅度超过地基承载力特征值10%时，应提出进行地基评估要求，由有资质的评估单位提出相应的评估报告，并通过施工图审查。

6.5.5 结构设计采用未通过施工图审查的勘察报告

1)原因分析

①为缩短设计周期，采用未通过审查的勘察报告，给结构设计带来修改的风险。

②设计单位未及时提醒建设方进行勘察报告的超前审查。

2)设计建议

①勘察报告的审查属于施工图审查的内容，但作为结构设计依据性文件的勘察报告，应提前按施工图审查要求进行审查，避免施工图设计的返工。

②设计单位应在适当时机提出进行勘察报告的超前审查要求，为施工图设计创造条件。

6.5.6 勘察报告中未提出建议采用的基础方案

1)原因分析

①工程场地具有很强的地域性和隐蔽性，不同区域场地条件差别很大，勘察单位的工作性质决定其比设计单位更清楚地了解地质情况和地质变化，对地基基础的设计建议更具针对性。

②合理的地基基础方案，需要注册结构工程师和注册岩土工程师的密切配合。

2)设计建议

当勘察报告中未明确基础方案时，应建议勘察单位出具补充说明予以明确。

6.5.7 地下水位较高时，勘察报告中未明确提出防水设计水位和抗浮设计水位或抗浮设计水位明显不合理

1)原因分析

①防水设计水位和抗浮设计水位是结构设计中的两个重要设计参数，对地下室结构的费用影响较大(尤其是抗浮设计水位)。

②《建筑工程抗浮技术标准》(JGJ 476—2019)5.3.1规定，抗浮设计水位确定时应综合分析下列资料和成果:抗浮工程勘察报告提供的抗浮设防水位建议值;设计使用年限内场地地下水水位预测咨询报告;地下水水位长期观测资料，近5年和历史最高水位及其变化规律;场地地下水补给与排泄条件，地下水水位年变化幅度;洼地淹没、潮汛变化的影响等。

以上这些资料，各勘察单位根据各自的理解和当地经验确定，有些资料查阅到的难度较大，差别较大。

③抗浮设计水位是勘察单位根据已有水文地质资料，对结构使用期内(如未来50年或

100年)工程所在地的地下水浮力设计水位作的判断,抗浮设计水位只能进行事后验证,无法进行即时验证,受勘探资料数量及准确性的影响,其抗浮设计水位的准确性各不相同。

2)设计建议

《建筑工程抗浮技术标准》(JGJ 476—2019)3.0.5条规定:抗浮设计等级为甲级,水文地质条件比较复杂的乙级及场地岩土工程勘察文件不满足抗浮设计和施工要求时,应进行专项勘察。其条文解释中说明:有些勘察报告提供的抗浮设计水位建议值仅根据勘测期间的地下水状况进行推测,缺少翔实的资料依据。设计人员应明确把握抗浮设计的意义和作用,对不满足抗浮设计要求的岩土工程勘察报告,应要求予以补充甚至进行专项勘察。

项目小结

本项目主要要求学生做到以下几点:
①了解工程地质勘察的阶段、分级及目的。
②掌握工程地质勘察的内容和方法,其中工程地质勘察的内容包括可行性研究勘察、初步勘察、详细勘察及施工勘察。勘察方法包括坑探、钻探和触探3种。
③通过工程实例分析,掌握阅读和使用工程地质勘察报告。

习　题

简答题

1.工程地质勘察的任务是什么?

2.工程地质勘察分哪3个阶段?

3.勘察为什么要分段进行? 详细勘察阶段要完成哪些工作?

4.建筑场地勘察常用的勘探方法有哪几种? 动力触探有哪几种?

5.工程地质勘察报告一般应包括哪些内容?

项目 7
浅基础工程

项目导读

建筑物由上部结构和下部结构两部分组成。下部结构是指埋置于地下的部分,也就是基础。基础将结构所承受的各种作用传递到地基上。地基是指建筑物下面支承基础的土体或岩体。

基础根据埋置深度不同可分为浅基础和深基础。通常把埋置深度不大,施工方法比较简单的基础称为浅基础。在天然地基上修建浅基础,其施工简单,造价较低,在保证建筑物安全和正常使用前提下,应首先选用天然地基上浅基础方案。

7.1 基础工程概述

7.1.1 地基基础的重要性与复杂性

1)地基基础的重要性

地基基础是建筑物的根基,若地基基础不稳固,将危及整个建筑物的安全。地基基础的工程量、造价和施工工期,在整个建筑工程中占相当大的比重,尤其是高层建筑或软弱地基,有的工程地基基础的造价超过主体工程总造价的 $1/4 \sim 1/3$。建筑物的基础是地下隐蔽工程,工程竣工验收时已经埋在地下,难以检验,地基基础事故的预兆不易察觉,一旦失事,难以补救。

2)地基基础的复杂性

上部结构的荷载是通过基础传递给下面土层的,基础具有承上启下的作用:一方面,基础底面的基底压力作用在地基上,使地基产生应力和变形;另一方面,基础底面的地基反力作用在基础上,在和上部荷载的共同作用下,基础产生内力和变形。在基础设计时,除了必须保证基础结构本身具有足够的强度和刚度,还需选择合理的基础尺寸和布置方案,使地基的反力和沉降在容许的范围以内,基础设计又常称为地基基础设计。在基础施工时,要秉持严谨的态度,严格按照施工图纸以及地勘资料的要求进行施工,保证基础的安全。

7.1.2　地基基础设计等级

地基基础设计应根据地基复杂程度、建筑物规模和功能特征以及由地基问题可能造成建筑物破坏或影响正常使用的程度分为 3 个设计等级,设计时应根据具体情况,按表 7.1 选用。

表 7.1　地基基础设计等级

设计等级	建筑和地基类型
甲级	重要的工业与民用建筑物 30 层以上的高层建筑 体型复杂,层数相差超过 10 层的高低层连成一体的建筑物 大面积的多层地下建筑物(如地下车库、商场、运动场等) 对地基变形有特殊要求的建筑物 复杂地质条件下的坡上建筑物(包括高边坡) 对原有工程影响较大的新建建筑物 场地和地基条件复杂的一般建筑物 位于复杂地质条件及软土地区的二层及二层以上地下室的基坑工程 开挖深度大于 15 m 的基坑工程 周边环境条件复杂、环境保护要求高的基坑工程
乙级	除甲级、丙级以外的工业与民用建筑物 除甲级、丙级以外的基坑工程
丙级	场地和地基条件简单、荷载分布均匀的 7 层及 7 层以下民用建筑及一般工业建筑 次要的轻型建筑物 非软土地区且场地地质条件简单、基坑周边环境条件简单、环境保护要求不高且开挖深度小于 5 m 的基坑工程

7.1.3　地基基础方案的类型

设计地基基础,第一步应有针对性地选择地基基础方案。目前,工程界采用的各种方案,可归纳为 4 种类型,如图 7.1 所示。

1)天然地基上浅基础

当建筑场地土质均匀、坚实,性质良好,地基承载力特征值较大时,可直接作为一般多层建筑物的地基,此时基础称为天然地基上浅基础,如图 7.1(a)所示。

2)人工地基

如遇建筑地基土层软弱、压缩性高、强度低,无法承受上部结构荷载时,需经过人工加固处理后作为地基,称为人工地基。例如,某大型重工业厂房,荷载大,地基为淤泥质软弱土,承受不了上部荷载,采用整层人工换填土,如图7.1(b)所示。地基处理的方法有很多,如强夯法、换土法、预压法等。

3)桩基础

当建筑地基上部土层软弱,深层土质坚实时,可采用桩基础。上部结构荷载通过桩基础穿过软弱土层,传到下部坚实土层。例如,某文化中心位于小河北侧,地基中存在淤泥质土,宜采用桩基础到达良好的土层,如图7.1(c)所示。

4)深基础

若上部结构荷载很大,一般浅基础无法承受,或相邻建筑不允许开挖基槽施工以及有特殊用途和要求时,可采用深基础。这时往往采用特殊的结构和专门的施工方法,常用的深基础有沉井、箱桩基础和地下连续墙等,如图7.1(d)所示。

以上4种基础方案类型,天然地基上浅基础技术简单、工作量小、施工方便、造价低廉,应当优先选用。只有在天然地基浅基础无法满足工程的安全和正常使用要求时,才考虑其余方案类型。

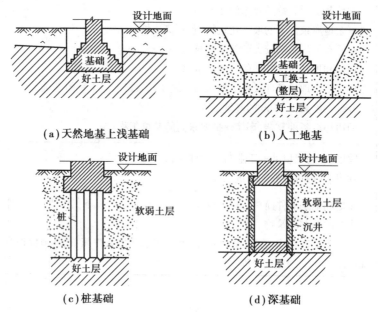

图7.1 地基基础的类型

7.1.4 基础埋深

基础的埋深是指基础底面到天然地面的垂直距离。基础为什么要有一定的埋深?首先,为了防止基础日晒雨淋、人来车往等造成基础损伤。其次,选择合适的基础埋深关系地基的稳定性、施工的难易程度、工期的长短以及造价的高低等。选择合适的基础埋深非常重要。

1)地基埋深基本要求

①在满足地基稳定和变形要求的前提下,当上层地基的承载力大于下层土时,宜利用上层土作持力层。除岩石地基外,基础埋深不宜小于0.5 m。

②高层建筑基础的埋深应满足地基承载力、变形和稳定性要求。位于岩石地基上的高层建筑,其基础埋深应满足抗滑稳定性要求。

③在抗震设防区,除岩石地基外,天然地基上的箱形和筏板基础其埋深不宜小于建筑物高度的1/15;桩箱或桩筏基础的埋深(不计桩长)不宜小于建筑物高度的1/18。

④基础宜埋置在地下水位以上,当必须埋在地下水位以下时,应采取地基土在施工时不受扰动的措施。当基础埋置在易风化的岩层上,施工时应在基坑开挖后立即铺筑垫层。

⑤当存在相邻建筑物时,新建建筑物的基础埋深不宜大于原有建筑基础。当埋深大于原有建筑基础时,两基础间应保持一定净距,其数值应根据建筑荷载大小、基础形式和土质情况确定。

2) 建筑物的用途和地下设施的影响

基础埋深的选择取决于建筑物的用途,有无地下室、设备基础和地下设施,基础的类型和构造等条件。为了保护基础,基础顶面一般不露出地面,要求基础顶面低于地面至少0.1 m;如果有地下室、设备基础和地下设施,基础的埋深要结合建筑设计标高的要求确定。

对不均匀沉降较敏感的建筑物,如层数不多而平面形状较复杂的框架结构,应将基础埋置在较坚实和厚度比较均匀的土层上。

如果在基础范围内有管线等地下设施,基础的顶面原则上应低于这些设施的底面,否则应采取有效措施消除不利影响。

3) 作用在地基上的荷载的影响

一般上部结构荷载大,则基底面积也较大,同时埋深也将适当增大,长期受较大水平荷载或位于坡顶、坡面上的基础应有一定的埋深,以确保基础的稳定性。当这类基础建筑位于岩石地基土时,基础埋深还应满足抗滑要求。对受有上拔力的结构(如输电塔)基础,也要求有较大的埋深,以满足抗拔要求。

4) 工程地质和水文地质条件的影响

工程地质条件往往对基础方案起着决定性的作用。应当选择地基承载力高的坚实土层作为地基持力层,由此确定基础的埋深。在实际工程中,常遇到地基上下各层土软硬不相同,这时应根据岩土工程勘察成果报告的地质剖面图,分析各土层的深度、层厚、地基承载力大小及压缩性高低,结合上部结构情况进行技术及经济比较,确定最佳的基础埋深方案。

当地基持力层倾斜或建(构)筑物各部分使用要求不同,或地基土质变化大,要求同一建筑物各部分基础埋深不相同时,基础可做成台阶形,由浅向深逐步过渡,台阶的高宽比一般为1:2,每级台阶高度不超过50 cm,如图7.2所示。

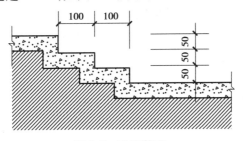

图7.2　阶形基础

有地下水存在时,基底应尽量埋于地下水位以上,否则应处理好基础的防蚀问题,以及一系列的施工问题,如基坑的排水、护壁和是否会出现流砂等。若必须埋在地下水位以下时,应采取地基土在施工时不受扰动的措施。

5)相邻建筑物的基础埋深的影响

在城市房屋密集的地方,为了保证在新建建筑物施工期间相邻的原有建筑物的安全和正常使用,新建建筑物的基础埋深不宜大于相邻原有建筑物的基础埋深。若新建建筑物基础埋深一定要超过原有建筑物时,为了避免新建建筑物对原有建筑物的影响,两基础间应保持一定的净距。其距离应根据原有建筑物荷载大小、基础形式和土质条件而定。一般取相邻两基础底面高差的 1~2 倍,如图 7.3 所示。若上述要求不能满足,应采用分段施工,设临时加固支撑、打板桩、水泥搅拌桩挡墙或地下连续墙等施工措施,或加固原有建筑物地基。

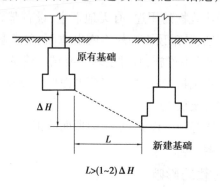

图 7.3　埋深不同的相邻基础

6)地基土冻胀和融陷的影响

地面下一定深度的土温,随大气温度而变。当地温降至摄氏零度以下,土体便会因土中水冻结而形成冻土。冻土有季节性冻土和多年冻土。季节性冻土较普遍,其特点是冬季冻结、夏季全部融化,而多年冻土则常年处于冻结状态,且冻结连续 3 年以上。

土层冻结时,形成冰晶体,土体膨胀隆起,形成冻胀现象。夏季土层温度升高,冰晶体融化,土体软化,含水量增大,承载力降低,建筑物下陷,形成融陷现象。季节性冻土每年冻胀、融陷,如此反复且多不均匀,使建筑物开裂、倾斜,严重威胁着建筑物的稳定和安全。

土的冻结不一定会产生冻胀,冻胀土冻胀的程度不一样。《建筑地基基础设计规范》(GB 50007—2018)根据冻胀对建筑物的危害程度,将地基土分为不冻胀、弱冻胀、冻胀、强冻胀和特强冻胀 5 类,并且规定了季节性冻土地基的场地冻结深度。

季节性冻土地区基础埋深宜大于场地冻结深度。对深厚季节冻土地区,当建筑基础底面土层为不冻胀、弱冻胀、冻胀土时,基础埋深可以小于场地冻结深度,基底允许冻土层最大厚度应根据当地经验确定。没有地区经验时,可按《建筑地基基础设计规范》(GB 50007—2018)附录 G 查取。此时,基础最小埋深 d_{min} 可计算为

$$d_{min} = z_d - h_{max} \tag{7.1}$$

式中:h_{max} ——基础底面下允许冻土层的最大厚度,m。

7.2 认识浅基础

认识浅基础

浅基础根据形状和大小可分为独立基础、条形基础(包括十字交叉条形基础)、筏板基础及箱形基础等。浅基础根据基础所用材料的性能可分为无筋扩展基础和钢筋混凝土扩展基础。

7.2.1 无筋扩展基础(刚性基础)

无筋扩展基础所用的材料均为脆性材料,一般由砖、混凝土或毛石混凝土、灰土等组成,且不配置钢筋。此类基础有较好的抗压性能,但抗拉、抗剪、抗弯强度不高,受荷后基础不允许变形和开裂,设计时必须规定基础材料强度、限制基础台阶的高宽比等,习惯上将此类基础称为刚性基础。

刚性基础可用于6层和6层以下(三合土基础不宜超过4层)的民用建筑和砌体承重的厂房。刚性基础可分为墙下刚性条形基础和柱下刚性独立基础,如图7.4所示。

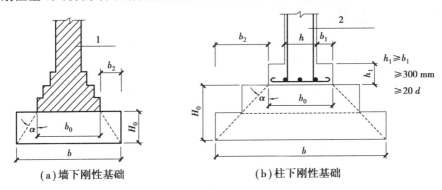

(a)墙下刚性基础　　　　　(b)柱下刚性基础

图7.4　无筋扩展基础构造示意

d—柱中纵向钢筋直径;1—承重墙;2—钢筋混凝土柱

为施工方便,刚性基础通常做成台阶形。各级台阶的内缘与刚性角 α 的斜线相交,如图7.5(a)所示是安全的。若台阶拐点位于斜线之外,如图7.5(b)所示则不安全。无筋扩展基础破坏情况如图7.6所示。

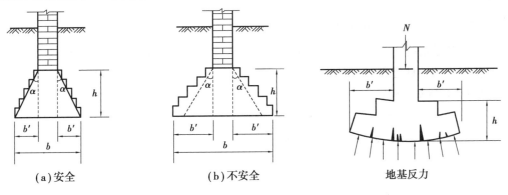

(a)安全　　　　　　　(b)不安全　　　　　　地基反力

图7.5　无筋扩展基础(刚性基础)图　　　图7.6　无筋扩展基础受力破坏简图

165

刚性基础的特点是稳定性好、施工简便,能承受较大的荷载。它的缺点是自重大,并且当持力层为软弱土时,其扩大基础面积有一定限制,需要对地基进行处理或加固后才能采用,否则会因所受的荷载压力超过地基强度而影响结构物的正常使用。对荷载大或者上部结构对沉降差较为敏感的结构物,当持力层的土质较差而又较厚时,刚性基础作为浅基础是不适宜的。刚性基础按材料可分为以下5类:

1)砖基础

在缺乏石料、气候干燥和温暖地区,常用砖作基础。砖基础的特点是取材容易、价格低廉、施工简便、适应面广,但强度、耐久性、抗冻性和整体性均较差。砖的标号不低于 MU10,砌筑砂浆强度等级不低于 M5。砖基础剖面为阶梯形,称为"大放脚",如图 7.7 所示。一般在坑底先做 100 mm 厚 C10 的混凝土垫层,"大放脚"从垫层上开始砌筑,为保证基础在地基反力作用下,外挑部分不致发生破坏,应采取等高式和间隔式砌筑法。

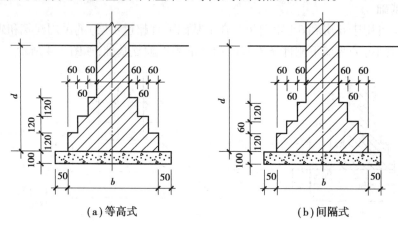

(a)等高式   (b)间隔式

图 7.7　砖基础

2)毛石基础

毛石,是指未经加工凿平的石料。石料应使用硬质岩石,禁用风化毛石。毛石应错缝搭接砌筑,缝隙砂浆要饱满。毛石间间隙较大,如果砂浆黏结性能较差,则不能用于多层建筑物,且不宜用于地下水位以下。在山区毛石取材容易,施工也较简单,使用广泛。毛石基础如图 7.8 所示。

3)混凝土基础及毛石混凝土基础

混凝土基础的抗压强度、耐久性和抗冻性均较砖和毛石基础好,常用于荷载较大或位于地下水位以下的墙柱处,其强度等级一般为 C15,严寒地区不小于 C20。为了节省水泥,可在混凝土中掺入 25% ~ 30% 体积的毛石,即毛石混凝土基础。石块尺寸不宜超过 300 mm,质量要好且应冲洗干净,先坐浆再铺毛石,石间应留不小于 100 mm 的间隙,缝隙应灌满混凝土并捣实。混凝土基础及毛石混凝土基础是最常用的基础类型,如图 7.9、图 7.10 所示。

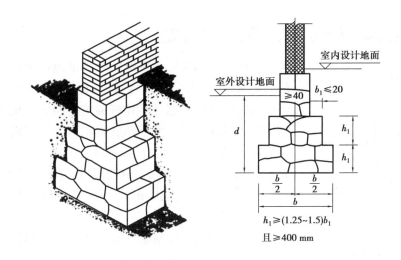

图7.8　毛石基础

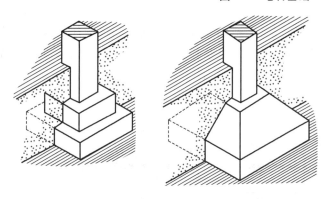

图7.9　混凝土基础

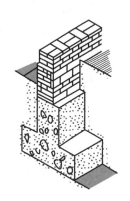

图7.10　毛石混凝土基础

4)灰土基础

我国采用灰土作基础材料或垫层,已有一千多年历史,效果良好。中小工程可用灰土材料作基础。灰土基础由熟化后的石灰和土料按比例混合而成,其体积配合比一般为3:7或2:8,常用三七灰土(即体积比,三分石灰、七分黏性土),搅拌均匀,分层压实。所用石灰在使用前加水,焖成熟石灰粉末,并需过5 mm的筛子。土料宜就地取材,以粉质黏土为好,应过15 mm筛,含水率接近最优含水率。灰土的强度与夯实密度有关,施工质量要求最小干密度$\rho_d \geqslant 1.45 \sim 1.55$ t/m^3。合格灰土的承载力可达250~300 kPa。灰土的缺点是早期强度低、抗水性差、抗冻性也较差,尤其在水中硬化很慢。灰土作基础材料,通常只适用于地下水位以上。

5)三合土基础

三合土是由石灰、砂和骨料(碎石、碎砖或矿渣等)按体积比1:2:4或1:3:6配合比,加入适量的水配置而成。分层夯实时,第1层应铺220 mm,以后每层为200 mm,每层均夯实成150 mm厚。三合土基础厚度不小于300 mm,宽度不小于700 mm。三合土基础强度低,一般用于地下水位较低的4层或4层以下的民用建筑。

7.2.2 钢筋混凝土扩展基础(柔性基础)

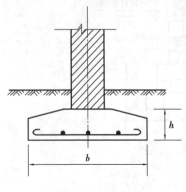

图 7.11 扩展基础

当刚性基础的尺寸不能同时满足地基承载力和基础埋深的要求时,则需采用柔性基础,即钢筋混凝土扩展基础。钢筋混凝土扩展基础具有较好的抗剪能力和抗弯能力。钢筋混凝土基础可用扩大基础底面积的方法来满足地基承载力的要求,但不必增加基础的埋深。钢筋混凝土基础主要有独立基础、条形基础、筏板基础和箱形基础等类型。其抗弯、抗剪性能好,且不受刚性角的限制,可以满足"宽基浅埋"的要求,如图 7.11 所示。

钢筋混凝土扩展基础一般分为柱下钢筋混凝土独立基础和墙下钢筋混凝土条形基础。

1)柱下钢筋混凝土独立基础

柱下钢筋混凝土独立基础通常有现浇台阶形基础、现浇锥形基础和预制柱的杯口形基础,其构造形式如图 7.12 所示。杯口形基础可分为单肢和双肢杯口形基础,低杯口形和高杯口形基础。

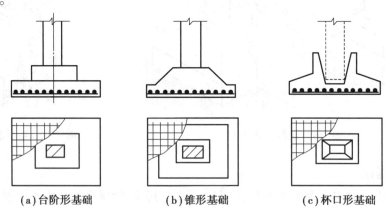

(a)台阶形基础　　　　(b)锥形基础　　　　(c)杯口形基础

图 7.12 柱下钢筋混凝土独立基础

2)墙下钢筋混凝土条形基础

墙下钢筋混凝土条形基础可分为不带肋和带肋两种,如图 7.13 所示。如果地基土质分布不均匀,在水平方向上的压缩性差异较大,为了增强基础的整体性和纵向抗弯能力,减小不均匀沉降,可采用带肋式墙下钢筋混凝土条形基础。

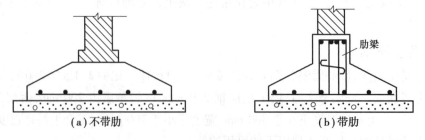

(a)不带肋　　　　　　　　　　　(b)带肋

图 7.13 墙下钢筋混凝土条形基础

7.2.3　钢筋混凝土条形基础

钢筋混凝土条形基础可分为墙下钢筋混凝土条形基础、柱下钢筋混凝土条形基础和十字交叉钢筋混凝土条形基础。

1)墙下钢筋混凝土条形基础

此种类型的条形基础为钢筋混凝土扩展基础的一种。

2)柱下钢筋混凝土条形基础

当地基承载力较低,且柱下钢筋混凝土独立基础的底面积不能承受上部结构荷载的作用时,常把若干柱子的基础连成一条,从而构成柱下钢筋混凝土条形基础。设置柱下钢筋混凝土条形基础的目的在于将承受的集中荷载较均匀地分布到条形基础底面积上,以减小地基反力,并通过形成的基础整体刚度来调整可能产生的不均匀沉降,把一个方向的单列柱基连在一起便成为单向条形基础,如图 7.14 所示。

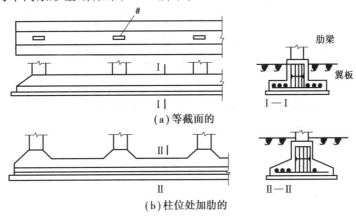

图 7.14　柱下钢筋混凝土条形基础

3)十字交叉钢筋混凝土条形基础

当单向条形基础的底面积仍不能承受上部结构荷载的作用时,可把纵横柱的基础均连在一起,从而成为十字交叉钢筋混凝土条形基础,如图 7.15 所示。十字交叉钢筋混凝土条形基础在纵横方向均有较好的刚度,当地基土软弱且在两个方向的荷载和土质不均匀时,其具有良好的调整不均匀沉降的能力。

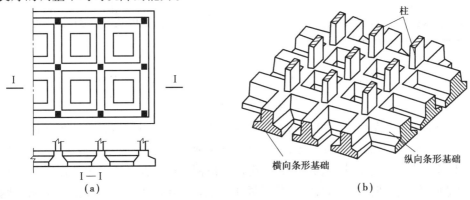

图 7.15　十字交叉钢筋混凝土条形基础

7.2.4　筏板基础

当地基承载力低,而上部结构的荷重又较大,以致十字交叉条形基础仍不能提供足够的底面积来满足地基承载力的要求时,可采用筏板基础,即用钢筋混凝土做成连续整片基础,俗称"满堂红"。筏板基础是一块钢筋混凝土基础板,类似一块倒置的楼盖,比十字交叉条形基础有更大的整体刚度,有利于调整地基的不均匀沉降,较能适应上部结构的变化,是一种比较理想的基础结构。

筏板基础可分为平板式和梁板式两种类型。平板式筏板基础是一块等厚度的钢筋混凝土平板,如图 7.16(a)、(b)所示,一般用于柱距较小时。当柱荷载较大时,可局部加大柱下板厚或设墩基以防止筏板被冲剪破坏。当柱距较大,柱荷载相差也较大时,板内会产生较大的弯矩,此时宜在板上沿柱轴纵横向设置基础梁,如图 7.16(c)、(d)所示,即形成梁板式筏板基础。

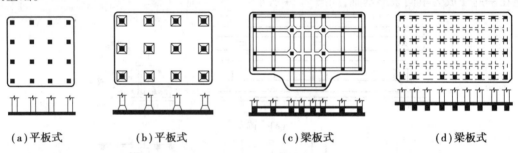

(a)平板式　　　　　(b)平板式　　　　　(c)梁板式　　　　　(d)梁板式

图 7.16　筏板基础

7.2.5　箱形基础

箱形基础是由钢筋混凝土底板、顶板和纵横内外隔墙组成,形成一个刚度极大的箱子。箱形基础通常如图 7.17 所示,为了加大箱形基础的底板刚度,可采用"套箱式"的箱形基础。

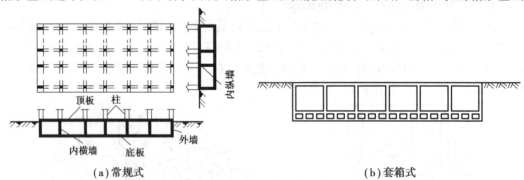

(a)常规式　　　　　　　　　　　　　　(b)套箱式

图 7.17　箱形基础

箱形基础比筏板基础具有更大的抗弯刚度,可视作绝对刚性基础,产生的沉降通常较为均匀。箱形基础埋深较深、基础空腹,从而卸除了基底处原有的地基自重压力,大大地减小了作用于基础底面的附加应力,减少了建筑物的沉降,这种基础又称为补偿基础。必须指出,箱形基础的材料消耗量较大,施工技术要求高,而且会遇到深基坑开挖带来的问题和困难,是否采用应与其他可能的地基基础方案作技术经济比较后再确定。

基底尺寸的确定

7.2.6 基础底面尺寸的确定

基础尺寸包括基础底面的长度、宽度和基础的高度。根据已确定的基础类型、埋置深度 d,计算地基承载力特征值修正值 f_a 和作用在基础底面的荷载值,进行基础尺寸确定。若持力层较薄,且其下存在软弱下卧层时,尚需对软弱下卧层进行验算。根据承载力确定基础底面尺寸后,必要时尚应进行地基变形或稳定性验算。

1)轴心荷载作用下的基础底面尺寸确定

当基础上仅有竖向荷载作用且荷载通过基础底面形心时,基础承受轴心荷载作用。轴心荷载作用的基础一般都采用对称形式,基础底面形心位于荷载作用线上,避免基础发生倾斜。基础底面压力呈均匀分布,设计地基基础时,要求作用在基础底面上的压力小于等于修正后地基承载力特征值,即持力层地基承载力验算必须满足下式:

$$p_k \leqslant f_a \tag{7.2}$$

式中:p_k——相应于荷载效应标准组合时,基础底面处的平均压力;

f_a——修正后的地基承载力特征值。

当基础受轴心荷载作用时,此时的基底压力设计值可计算为

$$p_k = \frac{F_k + G_k}{A} \tag{7.3}$$

式中:p_k——基底压力,kPa;

F_k——相应于作用的标准组合时,上部结构传至基础顶面的竖向力值,kN;

G_k——基础自重和基础上的土重,kN,$G_k = \gamma_G A d$,其中 γ_G 为基础及回填土之平均重度,一般取 20 kN/m³,但在地下水位以下部分应扣除浮力,即取 10 kN/m³;

d——基础埋置深度,m,应从室内外平均设计地面算起;

A——基础底面面积,m²,对矩形基础 $A = lb$,l 和 b 分别为矩形基础的长和宽。如基础的长度大于宽度 10 倍时,可将基础视为条形基础,对荷载沿长度方向均匀分布的条形基础,取单位长度进行基底压力 p_k(kPa)计算,此时将公式中的 A 取基础宽度 b(m),而 F_k 和 G_k 则为单位长度基础截面内的相应值(kN/m)。

将式(7.3)代入式(7.2)得

$$A \geqslant \frac{F_k}{f_a - \gamma_G d} \tag{7.4}$$

对矩形基础,取基础长边 l 与短边 b 的比例为 $n = l/b$,一般取 $n = 1 \sim 2$。

对方形基础

$$b = l \geqslant \sqrt{\frac{F_k}{f_a - \gamma_G d}} \tag{7.5}$$

对墙下条形基础,取基础长度 1 m 计算,则 $A = l \times b$,基础的宽度为

$$b \geqslant \frac{F_k}{f_a - \gamma_G d} \tag{7.6}$$

2)偏心荷载作用下的基础底面尺寸确定

当传到基础顶面的荷载除轴心荷载 F 外,还有弯矩 M 或水平力 Q 作用时,地基反力将呈梯形分布,偏心荷载作用下的地基承载力验算公式为

$$p_{kmax} \leq 1.2f_a$$
$$p_{kmin} \geq 0 \qquad (7.7)$$

基底两端最大压力值 p_{kmax} 和最小压力值 p_{kmin} 按材料力学偏心受压公式计算为

$$p_{\substack{kmax \\ kmin}} = \frac{F_k + G_k}{A} \pm \frac{M_k}{W} \qquad (7.8)$$

在偏心荷载作用下,基础底面受力不均匀,考虑偏心荷载作用的影响,需要加大基础底面面积,通常采用逐次渐近试算法进行计算。计算步骤如下:

①按轴心荷载作用条件,初步估算基础面积 A_0。

②根据偏心距的大小,将基底面积 A_0 扩大 $10\% \sim 40\%$,即 $A = (1.1 \sim 1.4)A_0$。

③确定基础的长度 l 和宽度 b。

④进行承载力验算。如果不满足要求,则调整基底面积,直至满足要求为止。

3)软弱下卧层验算

在成层地基土中,如果持力层以下受力层范围内存在软土层(即软弱下卧层),软弱下卧层的承载力比持力层承载力小得多。例如,我国沿海地区表层"硬壳层"下有很厚一层(厚度在 20 m 左右)软弱的淤泥质土层,这时,只满足持力层的要求是不够的,还须验算软弱下卧层的强度(图7.18)。即要求传递到软弱下卧层顶面处的附加应力和土的自重应力之和不超过软弱下卧层的承载力:

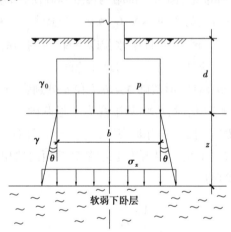

图 7.18　软弱下卧层验算图

$$p_z + \sigma_{cz} \leq f_{az} \qquad (7.9)$$

式中:p_z——相应于作用的标准组合时,软弱下卧层顶面处的附加应力值,kPa;

　　　σ_{cz}——软弱下卧层顶面处土的自重应力值,kPa;

　　　f_{az}——软弱下卧层顶面处经深度修正后的地基承载力特征值,kPa。

对条形基础和矩形基础,式(7.9)中的 p_z 值可按式(7.10)、式(7.11)进行简化计算。

条形基础：
$$p_z = \frac{b(p_k - p_c)}{b + 2z\tan\theta} \tag{7.10}$$

矩形基础：
$$p_z = \frac{lb(p_k - p_c)}{(b + 2z\tan\theta)(l + 2z\tan\theta)} \tag{7.11}$$

式中：b——矩形基础或条形基础底边的宽度，m；

l——矩形基础底边的长度，m；

p_c——基础底面处土的自重应力值，kPa；

p_k——相应于作用的标准组合的基底压力，kPa；

z——基础底面至软弱下卧层顶面的距离，m；

θ——地基压力扩散线至垂直线的夹角，(°)，可按表7.2采用。

表7.2　地基压力扩散角 θ

E_{a1}/E_{a2}	z/b	θ
3	0.25	6°
	0.50	23°
5	0.25	10°
	0.50	25°
10	0.25	20°
	0.50	30°

注：①E_{a1}为上层土压缩模量，E_{a2}为下层土压缩模量。

②$z/b < 0.23$ 时，取 $\theta = 0°$，必要时，宜由试验确定；$z/b > 0.5$ 时 θ 值不变。

③z/b 在 0.25 与 0.5 之间时可插值使用。

7.3　独立基础工程

7.3.1　无筋独立基础构造

无筋独立基础是无筋扩展基础的一种，是由砖、毛石、混凝土或毛石混凝土等材料组成，且不需要配置钢筋的柱下独立基础。无筋柱下独立基础和无筋墙下条形基础构造要求一致，可以统一进行说明。在进行无筋扩展基础设计时，必须使基础主要承受压应力，并保证基础内产生的拉应力和剪应力不超过材料强度的设计值。具体主要通过对基础的外伸宽度与基础高度的比值进行验算来实现，同时，其基础宽度还应满足地基承载力的要求。

无筋基础台阶的高度 H_0 应符合式(7.12)要求(图7.19)：
$$H_0 \geqslant \frac{b - b_0}{2\tan\alpha} = \frac{b_2}{\tan\alpha} \tag{7.12}$$

式中：b——基础底面宽度，m；

b_0——基础顶面的墙体宽度或柱脚宽度，m；

H_0——基础高度，m；

$\tan \alpha$——基础台阶宽高比 b_2/H_0，其允许值可按《建筑地基基础设计规范》（GB 50007—2011）选用；

b_2——基础台阶宽度，m。

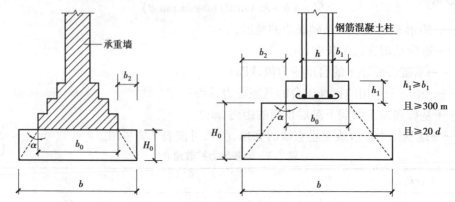

图 7.19　无筋扩展基础构造示意图

d—柱中纵向钢筋直径

采用无筋扩展基础的钢筋混凝土柱，其柱脚高度 h_1 不得小于 b_1，并不应小于 300 mm 且不小于 $20d$（d 为柱中的纵向受力钢筋的最大直径）。当柱纵向钢筋在柱脚内的竖向锚固长度不满足锚固要求时，可沿水平方向弯折，弯折后的水平锚固长度不应小于 $10d$ 也不应大于 $20d$。

7.3.2　柱下钢筋混凝土独立基础构造

柱下钢筋混凝土独立基础按截面的形状可以分为锥形和阶梯形两种；按施工方法可以分为现浇和预制两种。在进行柱下钢筋混凝土独立基础设计时，一般先由地基承载力确定基础的底面尺寸，再进行基础截面的设计和验算。

1）现浇柱基础的构造要求

①柱下钢筋混凝土独立基础可采用锥形基础和阶梯形基础两种。如采用锥形基础，如图 7.20（a）所示，锥形基础的边缘高度不宜小于 200 mm，坡度 $i \leqslant 1.3$，顶部做成平台，每边从柱边缘放出不小于 50 mm，以便于柱支模。如采用阶梯形基础，如图 7.20（b）所示，每阶高度宜为 300~500 mm，当底板厚度为 500 mm 时，宜用一阶；当底板厚度为 500 mm $< h \leqslant$ 900 mm 时，宜用两阶；当底板厚度 $h > 900$ mm 时，宜用三阶，阶梯形基础尺寸一般采用 50 mm 的倍数。阶梯形基础的施工质量容易保证，宜优先考虑采用。

②基础混凝土的强度等级不应低于 C20，基础垫层混凝土的强度等级为 C10，垫层的厚度不宜小于 70 mm。

③柱下钢筋混凝土独立基础底板受力钢筋直径不宜小于 10 mm，间距不宜大于 200 mm，也不宜小于 100 mm。基础底板钢筋的保护层厚度，当有垫层时，不宜小于 40 mm；无垫层时，不宜小于 70 mm。

④当柱下钢筋混凝土独立基础的边长 b 大于或等于 2 500 mm 时，底板受力钢筋的长度可取边长或宽度的 0.9 倍，并交错布置，如图 7.21 所示。

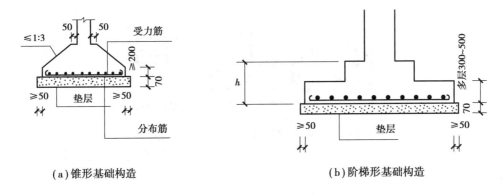

（a）锥形基础构造　　　　　　　　　（b）阶梯形基础构造

图 7.20　柱下钢筋混凝土独立基础

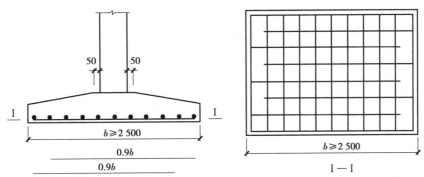

图 7.21　柱下独立基础底板受力钢筋布置

⑤钢筋混凝土柱纵向受力钢筋在基础内的锚固长度 l_a 应根据钢筋在基础内的最小保护层厚度按《混凝土结构设计规范》（GB 50010—2019）的有关规定确定。

⑥现浇柱基础，其插筋的数量、直径以及钢筋种类应与柱内纵向受力钢筋相同，插筋与柱内纵向受力钢筋的连接方法，应符合现行《混凝土结构设计规范》（GB 50010—2019）的规定，插筋的下端宜做成直钩放在基础底板钢筋网上。当柱为轴心受压或小偏心受压，基础底板厚度大于等于 1 200 mm 时；或柱为大偏心受压，基础底板厚度大于等于 1 400 mm 时，可仅将 4 个角的插筋伸至底板钢筋网上，其余插筋锚固在基础顶面下的长度按其是否有抗震要求分别为 l_a 或 l_{aE}，如图 7.22 所示。

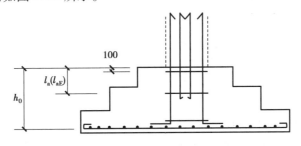

图 7.22　现浇柱基础中插筋构造示意图

2）预制柱基础构造要求

预制钢筋混凝土柱与杯口基础的连接应符合下列要求（图 7.23）：

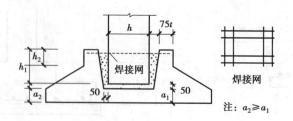

图 7.23　预制钢筋混凝土柱独立基础示意图

①柱的插入深度,可按表 7.3 选用,并应满足规范对钢筋锚固长度的要求及吊装时柱的稳定性。

表 7.3　柱的插入深度 h_1　　　　　　　　单位:mm

矩形或工字形柱				双肢柱
$h < 500$	$500 \leq h < 800$	$800 \leq h \leq 1\,000$	$h > 1\,000$	
$h \leq h_1 \leq 1.2h$	$h_1 = h$	$h_1 = 0.9h$ 且 $h_1 \geq 800$	$h_1 = 0.8h$ 且 $h \geq 1\,000$	$\dfrac{h_a}{3} \leq h_1 \leq \dfrac{2h_a}{3}$ $1.5h_b \leq h_1 \leq 1.8h_b$ $(1.5 \sim 1.8)h_b$

注:①h 为柱截面长边尺寸、h_a 为双肢柱全截面长边尺寸、h_b 为双肢柱全截面短边尺寸。

②柱轴心受压或小偏心受压时,h_1 可适当减小;偏心距大于 $2h$ 时,h_1 应适当加大。

②基础的杯底厚度和杯壁厚度,可按表 7.4 选用。

表 7.4　基础的杯底厚度和杯壁厚度

柱截面长边尺寸 h/mm	杯底厚度 a_1/mm	杯壁厚度 t/mm
$h < 500$	≥ 150	$150 \sim 200$
$500 \leq h < 800$	≥ 200	≥ 200
$800 \leq h < 1\,000$	≥ 200	≥ 300
$1\,000 \leq h < 1\,500$	≥ 250	≥ 350
$1\,500 \leq h < 2\,000$	≥ 300	≥ 400

注:①双肢柱的杯底厚度值,可适当加大。

②当有基础梁时,基础梁下的杯壁厚度,应满足其支承宽度的要求。

③柱子插入杯口部分的表面应凿毛,柱子与杯口之间的空隙应用比基础混凝土强度等级高一级的细石混凝土充填密实,当达到材料设计强度的 70% 以上时,方能进行上部吊装。

③当柱为轴心受压或小偏心受压,且 $t/h_2 \geq 0.65$ 时,或大偏心受压,且 $t/h_2 \geq 0.75$ 时,杯壁可不配筋;当柱为轴心受压或小偏心受压,且 $0.5 \leq t/h_2 < 0.65$ 时,杯壁可按表 7.5 构造配筋;其他情况下,应按计算配筋。

表7.5　杯壁构造配筋

柱截面长边尺寸	$h < 1\,000$	$1\,000 \leqslant h < 1\,500$	$1\,500 \leqslant h \leqslant 2\,000$
钢筋直径/mm	8 ~ 10	10 ~ 12	12 ~ 16

注:表中钢筋置于杯口顶部,每边两根。

7.3.3　柱下钢筋混凝土独立基础的设计

1)根据地基承载力确定基础底面尺寸

确定独立基础底面尺寸具体可以分解为以下步骤:

①确定基础埋置深度 d。

②确定地基承载特征值 f_a。

③确定基础的底面面积。

④持力层强度验算。

2)确定基础的高度

基础高度主要根据抗冲切要求确定,必要时进行抗剪验算。

当基础承受柱子传来的荷载作用时,若柱子周边处基础的高度不够,就会发生如图7.24所示的冲切破坏。一般沿柱边(或阶梯高度变化处)产生冲切破坏,形成45°斜裂面的角锥体,由冲切破坏锥体以外的地基净反力所产生的冲切力应小于冲切面处混凝土的抗冲切能力。由此限制条件,可确定基础所需高度。矩形基础一般沿柱短边一侧先产生冲切破坏,只需根据短边一侧的冲切破坏条件确定基础高度。当基础底面边缘在45°冲切破坏线以内时,可不进行抗冲切验算。

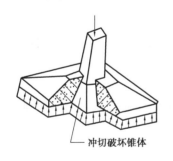

图 7.24　基础冲切破坏

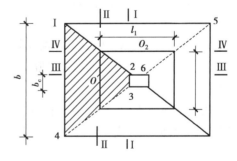

图 7.25　基础底板示意图

3)确定底板配筋

柱下钢筋混凝土独立基础在地基净反力作用下,基础底板沿柱的周边向上弯曲。当弯曲应力超过基础抗弯强度时,基础底板将发生弯曲破坏。一般矩形独立基础底板为双向弯曲板,两个方向均需配筋。将底板看作固定在柱周边的四面挑出的悬臂板,如图7.25所示,近似地将基础底面积按对角线划分为4个梯形面积,当发生弯曲破坏时,其特征是裂缝沿柱角至基础角将基础底面分裂成4块梯形面积。计算截面取柱边或变阶处(阶梯形基础)。矩形基础沿长短两个方向的弯矩等于梯形基底面积上地基净反力的合力对柱边或基础变阶处截面所产生的力矩。

通过分别对各截面的受力分析,可以得到基础两个方向的配筋。

7.3.4 独立基础的施工

1)独立基础施工工艺

独立基础施工工艺为:清理基坑及抄平→混凝土垫层→基础放线→钢筋绑扎→相关专业施工→清理→模板安装→清理→混凝土浇筑→混凝土振捣→混凝土找平→混凝土养护→模板拆除。

2)独立基础施工要点

(1)清理基坑及抄平

清理基坑是清除表层浮土及扰动土,不留积水。抄平是为了使基础底面标高符合设计要求,施工基础前应在基面上定出基础底面标高。

(2)垫层施工

地基验槽完成后,应立即进行垫层混凝土施工,在基面上浇筑 C10 的细石混凝土垫层,垫层混凝土必须振捣密实,表面平整,严禁晾晒基土。

(3)定位放线

用全站仪将所有独立基础的中心线、控制线全部放出来。

(4)钢筋工程

垫层浇灌完成,混凝土达到一定强度后,表面弹线进行钢筋绑扎,钢筋绑扎不允许漏扣,柱插筋弯钩部分必须与底板筋成45°绑扎,连接点处必须全部绑扎。上下箍筋及定位箍筋绑扎完成后将柱插筋调整到位并用井字木架临时固定,然后绑扎剩余箍筋,保证柱插筋不变形走样。当柱下钢筋混凝土独立基础的边长大于或等于2.5 m时,底板受力钢筋的长度可取边长的0.9倍,并宜交错布置。

钢筋绑扎好后底面及侧面搁置保护层垫块,厚度为设计保护层厚度,垫块间距不得大于100 mm(视设计钢筋直径确定),以防出现露筋的质量通病。

(5)模板工程

模板采用小钢模或木模,利用架子管或木方加固。阶梯形独立基础根据基础施工图样的尺寸制作每一阶梯模板,支模顺序由下至上逐层向上安装。

(6)清理

清除模板内的木屑、泥土等杂物,木模浇水湿润,堵严板缝及孔洞。

(7)混凝土浇筑

混凝土应分层连续进行,间歇时间不超过混凝土初凝时间,一般不超过2 h,为保证钢筋位置正确,先浇一层5~10 cm厚混凝土固定钢筋。台阶形基础每一台阶高度整体浇捣,每浇完一台阶停顿0.5 h待其下沉,再浇上一层。浇筑混凝土时,经常观察模板、支架、钢筋、螺栓、预留孔洞和管有无走动情况,一经发现有变形、走动或位移时,立即停止浇筑,并及时修整和加固模板,再继续浇筑。

（8）混凝土振捣

采用插入式振捣器，插入的间距不大于振捣器作用部分长度的1.25倍。上层振捣棒插入下层3~5 cm。尽量避免碰撞预埋件、预埋螺栓，防止预埋件移位。

（9）混凝土找平

混凝土浇筑后，表面比较大的混凝土，使用平板振捣器振一遍，然后用刮杆刮平，再用木抹子搓平。收面前必须校核混凝土表面标高，不符合要求处立即整改。

（10）混凝土养护

已浇筑完的混凝土，应在12 h左右覆盖和浇水。一般常温养护不得少于7 d，特种混凝土养护不得少于14 d。养护设专人检查落实，防止养护不及时造成混凝土表面裂缝。

（11）模板拆除

侧面模板在混凝土强度能保证其棱角不因拆模板而受损坏时方可拆模，拆模前设专人检查混凝土强度，拆除时采用撬棍从一侧顺序拆除，不得采用大锤砸或撬棍乱撬，以免造成混凝土棱角破坏。

7.4 条形基础工程

条形基础一般分为墙下钢筋混凝土条形基础（即扩展基础的一种）、柱下钢筋混凝土条形基础和十字交叉钢筋混凝土条形基础。一般是在上部结构的荷载比较大、地基土质较弱、用刚性基础施工不够经济时采用。

7.4.1 墙下钢筋混凝土条形基础的构造

①墙下钢筋混凝土条形基础一般采用梯形截面，其边缘高度不宜小于200 mm，当基础底板厚度$h \leqslant 250$ mm时，可采用平板式。

②基础混凝土的强度等级不应低于C20，基础垫层混凝土的强度等级为C10，垫层的厚度不宜小于70 mm。

③墙下钢筋混凝土条形基础底板受力钢筋直径不宜小于10 mm，间距不宜大于200 mm，也不宜小于100 mm；底板纵向分布钢筋的直径不小于8 mm，间距不大于300 mm，每延米分布钢筋的面积不小于受力钢筋面积的1/10。基础底板钢筋的保护层厚度，当有垫层时不宜小于40 mm，无垫层时不宜小于70 mm。

④墙下钢筋混凝土条形基础的宽度$b > 2.5$ m时，底板受力钢筋的长度可取宽度的0.9倍，并宜交错布置。

⑤墙下钢筋混凝土条形基础底板在T形及十字形交接处，底板横向受力钢筋仅沿一个主要受力方向通长布置，另一方向的横向受力钢筋可布置到主要受力方向底板宽度1/4处。在拐角处底板横向受力钢筋应沿两个方向布置，如图7.26所示。

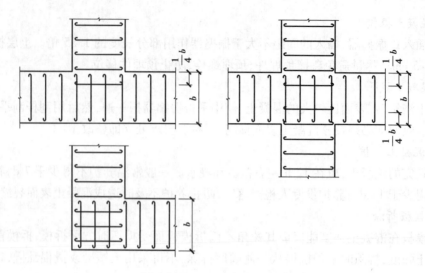

图 7.26　墙下条形基础纵横交叉处底板受力钢筋布置

7.4.2　墙下钢筋混凝土条形基础的设计

1)设计原则

①墙下钢筋混凝土条形基础的内力计算一般是在长度方向选 1 m 进行计算。

②基础截面设计(验算)的内容包括确定基础底面宽度 b、基础底板厚度 h 及基础底板配筋。

③在确定基础底面宽度 b 或计算基础沉降 s 时,应考虑基础自重及基础上土重 G_k 的作用,根据地基承载力要求确定。

④在确定基础底板厚度 h、基础底板配筋时,应不考虑基础自重及基础上土重 G_k 的作用,采用地基净反力进行计算,其中,基础底板厚度由混凝土的抗剪条件确定,基础底板受力钢筋由基础截面的抗弯能力确定。

2)轴心荷载作用

(1)计算基础宽度 b

轴心荷载作用时,条形基础的宽度按本书 7.2.6 节方法进行计算。

(2)计算地基净反力 p_j

仅由基础顶面上的荷载 F 在基底所产生的地基反力(不包括基础自重和基础上方回填土重所产生的反力)称为地基净反力。计算时,通常沿条形基础长度方向取 $l = 1$ m 进行计算。

(3)确定基础底板厚度 h

基础底板如同倒置的悬臂板,在地基净反力作用下,在基础底板内将产生弯矩 M 和剪力 V,如图 7.27 所示,可求出基础任意截面 I—I 处的弯矩 M 和剪力 V,基础内最大弯矩 M 和剪力 V 实际发生在悬臂板的根部。

已知基础剪力 V 后,对基础底板厚度 h 的确定,一般可根据经验采用试算法,即一般取 $h \geqslant \dfrac{1}{8}b$ 为基础宽度,然后进行抗剪强度验算,最终选取厚度需满足抗剪要求。

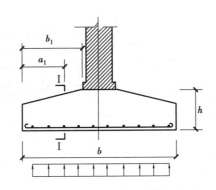

图 7.27　墙下条形基础计算示意图

（4）计算基础底板配筋

已知基础悬臂板根部的弯矩 M 后，基础底板配筋可根据力学知识求得。

3）偏心荷载作用

基础在偏心荷载作用下，基底净反力一般呈梯形分布，如图 7.28 所示。

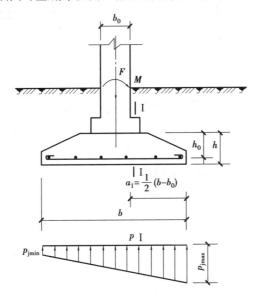

图 7.28　墙下条形基础受偏心荷载作用

此时，需要计算基底净反力的偏心距，并计算基底边缘处的最大和最小净反力，计算悬臂支座处，即截面 Ⅰ—Ⅰ 处的地基净反力、弯矩 M 和剪力 V，然后同轴心荷载作用的步骤，来确定基础高度以及配筋。

7.4.3　柱下钢筋混凝土条形基础的构造

单柱荷载较大、地基承载力不很大、按常规设计的柱下独立基础，需要底面积大，基础之间的净距很小。为施工方便，把各基础之间的净距取消，连在一起，即为柱下条形基础，如图 7.29 所示。对不均匀沉降或振动敏感的地基，为加强结构整体性，可将柱下独立基础连成条形基础。

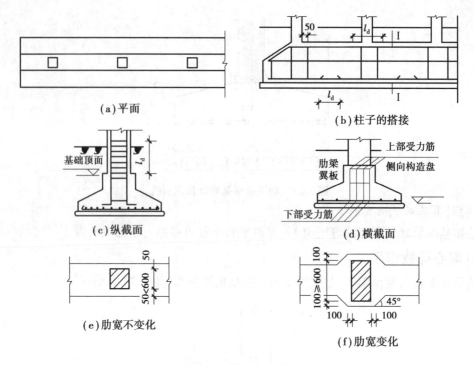

（a）平面

（b）柱子的搭接

基础顶面

（c）纵截面

上部受力筋

肋梁翼板

侧向构造盘

下部受力筋

（d）横截面

（e）肋宽不变化

（f）肋宽变化

图 7.29　柱下条形基础

1）柱下钢筋混凝土条形基础的概念及使用范围

柱下钢筋混凝土条形基础,是指布置成单向或双向的钢筋混凝土条状基础,也称为基础梁。它是由肋梁及其横向伸出的翼板组成,其断面呈倒 T 形。

这种基础形式通常在下列情况下采用:

①上部结构荷载较大,地基土的承载力较低,采用独立基础不能满足要求时。

②当采用独立基础所需的基底面积由于邻近建筑物或设备基础的限制而无法扩展时。

③当需要增加基础的刚度,以减少地基变形,防止过大的不均匀沉降时。

④当基础需跨越局部软弱地基以及场地中的暗塘、沟槽、洞穴等时。

2）柱下钢筋混凝土条形基础的构造

柱下钢筋混凝土条形基础的构造除满足一般扩展基础的要求外,尚应符合下列规定:

①柱下条形基础梁的高度由计算确定,一般宜为柱距的 $1/8 \sim 1/4$;翼板宽 b 应按地基承载力计算确定;翼板厚度不应小于 200 mm,当翼板厚度大于 250 mm 时,宜采用变厚度翼板,其坡度宜小于或等于 1:3,当柱荷载较大时,可在柱位处加腋。

②条形基础的端部宜向外伸出,其长度宜为第一跨距的 1/4。

③现浇柱与条形基础梁的交接处,其平面尺寸不应小于如图 7.30 所示的规定。

④条形基础梁顶部和底部的纵向受力钢筋除满足计算要求外,顶部钢筋按计算配筋全部贯通,底部通长钢筋不应小于底部受力钢筋截面总面积的 1/3。

⑤柱下条形基础的混凝土强度等级不应低于 C20。

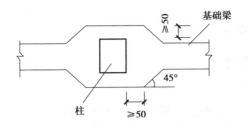

图 7.30　现浇柱与条形基础梁交接处平面尺寸

7.4.4　柱下钢筋混凝土条形基础的简化计算方法

1) 静定分析法

静定分析法是假定柱下条形基础的基底反力呈直线分布,按整体平衡条件求出基底净反力后,将其与柱荷载一起作用于基础梁上,然后按一般静定梁的内力分析方法计算基础各截面的弯矩和剪力。静定分析法适用于上部为柔性结构且基础本身刚度较大的条形基础。该方法未考虑基础与上部结构的相互作用,计算所得的最不利截面上的弯矩绝对值一般较大。

2) 倒梁法

倒梁法是假定柱下条形基础的基底反力为直线分布,以柱脚为条形基础的固定铰支座,将基础视为倒置的连续梁,以地基净反力及柱脚处的弯矩作为基础梁上的荷载,用弯矩分配法来计算其内力,如图 7.31 所示。按这种方法计算的支座反力一般不等于柱荷载,应通过逐次调整的方法来消除这种不平衡力。

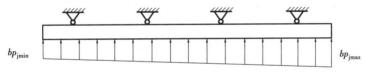

图 7.31　倒梁法计算简图

倒梁法适用于基础或上部结构刚度较大、柱距不大且接近等间距、相邻柱荷载相差不大的情况。这种计算模式只考虑出现于柱间的局部弯曲,忽略了基础的整体弯曲,计算出的柱位处弯矩与柱间最大弯矩较均衡,所得的不利截面上的弯矩绝对值一般较小。

7.4.5　十字交叉钢筋混凝土条形基础

十字交叉钢筋混凝土条形基础是由纵横两个方向的柱下条形基础所组成的一种空间结构,各柱位于两个方向基础梁的交叉节点处。在初步选择基础底面积时,可假设地基反力为直线分布。例如,所有荷载的合力作用点与基底形心偏离很小,则基底反力可认为是均匀的,由此可求出基底的总面积,然后具体选择纵横各基础梁的长度和底面宽度。

要对十字交叉钢筋混凝土条形基础的内力进行比较仔细的分析是相当复杂的,其与柱下条形基础不同的是,纵横梁可能产生扭矩。目前,在工程上,常采用简化的计算方法,把交叉节点的柱竖向荷载按变形协调的原则,柱弯矩按刚度分配原则分配给两个方向的基础梁上。然后,把它们化为两根互相独立的条形基础,按上述条形基础分析方法进行计算。

7.4.6 条形基础施工

基础梁浇筑

1)条形基础施工工艺

条形基础施工工艺为:

清理基坑及抄平→混凝土垫层→基础放线→钢筋绑扎→相关专业施工→清理→模板安装→清理→混凝土浇筑→混凝土振捣→混凝土找平→混凝土养护→模板拆除。

2)条形基础施工要点

(1)混凝土垫层

地基验槽完成后,清除表面浮土及扰动土,立即进行垫层混凝土施工,垫层混凝土必须振捣密实,表面平整,严禁晾晒基土。

(2)钢筋绑扎

垫层浇灌完成,混凝土达到一定强度后,在其上弹线、支模,铺放钢筋网片。上下部垂直钢筋绑扎牢固,将钢筋弯钩朝上。基础上有插筋时,应采取有效措施加以固定,保证钢筋位置正确,防止浇捣混凝土时发生位移。铺放钢筋网片时底部采用与混凝土保护层同厚度的水泥砂浆垫塞,以保证位置正确。

(3)模板安装

钢筋绑扎及相关专业完成后立即进行模板安装,浇筑混凝土前,应清除模板上的垃圾、泥土和钢筋上的油污等杂物,模板应浇水润湿。

(4)混凝土浇筑

基础混凝土应分层连续浇筑,浇筑完毕外露表面应覆盖浇水养护。

7.5 筏板基础工程

当上部结构荷载较大,地基土较软,采用十字交叉基础不能满足地基承载力要求或采用人工地基不经济时,则可采用筏板基础。对采用箱形基础不能满足地下空间使用要求的情况,如地下停车场、商场、娱乐场等,也可采用筏板基础。此时筏板基础的厚度可能会比较大。

筏板基础分梁板式和平板式两种类型,应根据地基土质、上部结构体系、柱距、荷载大小以及施工等条件确定。

7.5.1 筏板基础的构造要求

①平板式筏板基础的底板厚度可根据受冲切承载力计算确定,且最小厚度不应小于400 mm;梁板式筏板基础的底板厚度不应小于300 mm,且板厚与板格的最小跨度之比不应小于1/20,对12层以上建筑的梁板式筏板基础,其底板厚度与最大双向板格的短边净跨之比不应小于1/14,且板厚不应小于400 mm。

②筏板基础的混凝土强度等级不应低于C30,当有地下室时应采用防水混凝土,防水混凝土的抗渗等级应根据地下水的最大水头与防渗混凝土厚度的比值,按现行《地下工程防水

技术规范》(GB 50108—2018)选用,必要时宜设架空排水层。

③地下室底层柱、剪力墙与梁板式筏板基础的基础梁连接的构造应符合下列要求:

a. 柱、墙的边缘至基础梁边缘的距离不应小于50 mm,如图7.32所示。

b. 当交叉基础梁的宽度小于柱截面的边长时,交叉基础梁连接处应设置八字角,柱角与八字角之间的净距不宜小于50 mm,如图7.32(a)所示。

c. 单向基础梁与柱的连接,可按图7.32(b)、(c)采用。

d. 基础梁与剪力墙的连接,可按图7.32(d)采用。

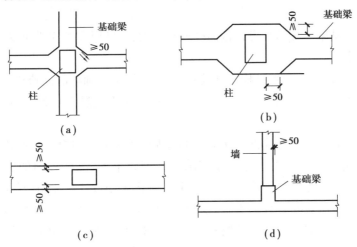

图7.32　地下室底层柱、剪力墙与基础梁连接的构造要求

④筏板与地下室外墙的接缝、地下室外墙沿高度处的水平接缝应严格按施工缝要求施工,必要时可设通长止水带。

⑤高层建筑筏板基础与裙房基础之间的构造应符合下列要求:

a. 当高层建筑与相连的裙房之间设置沉降缝时,高层建筑的基础埋深应大于裙房基础的埋深至少2 m;当不满足要求时必须采取有效措施,沉降缝地面以下处应用粗砂填实,如图7.33所示。

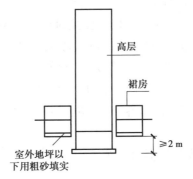

图7.33　高层建筑与裙房间的沉降缝处理

b. 当高层建筑与相连的裙房之间不设置沉降缝时,宜在裙房一侧设置后浇带,后浇带的位置宜设在距主楼边柱的第二跨内。后浇带混凝土宜根据实测沉降值并计算后期沉降差能满足设计要求后方可进行浇注。

c.当高层建筑与相连的裙房之间不允许设置沉降缝和后浇带时,应进行地基变形计算,验算时需考虑地基与结构变形的相互影响并采取相应的有效措施。

⑥筏板基础地下室施工完毕后,应及时进行基坑回填。回填基坑时,应先清除基坑中的杂物,并应在相对的两侧或四周同时回填并分层夯实。

7.5.2 筏板基础的设计要点

①筏板基础的平面尺寸,应根据地基土的承载力、上部结构的布置及荷载分布等因素确定。

②梁板式筏板基础底板除计算正截面受弯承载力外,其厚度尚应满足受冲切承载力、受剪切承载力的要求。

③当地基土比较均匀、上部结构刚度较好、梁板式筏板基础梁的高跨比或平板式筏板基础板的厚跨比不小于1/6,且相邻柱荷载及柱间距的变化不超过20%时,筏板基础可仅考虑局部弯曲作用。

④按基底反力直线分布计算的梁板式筏板基础,其基础梁的内力可按连续梁分析。梁板式筏板基础的底板和基础梁的配筋除应满足计算要求外,纵横方向的底部钢筋尚应有1/3~1/2贯通全跨,且其配筋率不应小于0.15%,顶部钢筋按计算配筋全部连通。

⑤按基底反力直线分布计算的平板式筏板基础,可按柱下板带和跨中板带分别进行内力分析。考虑到整体弯曲的影响,平板式筏板基础柱下板带和跨中板带的底部钢筋应有1/2~1/3贯通全跨,且其配筋率不应小于0.15%,顶部钢筋按计算配筋全部连通。

⑥梁板式筏板基础的基础梁除满足正截面受弯及斜截面受剪承载力外,尚应按现行《混凝土结构设计规范》(GB 50010—2019)有关规定验算底层柱下基础梁顶面的局部受压承载力。

7.5.3 筏板基础施工要点

筏板基础在施工前,如地下水位较高,可采用人工降低地下水位至基坑底不少于500 mm,以保证在无水情况下进行基坑开挖和基础施工。

在施工时,可采用先在垫层上绑扎底板、梁的钢筋和柱子锚固插筋,浇筑底板混凝土,待达到25%设计强度后,再在底板上支梁模板,继续浇筑完梁部分的混凝土,也可采用底板和梁模板一次同时支好。混凝土一次连续浇筑完成,梁侧模板采用支架支撑,并固定牢固。混凝土浇筑时一般不留施工缝,必须留设时,应按施工缝要求处理,并应设置止水带。

基础浇筑完毕,表面应覆盖和洒水养护,并防止地基被水浸泡。

7.6 减轻建筑物不均匀沉降的措施

地基沉降,特别是不均匀沉降过大,会对建筑物带来很大的危害。设计和施工时,应尽力防止或减少地基不均匀沉降的危害。

对砌体承重结构,常因不均匀沉降引起结构开裂,尤以墙体门、窗洞的角位处严重,如图7.34所示。

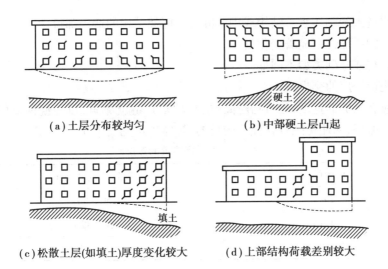

(a)土层分布较均匀　　　　　　(b)中部硬土层凸起

(c)松散土层(如填土)厚度变化较大　(d)上部结构荷载差别较大

图7.34　不均匀沉降引起砖墙开裂

对框架等超静定结构,各柱沉降差必导致梁柱等构件内产生附加内力,附加内力往往在设计时不易准确考虑,常是梁、柱端和楼板开裂的重要原因。

为了防止和减轻不均匀沉降的危害,可以采用人工加固地基和深基础等方案,但有时会造价较高、施工较困难等。对一般中小型建筑物,宜在建筑设计、结构设计和施工等方面同时综合采取措施,常会带来事半功倍的效果,省钱省时。

7.6.1　建筑措施

1)建筑物体型应力求简单

建筑物立面的高差不宜悬殊,砌体承重结构房屋高差不宜超过1~2层,否则荷载差异大引起不均匀沉降大;在平面上形状应尽量简单,像"I""L""T""E"等复杂形状的建筑物,在基础交叉密集处,由于相邻荷载地基附加应力扩散叠加的影响,使其沉降量增大,同时建筑物在平面上转折、弯曲过多,也会使其整体性和抗变形能力降低,如图7.35所示。

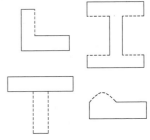

应控制建筑物的长高比,建筑物在平面上的长度(L)和从基底算起的高度(H)之比是决定砌体承重结构房屋整体刚度的主要因素,L/H_f越小,整体刚度越好,调整不均匀沉降的能力就越强。砖石承重的建筑物,当其长度与高之比较小时,建筑物的刚度好,能有效防止建筑物开裂。

图7.35　复杂平面的裂缝位置

2)设置沉降缝

沉降缝是从基础底面至屋顶把建筑物断开,将其分成各自独立的单元,每单元一般能使体型简单、长高比较小,以及地基较均匀。根据经验,沉降缝一般宜设置在建筑物的下列部位:

①建筑平面的转折部位。

②高度差异或荷载突变处。

③长高比过大的砌体承重结构或钢筋混凝土框架结构的适当部位。

④地基土的压缩性有显著变化处。

⑤建筑结构或基础类型不同处。

⑥分期建造房屋的交界处。

沉降缝应有足够的宽度,建筑物越高(层数越多),缝就越宽,以免缝两侧的结构相对倾斜时互相挤压摩擦,未能达到各自独立的目的,具体规定见表7.6。

表7.6 房屋沉降缝的宽度

房屋层数	沉降缝宽度/mm
2 ~ 3	50 ~ 80
4 ~ 5	80 ~ 120
5 层以上	不小于120

3)合理安排建筑物之间的距离

地基土中附加应力不仅局限在基础范围内,还会扩散到基础外的一定宽度和深度。两相邻建筑物距离过近,就会产生附加沉降,从而引起过大的不均匀沉降,特别是在原有建筑物旁新建较高建筑物时更应注意。

影响建筑与被影响建筑之间的净距规定详见表7.7。

表7.7 相邻建筑物基础的间距

影响建筑的预估平均沉降量 s/mm	被影响建筑物的长高比	
	$2 \leqslant L/H_f < 3$	$3 \leqslant L/H_f < 5$
70 ~ 150	2 ~ 3	3 ~ 6
160 ~ 250	3 ~ 6	6 ~ 9
260 ~ 400	6 ~ 9	9 ~ 12
>150	9 ~ 12	≥12

注:①表中 L 为房屋长度或沉降缝分隔的单元长度(m);H_f 为自基础底面算起的房屋高度(m)。

②当被影响建筑物的长高比为 $1.5 \leqslant L/H_f < 2$ 时,其间净距可适当缩小。

4)调整建筑物各部分的标高

如果建筑物沉降过大,会使标高发生变化,严重时将影响建筑物的使用功能。应根据可能产生的不均匀沉降,采取下列相应措施:

①根据预估沉降,适当提高室内地坪和地下设施的标高。

②将相互有联系的建筑物各部分(包括设备)中预估沉降较大者的标高适当提高。

③建筑物与设备之间应留有足够的净空。

④有管道穿过建筑物时,应留有足够尺寸的孔洞,或采用柔性管道接头。

7.6.2　结构措施

1)减轻结构自重

建筑物自重在基底压力中所占比例很大,工业建筑约占50%,民用建筑可高达60%～70%。减轻建筑物自重是防止和减轻不均匀沉降的重要途径,其措施如下:

①选用轻型结构,如轻钢结构、预应力混凝土结构以及各种轻型空间结构。

②采用轻质材料,如空心砖、空心砌块或其他轻质墙等。

③减轻基础及其回填土的质量,尽可能考虑采用浅埋基础;采用架空地板代替室内填土、设置半地下室或地下室等,尽量采用覆土少、自重轻的基础形式。

2)设置圈梁和钢筋混凝土构造柱

圈梁对提高砌体结构抵抗弯曲能力作用很大,能大大增强建筑物的抗弯刚度。砖墙基础产生不均匀沉降时会弯曲拉裂。当出现碟形沉降时,下层圈梁可起抗弯的作用;反之,上层圈梁起作用。

设置圈梁应遵循下列要求:

①圈梁必须与砌体结合成整体,圈梁上必须有压重,以增强其与砌体间的摩阻力,增强建筑物的整体性。

②每道圈梁要贯通全部外墙、内纵墙和主要内横墙,并在平面上形成封闭系统,楼梯间应封闭设置。如遇门窗洞口无法连通时,应按如图7.36所示利用加强圈梁进行搭接。必要时(如有抗震要求),上下加强圈梁应与洞口两侧小柱形成钢筋混凝土小框。

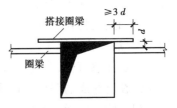

图7.36　圈梁的搭接

③单层砌体结构一般在基础顶面设置,多层房屋的基础顶面和顶层门窗顶处各设一道,其他各层可隔层,必要时,也可层层设置在门窗顶或楼板下。对工业厂房、仓库,可结合基础梁、联系梁、过梁等酌情设置。如在墙体转角及适当部位设置现浇钢筋混凝土构造柱,用锚筋与墙体拉结,则能更有效地提高房屋的整体刚度,有抗震要求的必须这样做。详见《建筑抗震设计规范》(GB 50011—2019)。

3)减小或调整基础底面的附加压力

采用较大的基础底面积,减小基底附加压力,可以减小沉降量。在建筑物相邻部位,由于荷载大小不同,如采用同一基底附加压力,则基底尺寸大的沉降量也大,因此对同一地基上建筑物的相邻部分,可采用不同的基底附加压力,荷载大的宜采用增大基底尺寸来减小基底附加压力,降低沉降差异。如图7.37(a)所示,通常难以采取增大框架柱基底面积来减小其与廊柱基础间的沉降差,可将门廊和框架结构分离或把门廊改用飘板等悬挑结构(原廊柱改用装饰柱)。如图7.37(b)所示,可减小柱下基底面积而增加墙下条形基础的宽度来调整。

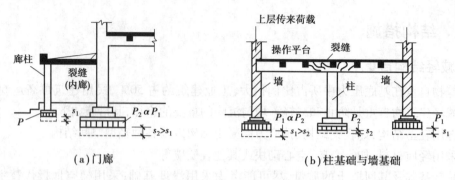

（a）门廊 （b）柱基础与墙基础

图 7.37 基础尺寸不妥引起的事故

4）采用梁板式基础

钢筋混凝土梁板式基础可增大支承面积，其整体刚度大、抗弯能力强，能有效地调整不均匀沉降。在软弱地基上的砌体承重结构，如采用此类型的基础，万一需要事后补强或托换基础，也较容易处理。

7.6.3 施工和使用方面的措施

①在基坑开挖时，不要扰动地基土，通常坑底保留 200 mm 厚土层，待垫层施工时，再人工挖除。如坑底土被扰动，应挖去，用砂、碎石回填夯实。

②当建筑物存在有高低和重轻不同部分时，应先施工高、重部分。如高低层使用连接体时，应最后修建连接体，以调整部分沉降差异。

③要注意打桩、井点降水及深基开挖对附近建筑物的影响。

④在已建成的轻型建筑物周围，不宜堆放大量的建筑材料或土方等重物，以免地面堆载引起建筑物产生附加沉降。

⑤荷载大的建筑物（如料仓、油罐、水塔等），在施工前，有条件时可先堆载预压；在使用期间，应控制加载速率和加载范围，避免大量、迅速和集中堆载。

⑥应重视基坑验槽，尽可能在基础施工前，发现并根除地基土会产生不均匀沉降的隐患。勘探点总是有限的，而地基分布却是复杂的，认真进行基坑验槽，对弥补工程勘察工作之不足，十分有益。

7.7 基础施工图识读

基础施工图主要反映建筑物室内地面以下基础部分的基础类型、平面布置、尺寸大小、材料及详细构造要求等。

基础施工图包括基础平面布置图、基础详图及必要的设计说明。基础施工图是施工放线、开挖基坑（基槽）、基础施工、计算基础工程量的依据。

7.7.1 基础平面布置图识读

基础平面布置图主要表达基础的平面位置、尺寸及基础的种类等，是基础施工时定位放线与开挖的直接依据。

基础平面图的识读

　　基础平面布置图的比例一般与建筑平面图的比例相同,一般采用 1:100 或 1:150。基础平面布置图的定位轴线一般与建筑平面图的定位轴线相同,若还有新的定位轴线应编制为副轴线,并确定主、副轴线的位置关系。基础平面布置图中应画出基础顶面的墙、柱轮廓线。基础平面布置图中应标注出基础的代号、定形尺寸和定位尺寸。定形尺寸包括基础底面尺寸等,可直接标出,也可用文字加以说明或根据不同基础代号列表标出。定位尺寸包括基础、基础梁、柱等和轴线之间的尺寸关系,轴线必须与建筑平面图的定位轴线及编号相一致。如图 7.38 所示为独立基础的平面布置图,如图 7.39 所示为条形基础平面布置图。

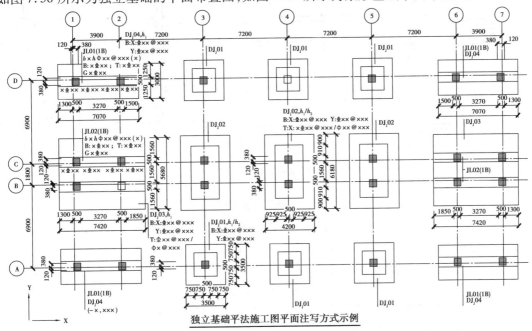

独立基础平法施工图平面注写方式示例

图 7.38　独立基础的平面布置图

　　如图 7.38 所示,此图为独立基础的平面布置图,对基础采用了平面注写方式,也就是说,在此平面图中,除了基础的编号、定位与尺寸外,还标注了基础的配筋等细节信息。以 4 轴交 C 轴的 DJ_J02 为例,第一行标注大写的 DJ 代表普通独立基础,中间的下标 J 表示阶形截面(若为坡形截面,则下标应写为 P),02 表示独立基础的编号为 02 号;h_1/h_2 表示阶梯形基础由下至上的阶梯高度,如图 7.40 所示;第二行 B 代表底部配筋,X 与 Y 分别代表图示方向,用钢筋直径和间距来表达配筋,T 代表顶部配筋,斜杠前后分别表示纵向受力钢筋与分布钢筋,一般双柱联合基础才需要顶部配筋,单柱基础不需要,DJ_J02 有顶部配筋而 DJ_J01 没有顶部配筋。

　　1 轴交 D 轴的 DJ_J04 上部设置有地基梁,第一行 JL 地表地基梁,01 表示地基梁的编号,(1B)表示一跨带两端悬挑;第二行 b,h 为地基梁的宽和高,后面是地基梁的箍筋;第三行表达的是梁的纵向钢筋,对地基梁的标注和识读与普通梁类似,但要注意 B 和 T 分别代表地基梁的底部与顶部配筋,底部放在前,顶部放在后,与普通梁是相反的,读者在读图时一定不能混淆;第四行 G 代表侧向钢筋。当有的基础尺寸配筋都一样时,可以编为同一个编号,其尺寸配筋都不需要再重复标注,仅标注基础代号与编号即可。

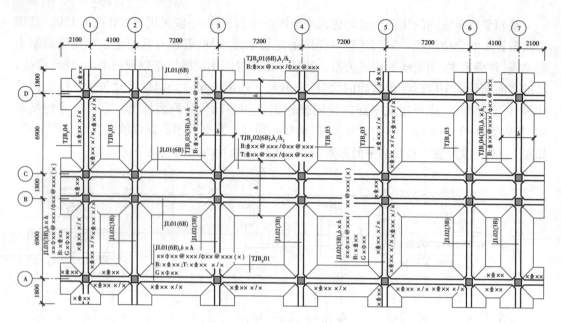

条形基础平法施工图平面注写方式示例

图 7.39　条形基础的平面布置图

总的来说,识读基础平面布置图,需要重点注意以下 4 个方面:

①了解基础类型:独立基础、桩基础、条形基础柱、桩基础等。

②了解每个基础的平面位置(与定位轴线间相对关系)。

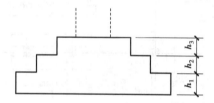

图 7.40　阶形截面普通独立基础竖向尺寸

③了解每类基础的平面大小、形状。

④了解基础梁的平面位置、断面大小、配筋等。

7.7.2　基础详图识读

基础剖面图详细表示出基础的位置、形状、尺寸、与轴线的关系、基础标高、材料及其他构造做法,不同做法的基础都应画出详图。基础详图的比例一般采用 1∶20 或 1∶10 等较大的比例绘制,以便清楚、详细地表示出基础的形状尺寸、轴线标高、材料等施工需要明确的内容。基础详图中必须有定位轴线,柱、基础轮廓线、基础钢筋。在钢筋混凝土结构中为了清楚地表示钢筋,不再用混凝土图例表示。垫层材料可用文字注明,也可用图例表示。如图7.41所示为独立基础配筋构造详图,如图 7.42 所示为双柱独立基础配筋构造详图,如图7.43所示为设置基础梁的双柱独立基础配筋构造详图。不同类型的基础,配筋是不一样的,双柱基础上部配置钢筋,而单柱基础不需要,在设置基础梁的情况下,基础梁要按规定配置底面、顶面、侧向钢筋以及箍筋,而且在配置基础梁之后,独立基础顶面不再单独设置钢筋。在施工时,要严格按照基础详图和图集中的构造要求进行施工,仔细核查详图细节。

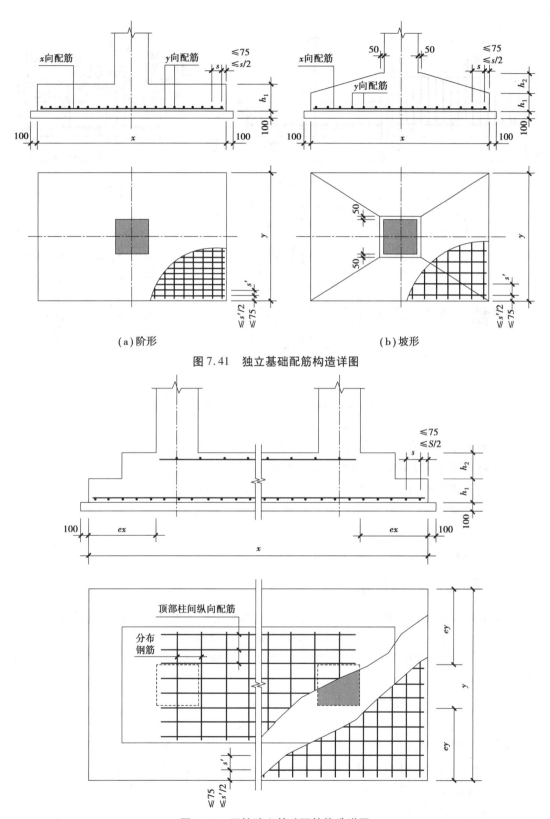

（a）阶形　　　　　　　　　　　　　　（b）坡形

图 7.41　独立基础配筋构造详图

图 7.42　双柱独立基础配筋构造详图

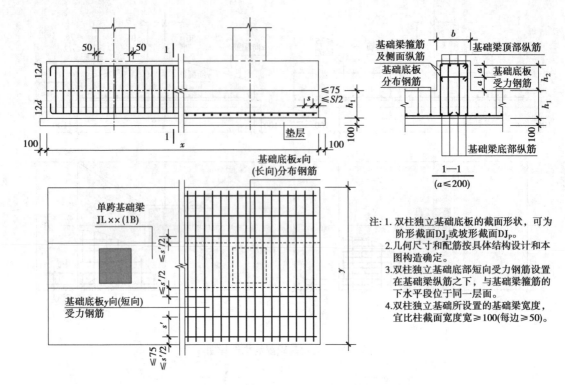

图 7.43 设置基础梁的双柱独立基础配筋构造详图

总的来说,识读基础详图,需要重点注意以下 6 个方面:

①了解基础平面形状,大小尺寸,平面定位(与轴线关系)。

②了解基础上部结构(柱)断面尺寸及配筋。

③了解基础底板钢筋布置及配筋,掌握钢筋的直径、间距等。

④了解基础埋深(顶面、地面标高),防潮层的位置、做法等。

⑤了解基础台阶的宽度和高度。

⑥核对基础详图与基础平面图是否一致。

7.7.3 基础设计总说明

设计说明一般是说明难以用图示表达的内容和易用文字表达的内容,如材料的质量要求、施工注意事项等,由设计人员根据具体情况编写。一般包括以下内容:

①对地基土质情况提出注意事项和有关要求,概述地基承载力、地下水位和持力层土质情况。

②地基处理措施,并说明注意事项和质量要求。

③对施工方面提出验槽、钎探等事项的设计要求。

④垫层、砌体、混凝土、钢筋等所用材料的强度等级、质量要求等。

⑤防潮(防水)层的位置、做法,构造柱的截面尺寸、材料、构造,混凝土保护层厚度等。

通过基础设计总说明,一定要重点掌握所用材料、地基承载力、基础的施工要求等,为基础施工做好充分的准备。

项目小结

基础是保证建筑物安全和正常使用的重要组成部分。本项目介绍了浅基础与深基础的概念;对浅基础进行了详细分析,介绍了一般浅基础的类型、基础埋深的选择、通过地基承载力确定基础底面尺寸、软弱下卧层验算等;重点讲解了独立基础、条形基础以及筏板基础的构造要求、设计方法、施工要点等;针对沉降危害,介绍了减轻基础不均匀沉降的措施。另外,以独立基础和条形基础为例,讲解了浅基础施工图的识读要点。

习　题

一、选择题

1. 除岩石地基外,基础的最小埋深为(　　　)。

　　A.0.3 m　　　　　　B.0.5 m　　　　　　C.0.8 m　　　　　　D.1.5 m

2. 通过(　　　)验算,可以得到独立基础底板的配筋。

　　A.抗弯　　　　　　B.抗剪　　　　　　C.抗冲切　　　　　　D.抗浮

3. 通过(　　　)验算,可以得到独立基础底板的厚度。

　　A.抗弯和抗剪　　　B.抗剪和抗浮　　　C.抗冲切和抗剪　　　D.抗浮和抗弯

4. 柱下钢筋混凝土独立基础的边长大于或等于(　　　)时,底板受力筋的长度可取边长的0.9倍,并宜交错布置。

　　A.2 m　　　　　　B.2.5 m　　　　　　C.3 m　　　　　　D.3.5 m

5. 下面哪个表达为普通阶形独立基础的代号。(　　　)

　　A. DJ_P　　　　　　B. DJ_J　　　　　　C. BJ_P　　　　　　D. BJ_J

6. 以下对条形基础的说法,不正确的是(　　　)。

　　A. 条形基础有墙下条形基础和柱下条形基础

　　B. 墙下条形基础是一种扩展基础

　　C. 柱下条形基础内力分析一般是在长度方向选1 m进行计算

　　D. 柱下条形基础计算时可用倒梁法进行分析

二、填空题

1. 沉降缝是从_____至_____把建筑物断开。

2. 墙下钢筋混凝土条形基础配筋时,受力筋布置在_____方向,分部筋布置在_____方向。

3. 在抗震设防区,除岩石地基外,天然地基上的箱形和筏板基础,其埋深不宜小于建筑物高度的_____。

4. 轴心受压现浇柱基础高度大于等于_____ mm 时,可仅将柱四角的基础插筋伸至底板钢筋网上,其余插筋可锚固在基础顶面下满足锚固长度要求。

5. 房屋基础中必须满足基础台阶宽高比要求的是_____基础。

三、简答题

1. 什么是基础的埋深? 选择基础埋深时应考虑哪些因素?

2. 减轻不均匀沉降应采取哪些措施?

3. 天然地基上的浅基础有哪些类型? 其各自的特点是什么?

4. 如何按地基承载力确定基础底面尺寸?

5. 简述独立基础的施工工艺。

四、计算题

1. 现有某柱下独立基础,基底尺寸为 $2.0 \text{ m} \times 2.5 \text{ m}$,基础埋深为 1.8 m,传至基础顶面的荷载标准值 $F_k = 1\,250 \text{ kN}$。地表各土层分布情况为:

第一层:素填土,$\gamma = 17 \text{ kN/m}^3$,厚度为 1.2 m;

第二层:黏土,$\gamma = 18 \text{ kN/m}^3$,$f_{ak} = 180 \text{ kPa}$,$e = 0.85$,$I_l = 0.75$,厚度为 5 m;

不考虑软弱下卧层的可能性,试验算此基础的底面尺寸是否满足要求。

2. 某柱下独立基础受轴心荷载作用,框架柱传至基础的荷载标准值 $F_k = 1\,050 \text{ kN}$,地基持力层为粉土,已知 $\eta_d = 1.5$,天然重度 $\gamma = 18.5 \text{ kN/m}^3$,基底以上土的加权平均重度 $\gamma_m = 18 \text{ kN/m}^3$,地基承载力特征值 $f_{ak} = 180 \text{ kPa}$,地下水位在室外地面以下 5 m 处,若基础埋深为 2 m,试确定基础的底面尺寸。

项目 8
深基础工程

项目导读

在建筑工程中,当地基浅层土不能满足建筑物对强度和变形的要求,又不适宜采取地基处理措施时,就要利用地基深层处的坚硬土层作为建筑物基础的持力层,也就是采用深基础。深基础常见的有桩基础、沉井基础和地下连续墙等类型,其中桩基础是最常用的深基础。本项目主要介绍深基础的形式,桩基础的类型和适用范围、桩的承载力确定等,并对灌注桩基础工程和预制桩基础工程进行详细介绍。本项目学习应重点掌握桩基础相关知识,了解其余深基础类型。

8.1 认识深基础

认识深基础

8.1.1 深基础简介

随着生产的发展和社会的需求,高层建筑越来越多,高层建筑地基的稳定性对基础的承载力、结构刚度、施工工艺等提出了更高的要求,深基础工程由此得到迅速发展。从设计的角度看,凡是基础的入土深度与基础的短边尺寸之比超过一定界限的均可归于深基础一类。深基础的类型有桩基础、沉井基础、地下连续墙以及大直径桩墩基础、箱桩基础等。

1)桩基础

桩基础一般由桩和承台组成,是指通过承台把若干根桩的顶部连接成整体,共同承受荷载的一种深基础,如图 8.1 所示。桩基础是深基础中最常用的一种基础形式,以承载力高、沉降小、施工方便等特点得到广泛应用,几乎可以应用到各种工程地质条件和各种类型的工程,如房屋建筑、桥梁、港口等。

2)沉井基础

沉井基础是在场地条件和技术条件受限制时常常采用的一种深基础形式,由混凝土或钢筋混凝土浇筑成的井筒状结构物,通过井内挖土,依靠井筒自身质量克服井壁摩阻力下沉至设计标高,然后经过混凝土封底成为建(构)筑物的基础,如图8.2所示。

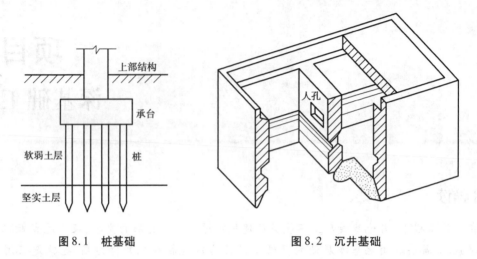

图 8.1　桩基础　　　　　　　　　　图 8.2　沉井基础

3)地下连续墙

地下连续墙是在工程开挖土方之前,用特制的挖槽机械在泥浆护壁的情况下每次开挖一个单元槽段的沟槽,将地面上加工好的钢筋骨架用起重机械吊放入充满泥浆的沟槽内,用导管向沟槽内浇筑混凝土并将泥浆置换出来,待混凝土浇至设计标高后,一个单元槽段即施工完毕。各个单元槽段之间用特制的接头连接,形成连续的地下钢筋混凝土墙。地下连续墙如图8.3所示。

当放坡开挖受限,地下水位难以降低,周围环境不允许,其他支护结构不能满足要求时,地下连续墙是一种非常有效的方法,它具有挡土、挡水防渗、承重等多种功能,在高层建筑中应用广泛。

4)大直径桩墩基础

大直径桩墩基础是通过在地基中成孔后灌注混凝土形成的大口径深基础。大直径桩墩基础主要以混凝土及钢材作为建筑材料。其结构由墩帽(或墩承台)、墩身和扩大头三部分组成,如图8.4所示。大直径桩墩基础与桩基础有一定相似之处,但也存在区别,主要表现为:桩是一种长细的地下结构物,而墩的断面尺寸一般较大,长细比则较小;墩不能以打入或压入法施工;墩往往单独承担荷载,且承载力比桩高得多。

8.1.2　深基础的特点

深基础埋深较深,一般埋深大于5 m,深基础与浅基础比较,具有以下特点:

(1)深基础的地基承载力高

由于深基础选择地基深层较坚实土层作为建筑物的持力层,而且除基底土层有较强的承载能力,其四周侧壁的摩擦力也具有一定的承载能力,因此深基础的地基承载力较强。

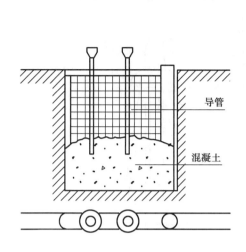

图8.3　地下连续墙　　　　　图8.4　大直径桩墩基础

（2）深基础施工方法较复杂

深基础的埋深较大，通常需要考虑基础侧面土体的影响，考虑基础侧壁的摩擦力等因素，而浅基础无须考虑基础侧壁摩擦力。深基础一般采用特殊的结构形式、特殊的施工方法，而浅基础一般采用开挖基坑的简单方法。

（3）深基础施工需专门设备

深基础施工需要专门设备。例如，预制桩施工需打桩设备，灌注桩施工需成孔设备；沉井基础施工需要现场浇筑混凝土的设备，井点降水、沉降观测及纠倾等设备。

（4）深基础技术较复杂

深基础需进行特殊结构设计，施工需专业技术人员负责，如发现问题应及时处理。例如，沉井施工下沉，如发现沉井倾斜，应立即采取有效措施纠倾。

（5）深基础的造价往往较高

基础各方案应认真进行经济分析。如上所述，通常只有在天然地基浅基础无法满足建筑物的安全使用的情况下，才采用深基础工程。

（6）深基础的工期较长

深基础施工的复杂性对施工的要求，解决基坑开挖、排水等问题，减小对临近建筑的影响等，使深基础工期明显比浅基础长。

8.2　桩基础基本知识

8.2.1　桩基础的定义和作用

如图8.5所示，桩基础一般由桩和承台组成，是通过承台把若干根桩的顶部连接成整体，共同承受荷载的一种深基础。桩是设置于土中的竖直或倾斜的基础构件。通常将桩基础中的每根桩称为基桩。桩身全部埋入土中，承台底面与土体接触的桩基，称为低承台桩基础,如图8.5(a)所示;桩身露出地面而承台底面位于地面以上的桩基,称为高承台桩基,如图8.5(b)所示。建筑桩基础通常为低承台桩基础,广泛应用于高层建筑或浅层土质较差的区域。

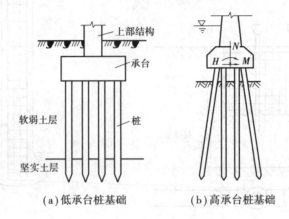

（a）低承台桩基础 （b）高承台桩基础

图 8.5 桩基础示意图

桩基础的作用是利用其自身远大于土的刚度将上部结构荷载传递到桩周及桩端较坚硬、压缩性小的土或岩石中,从而获得较大的承载力来支撑上部建筑物。

8.2.2 桩基础的适用范围

桩基础是深基础中最常用的一种基础形式,具有承载力高、沉降量小的优点,不仅能有效地承受竖向荷载,还能承受水平荷载、上拔力、振动荷载,是抗地震、液化的重要手段。桩基础适宜机械化施工,功效高,工期短,被广泛应用在工业与民用建筑、桥梁、港口等工程中。但是,桩基础需要相对较高的投资,打桩过程中的排土、噪声等可能对周围环境产生不利影响。是否采用桩基础,必须经过经济、技术、施工等多方面的分析比较才能确定。

①当地基软弱、地下水位高且建筑物荷载大,采用天然地基,地基承载力不足时,须采用桩基础。

②当地基承载力满足要求,但采用天然地基时沉降量过大或当建筑物沉降要求较严格,建筑等级较高时,需采用桩基础。

③高层或高耸建筑物需采用桩基础,可防止在水平力作用下发生倾覆。

④建筑物内、外有大量堆载会造成地基过量变形而产生不均匀沉降,或为防止对邻近建筑物产生相互影响的新建建筑物,需采用桩基础。

⑤设有大吨位的重级工作制吊车的重型单层工业厂房可采用桩基础。

⑥对地基沉降及沉降速率有严格要求的精密设备基础可采用桩基础。

⑦地震区、建筑物场地的地基土中有液化土层时,可采用桩基础。

⑧浅土层中软弱层较厚,或为杂填土或局部有暗浜、溶洞、古河道、古井等不良地质现象时,可采用桩基础。

8.2.3　桩基础的分类

桩基础的分类

1)按桩身材料分类

(1)混凝土桩

混凝土桩,是指由素混凝土、钢筋混凝土或预应力钢筋混凝土制成的桩。钢筋混凝土桩应用较广,常做成实心的方形或圆形,也可做成十字形截面,可用于承压、抗拔、抗弯等。可工厂预制或现场预制后打入,也可现场钻孔灌注混凝土成桩。当桩的截面较大时,可以做成空心管桩,常通过施加预应力制作管桩,以提高自身抗裂力。

(2)钢桩

钢桩,是指采用钢材制成的管桩和 H 型钢桩。钢材强度高、承载力高、质量轻、施工方便,可以用于超长桩。钢桩还能承受比较大的锤击应力,可以进入比较密实或坚硬的持力层,获得很高的承载力。但钢桩的价格比较高、费钢材、易腐蚀。一般在特殊、重要的建筑物中才使用。常见的有钢管桩、宽翼工字形钢桩等。

(3)木桩

木桩在我国古代的建筑工程中早已使用。木桩虽然经济,但其承载力低,易腐烂,木材又来之不易,现在已很少使用。只在乡村小桥、临时小型构筑物中还少量使用。木桩常用松木、杉木、柏木和橡木制成。木桩在使用时,应打入地下水位 0.5 m 以下。

(4)组合材料桩

组合材料桩是一种新桩型,由两种材料组合而成,以发挥各种材料的特点。例如,在素混凝土中掺入适量粉煤灰形成粉煤灰素混凝土桩;在水泥搅拌桩中插入型钢或预制钢筋混凝土小截面桩。采用组合材料桩造价较高,只在特殊地质情况下才采用。

2)按使用功能分类

(1)竖向抗压桩

竖向抗压桩适用于一般的房屋建筑,在正常工作的条件下(如不承受地震荷载,或抗震设防烈度不高而建筑物高度也不大),主要承受上部结构传来的垂直荷载。

(2)水平受荷桩

水平受荷桩适用于港口工程的板桩、基坑的支护桩等,都是主要承受水平荷载的桩。桩身的稳定依靠桩侧土的抗力,往往还设置水平支撑或拉锚以承受部分水平力。

(3)抗拔桩

抗拔桩是指主要承受拉拔荷载的桩,如板桩墙背的锚桩和受浮力的构筑物在浮力作用下自身不能稳定而在底板下设置的锚桩。

(4)复合受荷桩

复合受荷桩承受竖向、水平荷载均较大,是一种综合受力的桩型。

3)按承载性能分类

(1)摩擦型桩

摩擦型桩是指在极限承载力状态下,桩顶荷载全部或主要由桩侧摩阻力来承受的桩。摩擦型桩可细分为摩擦桩和端承摩擦桩两类。

①摩擦桩。在极限承载力状态下,桩顶荷载由桩侧阻力承受,即纯摩擦桩,桩端阻力可忽略不计,如图8.6(a)所示。

②端承摩擦桩。在极限承载力状态下,桩顶荷载主要由桩侧阻力承受,"端承"是形容摩擦桩的,桩端阻力占少量比例,但不能忽略不计。例如,置于软塑状态黏性土中的长桩,桩端土为可塑状态的黏性土,就属于端承摩擦桩,如图8.6(b)所示。

(2)端承型桩

端承型桩是指在极限承载力状态下,桩顶荷载全部或主要由桩端阻力来承受的桩。端承型桩可分为端承桩和摩擦端承桩两类。

①端承桩。在极限承载力状态下,桩顶荷载由桩端阻力承受。较短的桩,桩端进入微风化或中等风化岩石时,为典型的端承桩,此时桩侧阻力忽略不计,如图8.6(c)所示。

②摩擦端承桩。在极限承载力状态下,桩顶荷载主要由桩端阻力承受,"摩擦"是形容端承桩的。桩侧摩擦力占的比例较小,但并非忽略不计。例如,桩周土为流塑状态黏性土,桩端土为密实状态粗砂,此桩为摩擦端承桩,桩侧摩擦力约占单桩承载力的20%,如图8.6(d)所示。

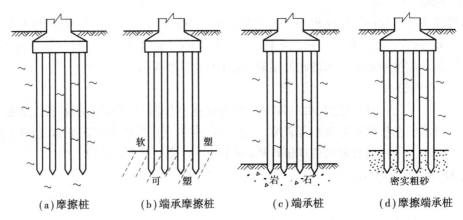

(a)摩擦桩　　　　(b)端承摩擦桩　　　　(c)端承桩　　　　(d)摩擦端承桩

图8.6　桩按承载性能分类

4)按桩径大小分类

依据桩径大小及相应的承载性能、使用功能和施工方法的一些区别,并参考世界各国的分类界限,桩可分为小直径桩、中等直径桩、大直径桩3类。

(1)小直径桩

凡桩径$d < 250$ mm的桩称为小直径桩。小直径桩桩径小,沉桩的施工机械、施工场地及施工方法都比较简单。小直径桩具有施工空间要求小、对原有建筑物基础影响小、施工方便、可在任何土层中成桩、能穿越原有基础等特点而在地基托换、支护结构、抗浮、多层住宅地基处理等工程中得到广泛应用。例如,虎丘塔倾斜加固的树根桩,桩径仅为90 mm,为典型小桩。

(2)中等直径桩

凡桩径为250 mm $< d < 800$ mm的桩称为中等直径桩。中等直径桩的承载力较大,长期以来在工业及民用建筑物中大量使用。这类桩的成桩方法和施工工艺种类很多,是最主要的桩型。

（3）大直径桩

凡桩径 $d > 800$ mm 的桩称为大直径桩。大直径桩桩径大，而且桩端还可扩大，单桩承载力高。大直径桩通常用于高层建筑、重型设备基础，并可实现一柱一桩的优良结构形式。大直径桩每一根桩的施工质量都必须切实保证，要求对每一根桩作施工记录，桩孔成孔后，应检验桩端持力层土质是否符合设计要求，并将虚土清除干净，再下钢筋笼，并用商品混凝土一次浇成，不得留施工缝。

5）按施工方法分类

（1）预制桩

预制桩，是指借助专用机械设备将预先制作好的具有一定形状、刚度及构造的桩打入、压入或振入土中去的桩型。在工厂或现场地面上制作桩身，然后采用锤击、振动或静压的方法将桩沉至设计标高。预制桩可以整体制作，但受运输条件的限制，当桩身较长时，需要分段制作，每段长度不超过 12 m，沉桩时再拼接成所需要的长度，但要尽量减少接头数目。

（2）灌注桩

灌注桩，是指在工程现场设计桩位处通过机械钻孔、钢管挤土或人工挖掘等手段在地基土中形成的桩孔内放置钢筋笼、灌注混凝土而做成的桩。

在现场，用钻、冲或挖等方法成孔，然后在孔中放置钢筋和灌注混凝土成桩。灌注桩的配筋率一般较低，用钢量较省，且桩长可随持力层起伏而改变，不需截桩、不设接头。与预制桩比，灌注桩不存在起吊及运输问题。灌注桩要特别注意保证桩身混凝土质量，防止露筋、缩颈、断桩等现象。灌注桩按施工工艺可分为沉管灌注桩、钻（冲）孔灌注桩和人工挖孔灌注桩等。

6）按成桩方法分类

大量工程实践表明，成桩挤土效应对桩的承载力、成桩质量控制和环境等有很大影响。根据成桩方法和成桩过程的挤土效应将桩分为 3 类。

（1）挤土桩

成桩过程中，桩孔中的土未取出，全部挤压到桩的四周，这类桩称为挤土桩。挤土桩包括以下两种：

①挤土灌注桩。如沉管灌注桩，在沉管过程中，把桩孔部位的土挤压至桩管周围，浇注混凝土振捣成桩，即为挤土灌注桩。

②挤土预制桩。通常的预制桩定位后，将预制桩打入或压入地基土中，原在桩位处的土均被挤压至桩的四周，这类桩即为挤土预制桩。

应当注意，在饱和软土中设置挤土桩，如设计和施工不当，会产生明显的挤土效应，导致未初凝的灌注桩桩身缩小乃至断裂，桩上抬和移位，地面隆起，从而降低桩的承载力，有时还会损坏邻近建筑物。桩基施工后，还可能因饱和软土中孔隙水压力消散，土层产生再固结沉降，使桩产生负摩阻力，降低桩基承载力，增大桩基的沉降。挤土桩若设计和施工得当，可收到良好的技术经济效果，如在非饱和松散土中采用挤土桩，其承载力明显高于非挤土桩。正确地选择成桩方法和工艺是桩基设计中的重要环节。

（2）部分挤土桩

成桩过程对周围土产生部分挤压作用的桩称为部分挤土桩。它包括以下 3 种：

①部分挤土灌注桩。如钻孔灌注桩、局部复打桩。

②预钻孔打入式预制桩。通常预钻孔直径小于预制桩的边长,预钻孔时孔中的土被取走,打预制桩时为部分挤土桩。

③打入式敞口桩。如钢管桩打入时,桩孔部分土进入钢管内部,对于钢管桩周围的土而言,为部分挤土桩。

（3）非挤土桩

成桩过程对桩周围的土无挤压作用的桩称为非挤土桩,成桩方法有干作业法、泥浆护壁法和套管护壁法。这类非挤土桩的施工方法是首先清除桩位的土,然后在桩孔中灌注混凝土成桩,如人工挖孔扩底桩即为这种桩。

8.2.4 单桩竖向承载力

单桩竖向
承载力

单桩承载力包括单桩竖向承载力和单桩水平承载力。

单桩竖向承载力是指单桩竖向极限承载力,即单桩在竖向荷载作用下到达破坏状态前或出现不适于继续承载的变形时对应的最大荷载。

单桩竖向承载力取决于两个方面:一是取决于桩身的材料强度;二是取决于土对桩的支承力。在确定单桩竖向受压承载力时,取两者中的不利情况作为设计时的依据。通常,只有支承在坚硬的岩层或土层上的端承桩和长细比很大的超长桩,才有可能由材料强度来确定单桩竖向承载力。

1）根据桩身材料强度计算单桩竖向承载力

按桩身混凝土强度计算桩的承载力时,应按桩的类型和成桩工艺的不同将混凝土的轴心抗压强度设计值乘以工作条件系数 φ_c,桩轴心受压时桩身强度应符合式(8.1)的规定。当桩顶以下 5 倍桩身直径范围内螺旋式箍筋间距不大于 100 mm,且钢筋耐久性得到保证的灌注桩,可适当计入桩身纵向钢筋的抗压作用。

$$Q \leqslant A_p f_c \varphi_c \tag{8.1}$$

式中 f_c——混凝土轴心抗压强度设计值,kPa,按现行国家标准《混凝土结构设计规范》(GB 50010—2019)取值;

Q——相应于作用的基本组合时的单桩竖向力设计值,kN;

A_p——桩身横截面积,m^2;

φ_c——工作条件系数,非预应力预制桩取 0.75,预应力桩取 0.55 ~ 0.65,灌注桩取 0.6 ~ 0.8(水下灌注桩、长桩或混凝土强度等级高于 C35 时用低值)。

2）根据土对桩的支承力计算单桩竖向承载力

按土对桩的支承力确定单桩竖向承载力时,不仅要考虑地基土强度和变形的作用,还要考虑桩的入土深度、截面尺寸及沉桩方式等的影响。

（1）按静载荷试验确定

单桩竖向静载荷试验是按照设计要求在建筑场地先打试桩,在桩顶上分级施加静载荷,并观测桩顶在各级荷载作用下的沉降量,直到桩周围地基破坏或桩身破坏,从而求得桩的极限承载力。试桩数量一般不少于桩总数的1%,且不少于 3 根。

《建筑地基基础设计规范》(GB 50007—2011)规定,对一级建筑物,单桩竖向承载力标准值,应通过现场静载荷试验确定。

对打入式试验,考虑沉桩对桩周土的扰动,试桩应在土体强度得以恢复后才进行。从成桩到开始试验的间歇时间为:砂类土,不少10 d;粉土和黏性土,不少于15 d;淤泥或淤泥质土,不少于25 d。灌注桩应待桩身混凝土达到设计强度后才能进行试验。

试验一方面可以确定出单桩竖向(抗压)极限承载力标准值,作为设计依据;另一方面是对工程桩的承载力进行抽样检验和评价。在试验加载时,对后者工程桩加载至承载力设计值的1.5~2倍,其余试桩均加载至破坏。

①试验加荷装置。

试验加荷装置主要由加载系统和量测系统组成。如图8.7所示为锚桩横梁试验装置布置图。加载系统由千斤顶及其反力系统组成,后者包括主、次梁及锚桩,所提供的反力应大于预估最大试验荷载的1.2倍。采用工程桩作为锚桩时,应对试验过程锚桩上拔量进行监测。反力系统可以采用压重平台反力装置或锚桩压重联合反力装置。提供的反力也可采用压重平台,压重应在试验开始前一次加上,并均匀稳固放置于平台上。

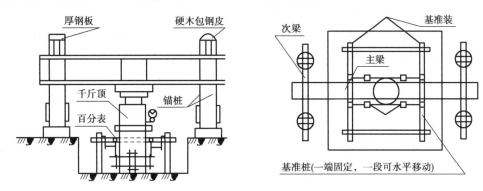

图8.7　单桩竖向静载荷试验装置示意图

量测系统主要由千斤顶上的压力环或应变式压力传感器(测荷载大小)及百分表或电子位移计(测试桩沉降)等组成。为准确测量桩的沉降,消除相互干扰,要求有基准系统,其由基准桩、基准梁组成,且保证在试桩、锚桩(或压重平台支墩)和基准桩相互之间有足够的距离,一般应大于4倍桩直径(对压重平台反力装置应大于2 m)。

②试验方法。

a.慢速维持荷载法。即逐级加载,每级荷载达到相对稳定后加下一级荷载,直到试桩破坏,然后分级卸载到零。

b.多循环加、卸载法。每级荷载达到相对稳定后,卸载至零。

c.快速维持荷载法。每隔1 h加一级荷载。这种加载法是对工程桩进行检验性试验,需要缩短试验时间时采用的。

工程中常用慢速维持荷载法,每级加载为预估极限荷载的1/15~1/10,第一级荷载可以按两倍的分级荷载施加。在每级加载后间隔5,10,15 min各测读1次沉降值,以后每隔15 min测读1次,累计1 h后,每隔半小时测读1次。在1.5 h内连续3次测读的沉降值,在每1 h内不超过0.1 mm,并且连续两次不超过0.1 mm,就认为沉降已经达到相对稳定,可以施加下一级荷载。

在试验过程中,出现下列情况之一时,即可终止加载。

a. 当荷载沉降(Q-s)曲线上有可判定极限承载力的陡降段,且桩顶总沉降量超过 40 mm。

b. 某级荷载下桩的沉降量大于前一级沉降量的两倍,且经 24 h 尚未达到稳定。

c. 25 m 以上的非嵌岩桩,Q-s 曲线呈缓变形时,桩顶总沉降量大于 60 ~ 80 mm。

d. 在特殊情况下,可根据具体要求加载至桩顶总沉降量大于 100 mm。

终止加载后进行卸载,每级卸载值为加载值的两倍,每级卸载后隔 15,15,30 min 各测读 1 次后,即可卸下一级荷载,全部卸载后,隔 3 ~ 4 h 再测读 1 次。

③结果整理。

单桩竖向抗压极限承载力的大小,可通过作荷载-沉降(Q-s)曲线确定。

a. 当 Q-s 曲线呈陡降型时,取相应于陡降段起点的荷载值,如图 8.8(a)所示。

b. 当出现终止加载情况时,取前一级荷载值为单桩受压极限承载力值。

c. 当 Q-s 曲线呈缓变形时,取桩顶总沉降量 s = 40 mm 所对应的荷载值,如图 8.8(b)所示。当桩长大于 40 m 时,宜考虑桩身的弹性压缩。

d. 参加统计的试桩,当满足其极差不超过平均值的30%时,可取其平均值为单桩竖向承载力极限承载力;极差超过平均值的30%时,宜增加试桩数量并分析极差过大的原因,结合工程具体情况确定极限承载力。对桩数为 3 根及 3 根以下的柱下桩台,取最小值。

单桩竖向极限承载力确定后,除以安全系数 2,即可得到单桩竖向承载力特征值 R_a。

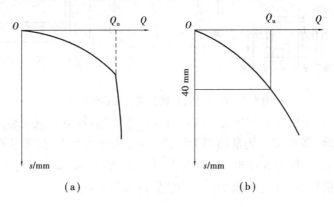

图 8.8　由 Q-s 曲线确定单桩极限承载力

(2)按经验公式确定

①《建筑地基基础设计规范》(GB 50007—2018)提供的经验公式。

单桩的承载力特征值可按式 8.2 估算:

$$R_a = q_{pa}A_p + u_p \sum q_{sia}l_i \tag{8.2}$$

式中　R_a——单桩竖向承载力特征值,kN;

　　　A_p——桩底端横截面面积,m^2;

　　　q_{pa}, q_{sia}——桩端阻力特征值、桩侧阻力特征值,kPa,由当地静载荷试验结果统计分析
　　　　　　　得出;

u_p——桩身周边长度，m；

l_i——第 i 层岩土的厚度，m。

当桩端嵌入完整及较完整的硬质岩中，桩长较短且入岩较浅时，可按式(8.3)估算单桩竖向承载力特征值

$$R_a = q_{pa}A_p \tag{8.3}$$

式中　q_{pa}——桩端岩石承载力特征值，kPa。

②《建筑桩基技术规范》(JGJ 94—2019)提供的经验公式。

《建筑桩基技术规范》(JGJ 94—2019)规定，单桩竖向承载力特征值 R_a 按式(8.4)确定：

$$R_a = \left(\frac{1}{K}\right)Q_{uk} \tag{8.4}$$

式中　Q_{uk}——单桩竖向极限承载力标准值；

K——安全系数，取 $K = 2$。

③当根据土的物理指标与承载力参数之间的经验关系确定单桩竖向极限承载力标准值时，宜按式(8.5)估算：

$$Q_{uk} = Q_{sk} + Q_{pk} = u\sum q_{sik}l_i + q_{pk}A_p \tag{8.5}$$

式中　Q_{uk}——单桩竖向总极限承载力标准值，kN；

Q_{sk}——单桩总极限侧摩擦力标准值，kN；

Q_{pk}——单桩总极限端阻力标准值，kN；

u——桩身周边长度，m；

q_{sik}——桩侧第 i 层土极限侧阻力标准值，如无当地经验时，可按《建筑桩基技术规范》(JGJ 94—2019)取值；

l_i——按土层划分的各段桩长，m；

q_{pk}——极限端阻力标准值，如无当地经验时，可按《建筑桩基技术规范》(JGJ 94—2019)取值；

A_p——桩底端横截面面积，m^2。

④当根据土的物理指标与承载力参数之间的经验关系确定大直径灌注桩的单桩极限承载力标准值时，可按式(8.6)估算：

$$Q_{uk} = Q_{sk} + Q_{pk} = u\sum \psi_{si}q_{sik}l_i + \psi_p q_{pk}A_p \tag{8.6}$$

式中　q_{sik}——桩侧第 i 层土极限侧阻力标准值，如无当地经验时，可按《建筑桩基技术规范》(JGJ94—2019)取值；对扩底桩变截面以上 $2d$ 长度不计侧阻力；

q_{pk}——桩径为 800 mm 的极限端阻力标准值[对干作业挖孔(清底干净)可采用深层载荷板试验确定；当不能进行深层载荷板试验时，可按《建筑桩基技术规范》(JGJ94—2019)取值]；

ψ_{si}, ψ_p——大直径桩侧阻、端阻尺寸效应系数，按表8.1取值；

u——桩身周长，m，当人工挖孔桩桩周护壁为振捣密实的混凝土时，桩身周长可按护壁外直径计算。

(3)按静力触探法确定

静力触探是用静压力将一个内部装有阻力传感器的探头均匀地压入土中，土层的强度

不同,探头在贯入过程中所受到的阻力各异,传感器将这种大小不同的贯入阻力,通过电信号和机械系统传至自动记录仪,绘出随深度的变化曲线。根据贯入阻力与强度间关系,通过触探曲线分析,即可对复杂的土体进行地层划分,以估算单桩的容许承载力等。

表 8.1 大直径灌注桩侧阻尺寸效应系数 ψ_{si}、端阻尺寸效应系数 ψ_{p}

土类型	黏性土、粉土	砂土、碎石类土
ψ_{si}	$(0.8/d)^{1/5}$	$(0.8/d)^{1/3}$
ψ_{p}	$(0.8/D)^{1/4}$	$(0.8/D)^{1/3}$

注:①当为等直径桩时,表中 $D = d$。
　　②对嵌入基岩的大直径嵌岩灌注桩,无须考虑端阻与侧阻尺寸效应。

3) 桩侧负摩阻力

桩周土作用在桩身侧面的摩阻力,其大小和方向,对荷载传递和桩的承载力影响很大。通常情况下,在竖向荷载作用下,桩身相对于桩周土的位移是向下的,在桩身侧面会产生向上的摩阻力(桩侧阻力),它能承受外荷载的一部分和大部分。但是某些原因使桩周土的沉降大于桩身的沉降量时,桩身相对于桩周土的位移则是向上的,这样在桩侧就产生了向下的摩阻力,这就是桩侧负摩阻力。

桩侧负摩阻力向下,相当于增加了作用在桩上的外荷载,对桩的承载力产生极为不利的影响。

在下列情况下一般会出现桩侧负摩阻力:

①桩穿越新近堆填的较厚松散填土、自重湿陷性黄土、欠固结土层,进入相对较硬土层时。

②桩周存在软弱土层,邻近桩侧地面承受局部较大的长期荷载,或地面大面积堆载(包括填土)时。

③地下水位降低,使桩周土中有效应力增大,并产生显著压缩沉降时。

在以上任一情况下,当桩周土层产生的沉降超过群桩中单桩的沉降时,应根据具体情况考虑桩侧负摩阻力对桩基承载力和沉降的不利影响。

8.2.5 单桩水平承载力

在工业与民用建筑中,桩基础一般以承受竖向荷载为主,但是也可能承受水平荷载的作用。作用在桩基础上的水平荷载有长期作用的水平荷载,如地下室外墙土和水的侧压力;反复作用的水平荷载,如风荷载等。还有地震水平作用等。

单桩水平承载力所受的影响因素较多,包括桩的截面刚度、材料强度、桩侧土层条件、桩的入土深度、桩顶约束等。对受水平荷载较大的设计等级为甲级、乙级的建筑桩基,单桩的水平承载力设计值应通过单桩静力水平荷载试验确定。对钢筋混凝土预制桩、钢桩、桩身配筋率不小于 0.65% 的灌注桩,可根据静载荷试验结果取地面处水平位移为 10 mm(对水平位移敏感的建筑物取水平位移 6 mm)所对应的荷载的 75% 为单桩水平承载力特征值。对桩身配筋率小于 0.65% 的灌注桩,可取单桩水平静载荷试验的临界荷载的 75% 为单桩水平承载力特征值。当缺少单桩水平静载荷试验资料时,可根据《建筑桩基技术规范》(JGJ94—2019)进行估算。

8.2.6　桩基础设计

基础施工图
教学一

基础施工图
教学三

桩基础的设计应力求选型恰当、经济合理、安全适用,桩和承台有足够的强度、刚度和耐久性,地基有足够的承载力和不产生过大的变形。

一般桩基础的设计可按以下步骤进行:

①调查研究,收集设计资料。

②选择桩的类型和几何尺寸,初步确定承台底面标高。

③确定单桩竖向和水平(承受水平力为主的桩)承载力设计值。

④确定桩的数量、间距和布置方式。

⑤验算桩基的承载力和沉降。

⑥桩身结构设计。

⑦承台设计。

⑧绘制桩基施工图。

1) 收集设计资料

设计桩基础之前必须充分掌握设计原始资料,包括建筑类型、荷载、工程地质勘察资料、施工技术设备及材料来源,并尽量了解当地使用桩基础的经验。

桩基础设计应具备以下资料:

①岩土工程地质勘察文件。

②建筑场地与环境条件的有关资料,特别是临近的敏感建筑等。

③建筑物的有关资料,上部结构形式、布置、荷载等。

④施工条件的有关资料,建材供应情况等。

⑤当地及现场周围建筑基础设计及施工的经验等。

2) 选择桩的类型及几何尺寸

(1) 桩型的选择

桩的类型的确定应根据建筑结构类型、荷载性质、桩的使用功能、穿越土层情况、桩端持力层情况、地下水位情况、施工队伍水平和经验、制桩材料供应及施工工艺设备条件综合考虑,选择经济、合理、安全适用的桩型。

当桩所穿越的土层中有大孤石或坚硬夹层时,不宜采用预制桩;当土层分布很不均匀时,宜采用灌注桩。在同一建筑场地,无论是从桩的施工方法,还是从桩的受力情况来分类,都只宜采用同一类型的桩。

(2) 桩的几何尺寸确定

桩的几何尺寸包括桩长和桩的截面尺寸。

①桩长。确定桩长即是选择持力层和确定桩底(端)进入持力层深度的问题。坚实土层和岩石最适宜作为桩端持力层,在施工条件容许的深度内,若没有坚实土层,可选中等强度的土层作为持力层。桩端进入坚实土层的深度应满足:对黏性土和粉土,不宜小于2~3倍

桩径;对砂土,不宜小于 1.5 倍桩径;对碎石土,不宜小于 1 倍桩径;嵌岩桩嵌入中等风化或微风化岩体的最小深度,不宜小于 0.5 m。桩端以下坚实土层的厚度,一般不宜小于 5 倍桩径,嵌岩桩在桩底以下 3 倍桩径范围内应无软弱夹层、断裂带、洞穴和空隙分布。

②桩的截面尺寸。桩的截面尺寸选择应根据成桩工艺、结构的荷载情况以及当地建筑经验、施工条件来进行。预制方桩的截面尺寸一般可在 300~600 mm 选择,灌注桩的截面尺寸一般可在 300~2 000 mm 选择。

桩型和几何尺寸确定以后,应初步确定承台底面标高。承台底面标高的选择,应考虑上部建筑物的使用要求、承台本身的预估高度以及季节性冻结的影响。

3)确定单桩竖向承载力设计值

按 8.2.4 节方法进行单桩竖向承载力的计算。

4)确定桩的数量和平面布置

(1)确定桩数

根据单桩承载力特征值和上部结构荷载情况可确定桩数。

当桩基础为中心受压时,桩数为

$$n \geqslant \frac{F_k + G_k}{R_a} \tag{8.7}$$

当桩基础为偏心受压时,桩数为

$$n \geqslant \mu \frac{F_k + G_k}{R_a} \tag{8.8}$$

式中　n——桩数;

F_k——相应于荷载效应标准组合时,作用于桩基础承台顶面的竖向荷载,kN;

G_k——桩基础承台自重及承台上土自重标准值,kN;

R_a——单桩竖向承载力特征值,kN;

μ——考虑偏心荷载时各桩受力不均的增大系数,取 1.1~1.2。

(2)桩的间距

所谓桩距就是指桩的中心距。间距太大会增加承台的体积和用料;间距太小则使桩基础(摩擦型桩)的沉降量增加,且给施工造成困难。摩擦型桩的中心距不宜小于桩身直径的 3 倍;扩底灌注桩的中心距不宜小于扩底直径的 1.5 倍。当扩底直径大于 2 m 时,桩端净距不宜小于 1 m。在确定桩距时尚应考虑施工工艺中挤土等效应对邻近桩的影响。

桩的最小中心距应符合表 8.2 的规定。

表 8.2　桩的最小中心距

土类与沉桩工艺	排数不少于 3 排且桩数 不少于 9 根的摩擦型桩基	其他情况
非挤土灌注桩	3.0d	2.5d
部分挤土桩	3.5d	3.0d

续表

土类与沉桩工艺		排数不少于3排且桩数不少于9根的摩擦型桩基	其他情况
挤土桩	非饱和土	$4.0d$	$3.5d$
	饱和黏性土	$4.5d$	$4.0d$
钻、挖孔扩底桩		$2D$ 或 $D+2.0\text{ m}$（当 $D>2$ m）	$1.5D$ 或 $D+1.5\text{ m}$（当 $D>2.0$ m）
沉管夯扩、钻孔挤扩桩	非饱和土	$2.2D$ 且 $4.0d$	$2.0D$ 且 $3.5d$
	饱和黏性土	$2.5D$ 且 $4.5d$	$2.2D$ 且 $4.0d$

注：①d 为圆桩直径或方桩边长，D 为扩大端设计直径。
②当纵横向桩距不相等时，其最小中心距应满足"其他情况"一栏的规定。
③当为端承型桩时，非挤土灌注桩的"其他情况"一栏可减小至 $2.5d$。

（3）桩的布置

排列基桩时，宜使桩群承载力合力点与竖向永久荷载合力作用点重合，并使基桩受水平力和力矩较大方向有较大抗弯截面模量。当外荷载中弯矩占较大比重时，宜尽可能增大桩群截面抵抗矩，加密外围桩的布置。桩在平面内可布置成方形（或矩形）、网格或三角形网格的形式；条形基础下的桩，可采用单排或双排布置，如图8.9所示。

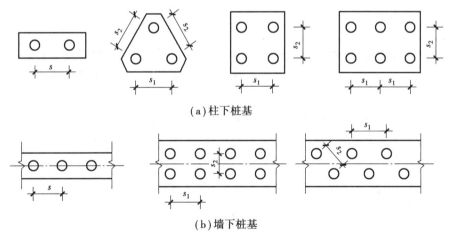

（a）柱下桩基

（b）墙下桩基

图8.9 桩的平面布置图

桩布置时，独立承台梅花形布置时受力条件均匀，行列式布置则施工方便；条形基础通常布置成一字形；小型工程布置成单排桩，大中型工程布置成多排桩；桩箱基础宜将桩布置于内外墙下；带梁（肋）桩筏基础宜将桩布置于梁（肋）下；大直径桩宜用一柱一桩。

5）验算桩基的承载力

（1）桩基承载力验算

桩顶荷载如图8.10所示。

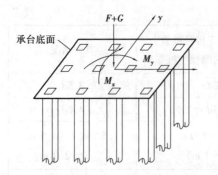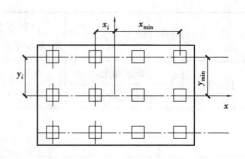

图 8.10　桩顶荷载计算简图

①在轴心竖向荷载作用下,单桩桩顶竖向力为

$$Q_k = \frac{F_k + G_k}{n} \le R_a \tag{8.9}$$

式中　F_k——相应于作用的标准组合时,作用于桩基承台顶面的竖向力,kN;

　　　　G_k——桩基承台自重及承台上土自重标准值,kN;

　　　　Q_k——相应于作用的标准组合时,轴心竖向力作用下任一单桩的竖向力,kN;

　　　　n——桩基中的桩数;

　　　　R_a——单桩竖向承载力特征值,kN。

②在偏心竖向荷载作用下,单桩桩顶竖向力为

$$Q_{ik} = \frac{F_k + G_k}{n} \pm \frac{M_{xk}y_i}{y_i^2} \pm \frac{M_{yk}x_i}{x_i^2} \tag{8.10}$$

式中　Q_k——相应于作用的标准组合时,偏心竖向力作用下第 i 根桩的竖向力,kN;

　　　　M_{xk}、M_{yk}——相应于作用的标准组合时,作用于承台底面通过桩群形心的 x、y 轴的力矩,kN·m;

　　　　x_i,y_i——桩 i 中心至桩群形心的 x、y 轴线的距离,m;

　　　　在偏心竖向荷载作用下,单桩承载力除满足式(8.9)外,尚应满足

$$Q_{ik\,max} \le 1.2R_a \tag{8.11}$$

式中　$Q_{ik\,max}$——离群桩横截面重心最远处(x_{max},y_{max})的桩承受的外力设计值,kN。

③在水平荷载作用下,单桩桩顶水平力为

$$H_{ik} = \frac{H_k}{n} \le R_{Ha} \tag{8.12}$$

式中　H_k——相应于作用的标准组合时,作用于承台底面的水平力,kN;

　　　　H_{ik}——相应于作用的标准组合时,作用于单桩的水平力,kN;

　　　　R_{Ha}——单桩水平承载力特征值,kN。

(2)桩基沉降验算

《建筑地基基础设计规范》(GB 50007—2018)规定,对以下建筑物的桩基应进行沉降验算:

①地基基础设计等级为甲级的建筑物桩基。

②体型复杂、荷载不均匀或桩端以下存在软弱土层的设计等级为乙级的建筑物桩基。

③摩擦型桩基。

嵌岩桩、设计等级为丙级的建筑物桩基,对沉降无特殊要求的条形基础下不超过两排桩的桩基,吊车工作级别 A5 及 A5 以下的单层工业厂房且桩端下为密实土层的桩基,可不进行沉降验算。当有可靠地区经验时,对地质条件不复杂、荷载均匀、对沉降无特殊要求的端承型桩基也可不进行沉降验算。

桩基沉降不得超过建筑物的沉降允许值。

6)桩身构造要求

桩身构造要求针对钢筋混凝土预制桩、灌注桩分别在 8.3、8.4 节进行详细介绍。

7)承台的设计

（1）承台的结构计算

桩基承台的设计包括确定承台的材料、底面标高、平面形状及尺寸、剖面形状及尺寸以及进行受弯计算、受冲切计算和剪切计算,其他还有局部受压验算、抗震验算等。其中受弯计算确定承台的配筋,冲切和剪切计算确定承台的厚度,并应符合构造要求。

基础施工图
教学二

（2）承台的构造要求

桩基承台的构造,除满足抗冲切、抗剪切、抗弯承载力和上部结构的要求外,尚应符合下列要求:

①承台的宽度不应小于 500 mm。边桩中心至承台边缘的距离不宜小于桩的直径或边长,且桩的外边缘至承台边缘的距离不小于 150 mm。对条形承台梁,桩的外边缘至承台梁边缘的距离不小于 75 mm。

②承台的最小厚度不应小于 300 mm。

③承台的配筋,对矩形承台其钢筋应按双向均匀通长布置,如图 8.11(a)所示,钢筋直径不宜小于 10 mm,间距不宜大于 200 mm。对三桩承台,钢筋应按三向板带均匀布置,且最里面的 3 根钢筋围成的三角形应在柱截面范围内,如图 8.11(b)所示。承台梁的主筋除满足计算要求外尚应符合现行国家标准《混凝土结构设计规范》(GB 50010—2019)关于最小配筋率的规定,主筋直径不宜小于 12 mm,架立筋不宜小于 10 mm,箍筋直径不宜小于 6 mm,如图 8.11(c)所示。柱下独立桩基承台的最小配筋率不应小于 0.15%。钢筋锚固长度自边桩内侧(当为圆桩时,应将其直径乘以 0.886 等效为方桩)算起,锚固长度不应小于 35 倍钢筋直径。当不满足时应将钢筋向上弯折,此时钢筋水平段的长度不应小于 25 倍钢筋直径,弯折段的长度不应小于 10 倍钢筋直径。

④承台混凝土强度等级不应低于 C20;纵向钢筋的混凝土保护层厚度不应小于 70 mm;当有混凝土垫层时,不应小于 40 mm。

⑤桩与承台的连接、柱与承台的连接、承台之间的连接均应符合《混凝土结构设计规范》(GB 50010—2019)的相关规定。

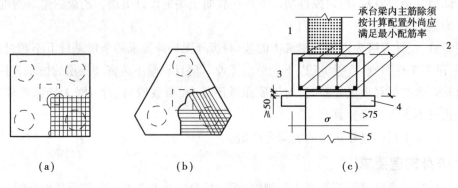

承台梁内主筋除须
按计算配置外尚应
满足最小配筋率

图 8.11　承台配筋
1—墙;2—主筋;3—箍筋;4—垫层;5—桩

8.3　灌注桩基础工程

灌注桩是指在施工现场设计桩位处就地成孔,然后在孔中吊放钢筋笼、灌注混凝土成型的桩,常见的有钻孔灌注桩、沉管灌注桩、人工挖孔灌注桩等。

灌注桩能适应各种地层,无须接桩,桩长、桩径可根据设计要求变化,选择范围大,但成孔工艺复杂,施工质量直接影响成桩质量及其承载能力。

8.3.1　灌注桩的构造

灌注桩应按下列规定进行桩身构造:

①配筋率。当桩身直径为 300 ~ 2 000 mm 时,正截面配筋率可取 0.2% ~ 0.65%(小直径桩取高值)。对受荷载特别大的桩、抗拔桩和嵌岩端承桩应根据计算确定配筋率,并不应小于上述规定值。

②配筋长度。

a. 端承型桩和位于坡地岸边的基桩应沿桩身等截面或变截面通长配筋。

b. 桩径大于 600 mm 的摩擦型桩配筋长度不应小于 2/3 桩长,当受水平荷载时,配筋长度尚不宜小于 $4.0/\alpha$(α 为桩的水平变形系数)。

c. 对受地震作用的基桩,桩身配筋长度应穿过可液化土层和软弱土层,进入稳定土层的深度不应小于《建筑桩基技术规范》(JGJ 94—2019)规定的深度。

d. 受负摩阻力的桩、先成桩后开挖基坑而随地基土回弹的桩,其配筋长度应穿过软弱土层并进入稳定土层,进入的深度不应小于 2 ~ 3 倍桩身直径。

e. 专用抗拔桩及因地震作用、冻胀或膨胀力作用而受拔力的桩,应等截面或变截面通长配筋。

③对受水平荷载的桩,主筋不应小于 $8\phi12$;对抗压桩和抗拔桩,主筋不应少于 $6\phi10$。纵向主筋应沿桩身周边均匀布置,其净距不应小于 60 mm。

④箍筋应采用螺旋式,直径不应小于 6 mm,间距宜为 200 ~ 300 mm。受水平荷载较大的桩基、承受水平地震作用的桩基以及考虑主筋作用计算桩身受压承载力时,桩顶以下 5d

范围内的箍筋应加密,间距不应大于 100 mm。当桩身位于液化土层范围内时,箍筋应加密。当考虑箍筋受力作用时,箍筋配置应符合现行国家标准《混凝土结构设计规范》(GB 50010—2019)的有关规定。当钢筋笼长度超过 4 m 时,应每隔 2 m 设一道直径不小于12 mm 的焊接加劲箍筋。灌注桩通长等截面配筋构造如图 8.12 所示。

⑤桩身混凝土及混凝土保护层厚度应符合下列要求:

a. 桩身混凝土强度等级不得小于 C25,混凝土预制桩尖强度等级不得小于 C30。

b. 灌注桩主筋的混凝土保护层厚度不应小于 35 mm,水下灌注桩的主筋混凝土保护层厚度不得小于 50 mm。

c. 四类、五类环境中桩身混凝土保护层厚度应符合国家现行标准《港口工程混凝土结构设计规范》(JTJ267—1998)、《工业建筑防腐蚀设计规范》(GB 50046—2018)的相关规定。

⑥扩底灌注桩扩底端尺寸应符合下列规定:

a. 对持力层承载力较高、上覆土层较差的抗压桩和桩端以上有一定厚度较好土层的抗拔桩,可采用扩底。扩底端直径与桩身直径之比 D/d 根据承载力要求及扩底端侧面和桩端持力层土性特征以及扩底施工方法确定,挖孔桩的 D/d 不应大于 3,钻孔桩的 D/d 不应大于2.5。

b. 扩底端侧面的斜率应根据实际成孔及土体自立条件确定,a/h_c 可取 1/4 ~ 1/2,砂土可取 1/4,粉土、黏性土可取 1/3 ~ 1/2。

c. 抗压桩扩底端底面宜呈锅底形,矢高 h_b 可取 $(0.15 ~ 0.20)D$。

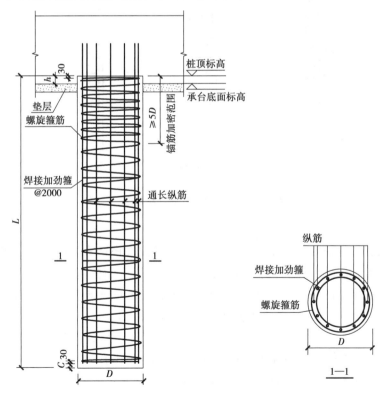

图 8.12 灌注桩通长等截面配筋构造

8.3.2 钻孔灌注桩基础的施工

钻孔灌注桩是指用回转钻、冲抓钻等钻机成孔,再吊放钢筋笼、灌注混凝土成桩,常见的施工方式有干作业成孔、泥浆护壁成孔、旋挖钻成孔和后压力注浆等。

1)干作业成孔灌注桩

干作业成孔灌注桩是指在桩位处直接钻孔、吊放钢筋笼、浇筑混凝土成桩,适用于地下水位以上的桩基础施工。常用的钻机有螺旋钻机、钻扩机等。

干作业成孔灌注桩的施工程序为:场地整理→测量放线、定桩位→桩机就位→钻孔取土成孔→清除孔底沉渣→成孔质量检查验收→吊放钢筋笼→灌注孔内混凝土,如图 8.13 所示。

干作业成孔施工中,应注意钻到预定深度后,及时检查桩孔直径、深度、垂直度和孔底情况,将孔底虚土清除干净。混凝土浇筑前,应再次检查孔内虚土厚度(端承桩≤50 mm,摩擦桩≤150 mm),坍落度控制在 8 ~ 10 cm,浇筑中做到随浇随振。

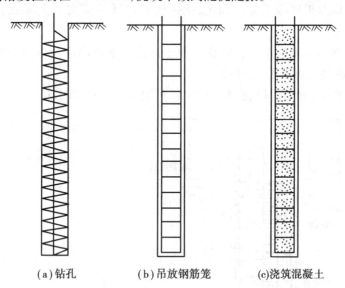

(a)钻孔　　　　(b)吊放钢筋笼　　　　(c)浇筑混凝土

图 8.13　干作业成孔灌注桩施工

2)泥浆护壁成孔灌注桩

泥浆护壁成孔灌注桩是指利用泥浆护壁,通过循环泥浆将钻头切削下的土渣排出孔外,成孔后吊放钢筋笼,灌注混凝土而成桩,适用于地下水位以下的桩基础施工。

泥浆护壁成孔常见的钻机有回转钻、潜水钻、冲击钻和冲抓锥等,工程中常采用回转钻成孔,按排渣方式回转钻成孔可分为正循环和反循环两种方式。

正循环施工工艺如图 8.14(a)所示。钻杆和钻头回转切削破碎岩土,泥浆由钻杆内部注入,并从钻杆底部喷出,携带钻下的土渣沿孔壁向下流动,由孔口将土渣带出流入沉淀池,经沉淀的泥浆流入泥浆池再注入钻杆,由此进行循环。

反循环施工工艺如图 8.14(b)所示。钻杆和钻头回转切削破碎岩土,泥浆由钻杆与孔壁间的环状间隙流入桩孔,然后,由砂石泵在钻杆内形成真空,使钻下的土渣由钻杆内腔吸出至地面而流向沉淀池,沉淀后再流入泥浆池。反循环工艺的泥浆返流速度较快,排吸的土渣能力大。

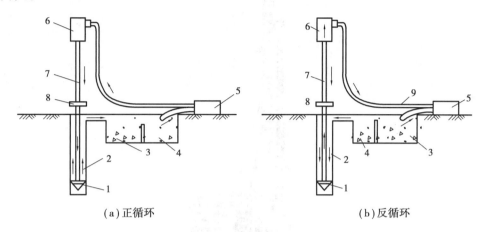

(a)正循环　　　　　　　　　　　(b)反循环

图8.14　泥浆循环成孔工艺

1—钻头;2—泥浆循环方向;3—沉淀池;4—泥浆池;5—砂石泵;
6—砂石泵;7—水龙头;8—钻杆;9—钻机回转装置

泥浆护壁成孔灌注桩的施工程序为:场地整理→测量放线、定桩位→埋设护筒→泥浆制备→桩机就位→钻进成孔(泥浆循环排渣)→成孔质量检查验收→清孔→吊放钢筋笼→下导管→再次清孔→灌注孔内混凝土,如图8.15所示。

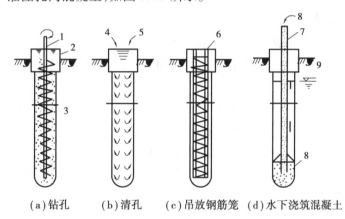

(a)钻孔　　(b)清孔　　(c)吊放钢筋笼　(d)水下浇筑混凝土

图8.15　泥浆护臂成孔灌注桩施工

1—钻机;2—护筒;3—泥浆护壁;4—压缩空气;5—清水;
6—钢筋笼;7—导管;8—混凝土;9—地下水位

3)旋挖钻成孔灌注桩

旋挖钻成孔灌注桩是利用短螺旋钻头或钻斗,进行旋转干钻、无循环泥浆钻进或全套管钻进,使土屑进入钻斗,装满钻斗后,提升钻斗出土,反复多次成孔,再吊放钢筋笼,灌注混凝土而成桩,适用于硬填土层、黏性土层、砂土层等土质。

旋挖钻机主要由主机、钻杆和钻斗三部分组成,其结构如图8.16所示。

大直径旋挖桩

小直径旋挖桩

图 8.16　旋挖钻机结构示意图

　　旋挖钻成孔灌注桩的施工程序为:场地整理→测量放线、定桩位→埋设护筒→泥浆制备→桩机就位→钻进成孔、注入稳定液→提钻、卸土→钻孔至设计标高→清孔、检查成孔质量→吊放钢筋笼→下导管→再次清孔→灌注孔内混凝土→成桩、拔出护筒。

4)后压力注浆灌注桩

　　后压力注浆灌注桩是指钻(冲、挖)孔灌注桩成桩后,通过预埋在桩身的注浆管,高压向桩侧、桩端地层注入固化浆液,对桩侧、桩端土层进行加固,提高桩侧、桩端阻力,从而提高桩基承载力的方法。

　　后压力注浆灌注桩可显著提高桩基承载力,在上部荷载一定的情况下,可减小桩长或桩径。当上部有一定厚度的适于注浆的较好土层时,可选择上部土层作为持力层,提高桩基施工效率,降低桩基造价,适用于各种土层的桩基础施工。

　　灌注桩后压力注浆技术按注浆部位可分为桩端后注浆、桩侧后注浆和桩端桩侧联合后注浆三大类,如图 8.17 所示。

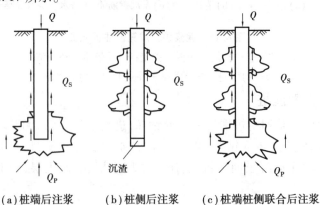

　(a)桩端后注浆　　　(b)桩侧后注浆　　　(c)桩端桩侧联合后注浆

图 8.17　灌注桩后压力注浆部位形式

后压力注浆灌注桩的施工程序为：成孔施工→注浆管阀制作安装→钢筋笼制作→注浆设备安装→清孔→吊放钢筋笼、注浆管→再次清孔→灌注孔内混凝土→养护 2~3 d→后注浆施工→20 d 养护→检测验收，如图 8.18 所示。

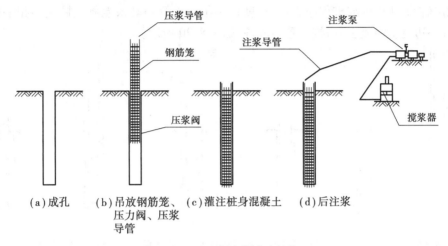

图 8.18 后压力注浆灌注桩施工

8.3.3 沉管灌注桩基础的施工

沉管灌注桩是指用锤击或振动方法，将带有预制桩尖或活瓣桩尖的钢管沉入土中，当桩管打到设计深度后，吊放钢筋笼，然后一边浇筑混凝土，一边锤击或振动成桩。

沉管灌注桩利用沉管保护孔壁，能沉能拔，施工速度快，适用于黏性土、粉土、淤泥质土、砂土等。按沉管方法不同，沉管灌注桩可分为锤击沉管灌注桩、振动沉管灌注桩和夯扩灌注桩等施工工艺，在施工中要考虑挤土、噪声、振动等影响。

1)锤击沉管灌注桩

锤击沉管灌注桩是用打桩机将设置混凝土预制桩尖或带钢制活瓣桩尖的钢管锤击沉入土中，然后边浇筑混凝土边用卷扬机拔桩管成桩。桩尖构造如图 8.19 所示。

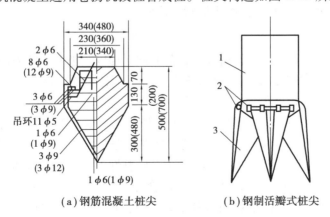

图 8.19 沉管灌注桩桩尖构造

1—桩管;2—锁轴;3—活瓣

锤击沉管灌注桩的特点是可用小桩管打较大截面桩,承载力大;可避免坍孔、瓶颈、断桩、移位、脱空等缺陷,桩质量可靠;可采用普通锤击打桩机施工,机具设备和操作简便,沉桩速度快,但桩机笨重,劳动强度大,适合在黏性土、淤泥、淤泥质土及稍密的砂土层中使用。

锤击沉管灌注桩的成桩程序为:桩机就位→吊起桩管→套入混凝土桩尖→扣上桩帽→起锤沉桩→边浇筑混凝土、边拔桩管→成桩,如图8.20所示。

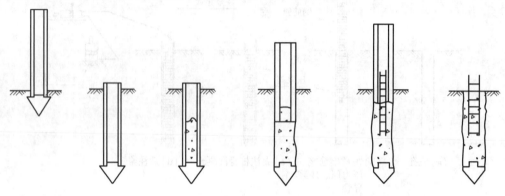

(a)套管就位　(b)沉入套管　(c)开始浇筑混凝土　(d)拔管,并继续浇筑混凝土　(e)下钢筋笼,并继续浇筑混凝土　(f)成型

图8.20　锤击沉管灌注桩施工

2)振动沉管灌注桩

振动沉管灌注桩是指用振动沉桩机,将带有活瓣式桩尖或钢筋混凝土桩预制桩尖的桩管沉入土中,然后边向桩管内浇筑混凝土,边振动边拔出桩管成桩。

振动沉管灌注桩的特点是可用小桩管打出大截面桩,承载力大;可避免坍孔、瓶颈、断桩、移位、脱空等缺陷,桩质量可靠;振动、噪声等环境影响小;能沉能拔,操作简便,施工速度快,但振动会扰动土体,降低其地基强度,在软黏土或淤泥及淤泥质土中施工时,土体须养护30 d;在砂土或硬土中施工时,土体须养护15 d,才能恢复地基强度。适合在一般黏性土、淤泥、淤泥质土、粉土、湿陷性黄土、稍密及松散的砂土中使用。

振动沉管灌注桩的成桩程序同锤击沉管灌注桩。

3)夯扩灌注桩

夯扩灌注桩是指在普通锤击、沉管灌筑桩的基础上加以改进发展起来的一种新型桩,由于其扩底作用,增大了桩端支撑面积,能够充分发挥桩端持力层的承载潜力,具有较好的技术经济指标,在国内许多地区得到广泛的应用。

夯扩灌注桩的特点是在桩管内增加了一根与外桩管长度基本相同的内夯管,以代替钢筋混凝土预制桩靴,与外管同步打入设计深度,将桩端夯扩成大头形,并且增大了地基的密实度。适用于一般黏性土、淤泥、淤泥质土、黄土及硬黏性土,也可用于有地下水的情况。

夯扩灌注桩的施工程序为:桩机就位→外桩管、内夯管同步打入土中→提出内夯管,在外桩管内浇筑部分混凝土→吊入内夯管,紧压管内的混凝土,提起外桩管→锤击内夯管→内外管同时打至设计深度,完成一次夯扩→提出内夯管,在外桩管内浇筑剩余混凝土→再插入内夯管紧压管内的混凝土,边压边徐徐拔起外桩管,直至拔出地面,如图8.21所示。

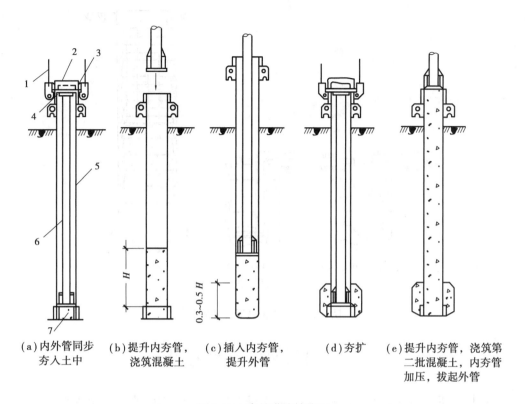

（a）内外管同步　　（b）提升内夯管，　　（c）插入内夯管，　　（d）夯扩　　（e）提升内夯管，浇筑第
　　夯入土中　　　　　　浇筑混凝土　　　　　提升外管　　　　　　　　　　　　　二批混凝土，内夯管
　　　　　　　　　　　　　　　　　　　　　　　　　　　　　　　　　　　　　　　加压，拔起外管

图 8.21　夯扩灌注桩施工
1—钢丝绳;2—原有桩帽;3—特质桩帽;4—防淤套管;5—外管;6—内夯管;7—干混凝土

8.3.4　人工挖孔灌注桩基础的施工

　　人工挖孔灌注桩是指用人工挖掘的方法进行成孔,然后吊放钢筋笼,浇筑混凝土而成桩。其特点是单桩承载力高,沉降量小,可一柱一桩,不需截桩和设承台;可直接检查桩径、垂直度和持力层情况,桩质量可靠。但桩成孔工艺存在劳动强度较大,单桩施工速度较慢,安全性较差等问题,适用于黏土、亚黏土及含少量砂卵石的黏土层等地质。

　　人工挖孔灌注桩的施工机具有挖土工具、运土工具、降水工具、通风工具、护壁模板等。人工挖孔灌注桩一般采用现浇混凝土护壁,但对流沙地层、地下水丰富的强透水地带或承压水地层,须采用钢套筒护壁。

　　人工挖孔灌注桩施工程序为:场地平整→放线定位→开挖第一节桩孔土方→测量控制→构筑第一节护壁→安装垂直运输架、起重手动辘轳或卷扬机、提土桶、排水、通风、照明设施→循环挖土,构筑护壁至设计标高→清理虚土,排除积水,检查尺寸和持力层、基底验收→安放钢筋笼→浇筑桩身混凝土,成桩,如图 8.22 所示。

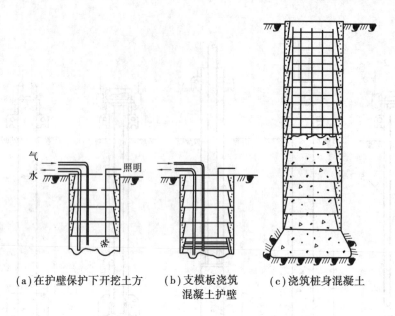

(a)在护壁保护下开挖土方　(b)支模板浇筑　(c)浇筑桩身混凝土
混凝土护壁

图 8.22　人工挖孔灌注桩施工

8.4　预制桩基础工程

预制桩是指借助专用机械设备将预先制作好的具有一定形状、刚度与构造的桩打入、压入或振入土中去的桩型。在工厂或现场地面上制作桩身,然后采用锤击、振动或静压的方法将桩沉至设计标高。预制桩制作方便,承载力较大,施工速度快,桩身质量易于控制,不受地下水位的影响,不存在泥浆排放的问题,是常用的一种桩型。

8.4.1　预制桩的构造

预制桩应按下列规定进行桩身构造:

①混凝土预制桩的截面边长不应小于 200 mm;预应力混凝土预制实心桩的截面边长不宜小于 350 mm。

②预制桩的混凝土强度等级不宜低于 C30;预应力混凝土实心桩的混凝土强度等级不应低于 C40。预制桩纵向钢筋的混凝土保护层厚度不宜小于 30 mm。

③预制桩的桩身配筋应按吊运、打桩及桩在使用中的受力等条件计算确定。采用锤击法沉桩时,预制桩的最小配筋率不宜小于 0.8%;采用静压法沉桩时,最小配筋率不宜小于 0.6%,主筋直径不宜小于 14,打入桩桩顶以下 4～5 倍桩身直径长度范围内箍筋应加密,并设置钢筋网片,如图 8.23 所示。

④预制桩的分节长度应根据施工条件及运输条件确定,每根桩的接头数量不宜超过 3 个。

⑤预制桩的桩尖可将主筋合拢焊在桩尖辅助钢筋上,当持力层为密实砂和碎石类土时,宜在桩尖处包以钢钣桩靴,加强桩尖。

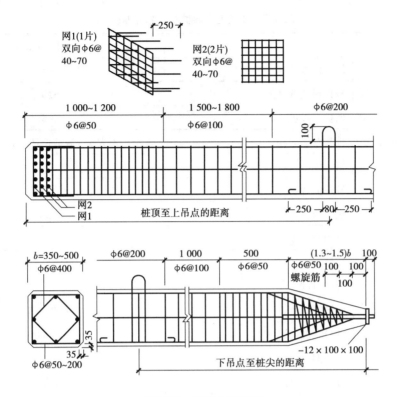

图 8.23   混凝土预制桩

8.4.2   预制桩的制作

混凝土预制桩可在施工现场预制,预制场地必须平整、坚实。制桩模板宜采用钢模板,模板应具有足够刚度,并应平整,尺寸应准确。

钢筋骨架的主筋连接宜采用对焊和电弧焊,当钢筋直径不小于 20 mm 时,宜采用机械接头连接。主筋接头配置在同一截面内的数量,应符合下列规定:

①当采用对焊或电弧焊时,对受拉钢筋,不得超过 50%。

②相邻两根主筋接头截面的距离应大于 35 d(主筋直径),并不应小于 500 mm。

③必须符合现行行业标准《钢筋焊接及验收规程》(JGJ 18—2016)和《钢筋机械连接通用技术规程》(JGJ 107—2019)的规定。

确定桩的单节长度时应符合下列规定:

①满足桩架的有效高度、制作场地条件、运输与装卸能力。

②避免在桩尖接近或处于硬持力层中时接桩。

混凝土预制桩的表面应平整、密实,制作允许偏差应符合表 8.3 的规定。

表 8.3　混凝土预制桩制作允许偏差

桩　型	项　目	允许偏差/mm
钢筋混凝土实心桩	横截面边长	±5
	桩顶对角线之差	≤5
	保护层厚度	±5
	桩身弯曲矢高	不大于 1‰桩长且不大于 20
	桩尖偏心	≤10
	桩端面倾斜	≤0.005
	桩节长度	±20
钢筋混凝土管桩	直径	±5
	长度	$±0.5\%L$
	管壁厚度	−5
	保护层厚度	+10，−5
	桩身弯曲(度)矢高	$L/1000$
	桩尖偏心	≤10
	桩头板平整度	≤2
	桩头板偏心	≤2

8.4.3　预制桩的起吊、运输和堆放

1)预制桩的起吊与运输

①混凝土实心桩的吊运应符合下列规定：

a.混凝土设计强度达到 70% 及以上方可起吊,达到 100% 方可运输。

b.桩起吊时应采取相应措施,保证安全平稳,保护桩身质量。

c.水平运输时,应做到桩身平稳放置,严禁在场地上直接拖拉桩体。

②预应力混凝土空心桩的吊运应符合下列规定：

c.出厂前应做出厂检查,其规格、批号、制作日期应符合所属的验收批号内容。

b.在吊运过程中应轻吊轻放,避免剧烈碰撞。

c.单节桩可采用专用吊钩勾住桩两端内壁直接进行水平起吊。

d.运至施工现场时应进行检查验收,严禁使用质量不合格及在吊运过程中产生裂缝的桩。

2)预制桩的堆放

①预应力混凝土空心桩的堆放应符合下列规定：

a.堆放场地应平整、坚实,最下层与地面接触的垫木应有足够的宽度和高度。堆放时桩应稳固,不得滚动。

b. 应按不同规格、长度及施工流水顺序分别堆放。

c. 当场地条件许可时,宜单层堆放。叠层堆放时,外径为 500 ~ 600 mm 的桩不宜超过 4 层,外径为 300 ~ 400 mm 的桩不宜超过 5 层。

d. 叠层堆放时,应在垂直于桩长度方向的地面上设置两道垫木,垫木应分别位于距桩端 0.2 倍桩长处,底层最外缘的桩应在垫木处用木楔塞紧。

e. 垫木宜选用耐压的长木枋或枕木,不得使用有棱角的金属构件。

②取桩应符合下列规定:

a. 当桩叠层堆放超过两层时,应采用吊机取桩,严禁拖拉取桩。

b. 三点支撑自行式打桩机不应拖拉取桩。

8.4.4 预制桩基础的施工

预制桩的沉桩施工方法有锤击沉桩法、静力压桩法、振动法等。

1)锤击沉桩法

锤击沉桩法是指利用桩锤自由下落时的瞬时冲击力锤击桩头,克服土体对桩的阻力,导致桩体下沉的方法。其特点是施工速度快、机械化程度高、适用范围广,但施工时会产生噪声、振动等,不适宜于在医院、居民区、行政机关办公区等附近施工,夜间施工有所限制。

锤击沉桩法的施工程序为:测量、定位→打桩机就位→吊桩、插桩→桩身对中、调直→锤击沉桩→接桩→再锤击沉桩→打至持力层→送桩→收锤→截桩。

桩对土体有挤密作用,先打入的桩受水平推挤而造成偏移和变位,或被垂直挤拔造成吊脚桩;后打入的桩由于土体隆起或挤压很难达到设计标高或入土深度,造成截桩过多。正确选择打桩顺序非常重要。根据桩的密集程度,打桩顺序分为逐排打设、从两侧向中间打设、从中间向四周打设、从中间向两侧打设、分段打设等,如图 8.24 所示。

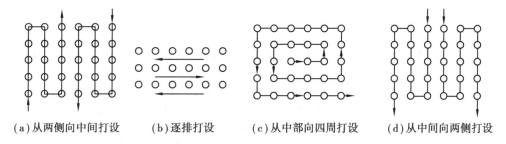

(a)从两侧向中间打设　(b)逐排打设　(c)从中部向四周打设　(d)从中间向两侧打设

图 8.24　预制桩打桩顺序

当桩较密集时(桩中心距小于等于 4 倍桩径),打桩应由中间向四周打设或由中间向两侧打设;当桩较稀疏时(桩中心距大于 4 倍桩径),打桩除采用上述两种顺序外,还可采用逐排打设或由两侧同时向中间打设。逐排打设,桩架单方向移动,打桩效率高,土体朝一个方向挤压,若桩区附近存在建筑物或管线时,须背离打设。

2)静力压桩法

静力压桩法是借助专用桩架自重及桩架上的压重,通过液压系统施加压力在桩身上,使桩在自重和静压力作用下逐节压入土中。其特点是无噪声、无振动、无冲击力、施工应力小,对地基和相邻建筑物的影响小,桩顶不易损坏,沉桩精度高,可节省材料,降低成本,特别适合软土地基和城市施工。静力压桩一般采用液压式压桩机。

静力压桩的施工,一般都采取分段压入、逐段接长的方法。其施工程序为:测量、定位→桩机就位→吊桩、插桩→桩身对中、调直→沉桩→接桩→再沉桩→送桩→终止压桩→截桩,如图8.25所示。

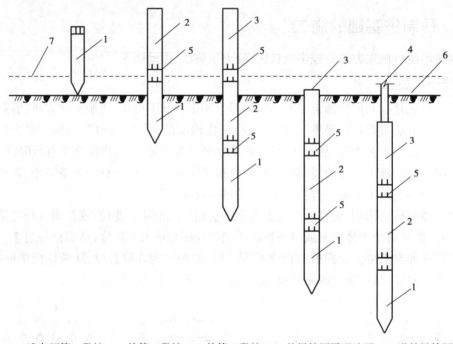

(a)准备压第一段桩 (b)接第二段桩 (c)接第三段桩 (d)整根桩压平至地面 (e)送桩继续压入

图 8.25 静力压桩施工

1—第一段桩;2—第二段桩;3—第三段桩;4—送桩;

5—桩接头处;6—地面线;7—压桩架操作平台线

静力压桩法沉桩施工时,应注意先将桩压入土中1 m左右后停止,调整桩在两个方向的垂直度后,再继续把桩压入土中。

8.5   其他深基础

深基础的类型有很多,除桩基础外,还有沉井基础、地下连续墙以及大直径桩墩基础、箱桩基础等。

8.5.1 沉井基础

沉井基础是在场地条件和技术条件受限制时常采用的一种深基础形式,由混凝土或钢筋混凝土浇筑成井筒状结构物,常在施工地点预制,通过在井内不断除土,依靠井筒自身质量克服井壁摩阻力下沉至设计标高,然后经过混凝土封底、填芯成为建(构)筑物的基础。沉井由刃脚、井壁、封底、内隔墙、纵横梁、框架和顶盖板等组成,如图8.26所示。

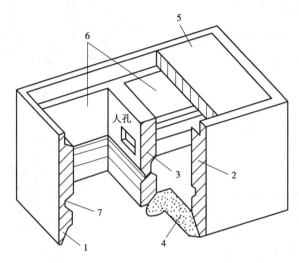

图8.26 沉井构造
1—刃脚;2—井壁;3—内墙;4—封底;5—顶板;6—井孔;7—凹槽

沉井基础的特点是埋深大、整体性强、稳定性好、承载面积大、能承受较大的垂直荷载和水平荷载;可在狭窄场地施工较深的地下工程,对周围环境影响小;施工不需复杂的机具设备;与大开挖相比,可减少挖、运和回填的土方量。但施工工序多,技术要求高,质量控制难度大。适用于工业建筑的深坑、水泵房、桥墩、深地下室等工程的施工。

沉井既是基础,又是施工时的挡土和挡水围堰结构物。在河中有较大卵石而不便进行桩基础施工及需要承受巨大的水平力和上拔力时,沉井基础优势非常明显,在桥梁工程中应用较广。同时,沉井施工对周边环境影响较小,且内部空间可以利用,常作为工业建筑物的基础。

沉井基础的施工程序为:平整场地→测量放线→制作沉井→拆除垫架,沉井初沉→一边挖土下沉,一边接高沉井→下沉至设计标高,进行基底检验→沉井封底→施工沉井内部结构及辅助设施,如图8.27所示。

8.5.2 地下连续墙

1)地下连续墙介绍

地下连续墙起源于欧洲,1950年于意大利米兰最早用于大坝或储水池的防渗墙。在它的初期阶段,基本上是用作防渗墙或临时挡土墙,后来逐渐演变为一种新的地下墙体和基础类型。经过几十年的发展,地下连续墙技术已经相当成熟,通过开发使用许多新技术、新设

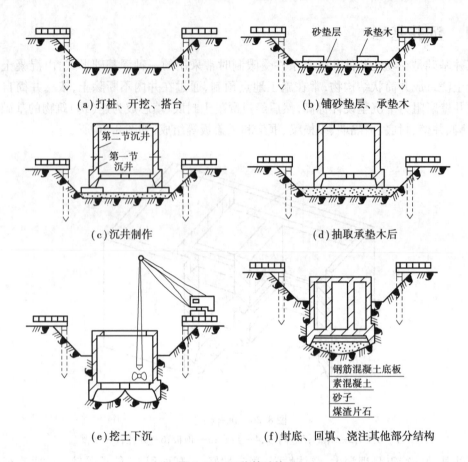

(a)打桩、开挖、搭台   (b)铺砂垫层、承垫木

(c)沉井制作   (d)抽取承垫木后

(e)挖土下沉   (f)封底、回填、浇注其他部分结构

图 8.27　沉井基础施工

备和新材料,现在已经越来越多地用作结构物的一部分或用作主体结构,用于大型的深基坑工程中。

　　地下连续墙厚度常为 0.45~1.3 m,我国目前最深施工深度为 65 m(国外最深达 131 m)。当放坡开挖受限,地下水位难以降低,周围环境不允许,其他支护结构不能满足要求时,地下连续墙是一种非常有效的方法,其具有挡土、挡水防渗、承重等多种功能,在高层建筑中应用广泛。

　　地下连续墙的特点如下:

　　①刚度大,可做成各种形状,适用于各种土质,在软弱的冲积层、中硬地层、密实的砂砾层以及岩石的地基中都可施工。我国目前除岩溶地区和承压水头很高的砂砾层必须结合采用其他辅助措施外,在其他各种土质中皆可应用地下连续墙。

　　②施工时振动小、噪声低,对环境影响相对较少,对邻近的结构和地下设施没有什么影响,适于城市施工。

　　③可以在各种复杂条件下进行施工。例如,已经塌落的美国 110 层的世界贸易中心大厦的地基;为哈得逊河河岸,地下埋有码头、垃圾等,且地下水位较高,采用地下连续墙对此工程来说是一种适宜的支护结构。

　　④防渗性能好,能抵挡较高的水头压力,除特殊情况外,施工时基坑外不再需要降低地

下水位。

⑤可用于"逆筑法"施工。将地下连续墙方法与"逆筑法"结合,形成一种深基础和多层地下室施工的有效方法,地下部分可以自上而下施工。

但是,地下连续墙施工法也有不足之处:在一些特殊的地质条件下(如很软的淤泥质土、含漂石的冲积层和超硬岩石等),施工难度很大;如果施工方法不当或施工地质条件特殊,可能出现相邻墙段不能对齐和漏水的问题;施工时会产生较多的泥浆,如果施工现场管理不善,会造成现场潮湿和泥泞,且须对废泥浆进行处理;地下连续墙仅作支护结构时,造价较高。

2) 地下连续墙施工工艺

在挖基槽前先作保护基槽上口的导墙,用泥浆护壁,按设计的墙宽与深分段挖槽,放置钢筋骨架,用导管灌注混凝土置换出护壁泥浆,形成一段钢筋混凝土墙,逐段连续施工成为连续墙。

地下连续墙的施工程序为:平整场地,测量放线→修筑导墙→制备泥浆→挖槽,清槽→槽段连接→吊放钢筋笼,浇筑混凝土→拔出接头管,继续下一槽段的施工,直至整个地下连续墙施工完成,如图 8.28 所示。

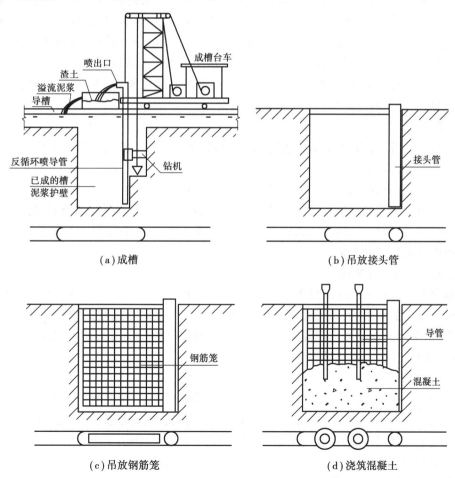

(a)成槽

(b)吊放接头管

(c)吊放钢筋笼

(d)浇筑混凝土

图 8.28 地下连续墙施工

(1)修筑导墙

导墙是地下连续墙挖槽之前修筑的临时结构,对挖槽起重要作用,可以挡土、作为测量的基准、作为重物的支承、存蓄泥浆、防止泥浆漏失和防止雨水等地面水流入槽内。

导墙一般为现浇的钢筋混凝土结构,也可为钢制的或预制钢筋混凝土的装配式结构,可多次重复使用,但都应具有必要的强度、刚度和精度,而且一定要满足挖槽机械的施工要求。

(2)泥浆护壁

通过泥浆对槽壁施加压力以保护挖成的深槽形状不变,灌注混凝土把泥浆置换出来。泥浆材料通常由膨润土、水、化学处理剂和一些惰性物质组成。泥浆的作用是在槽壁上形成不透水的泥皮,从而使泥浆的静水压力有效地作用在槽壁上,防止地下水的渗水和槽壁的剥落,保持壁面的稳定,同时泥浆还有悬浮土渣和将土渣携带出地面的功能。

对泥浆的要求有:具有较高的稳定性,具有良好的泥皮形成性能,有适当的黏度和凝胶强度,具有适当的比重。

(3)挖槽

我国使用成槽的专用机械有旋转切削多头钻、导板抓斗、冲击钻等。施工时应视地质条件和筑墙深度选用。地下连续墙施工时,预先沿墙体长度方向把地下墙划分为某种长度的施工单元称为"单元槽段"。槽段的单元长度一般为 6~8 m,通常结合土质情况、钢筋骨架重量及结构尺寸、划分段落等决定。成槽后需静置 4 h,并使槽内泥浆比重小于 1.3。在一个单元槽段内,挖土机械挖土时可以是一个或几个挖掘段。划分单元槽段就是将各种单元槽段的形状和长度标明在墙体平面图上,它是地下连续墙施工组织设计中的一个重要内容。

单元槽段划分应考虑地质条件、地面荷载、起重机的起重能力、单位时间内混凝土的供应能力、工地上具备的泥浆池(罐)的容积等因素。

(4)清底

在挖槽结束后清除以沉渣为代表的槽底沉淀物的工作称为清底。沉渣留于槽底会使地下墙承载力下降,影响钢筋笼插入位置。沉渣混入混凝土后严重影响质量,沉渣集中于接头处影响防渗性能,造成钢筋笼上浮。清底是地下连续墙施工中的一项重要工作。

清底一般有沉淀法和置换法两大类。沉淀法是在土渣基本都沉淀到槽底之后再进行清底;置换法是在挖槽结束之后,对槽底进行认真清理,然后在土渣还没有再沉淀之前就用新泥浆把槽内的泥浆置换出来。

(5)钢筋笼加工与吊放

钢筋笼加工与吊放应注意以下事项:一个单元槽段制作一个钢筋笼;在钢筋笼中应预先确定浇注混凝土的导管的位置;在钢筋笼中应增加纵向、横向加劲架;钢筋笼周边的交叉点需全部电焊,中间的交叉点可间隔电焊;钢筋笼吊放地应防止其变形;插入钢筋笼时,应对准槽段中心,徐徐下降,不可碰撞槽壁。

(6)水下灌注混凝土

采用导管法按水下混凝土灌注法进行,但在用导管开始灌注混凝土前为防止泥浆混入混凝土,可在导管内吊放管塞,依靠灌入的混凝土压力将管内泥浆挤出。混凝土要连续灌注并测量混凝土灌注量及上升高度,所溢出的泥浆送回泥浆沉淀池。

(7)槽段的连接

槽段的连接如图 8.29 所示。

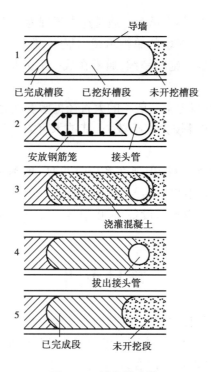

图 8.29　槽段的连接

地下连续墙的槽段间的接头一般分为止水接头、刚性接头和柔性接头。

接头管接头的施工程序为:开挖槽段→吊放接头管和钢筋笼→浇筑混凝土→拔出接头管形成接头。

(8)质量保证措施

合理设计槽的形式,根据地质情况决定槽段长短,以防塌方;槽段开挖结束至混凝土浇筑的时间越短越好,不超过 8 h;采用"两钻一抓"成槽工艺;减少槽边荷载,以减少对槽壁侧压力;控制泥浆的物理力学指标;控制地下水位,保持槽壁稳定;选择接头连接形式,防渗效果好;确保钢筋笼垂直吊入槽内;确保连续施工。

8.5.3　大直径桩墩基础

大直径桩墩基础是通过在地基中成孔后灌注混凝土形成的大口径深基础。墩基础主要以混凝土及钢材作为建筑材料。其结构由墩帽(或墩承台)、墩身和扩大头 3 部分组成,如图8.30所示,能承受很高的竖向荷载和水平向荷载。墩基础与桩基础有一定相似之处,但也存在区别,主要表现为:桩是一种长细的地下结构物,而墩的断面尺寸一般较大,长细比则较小;墩不能以打入或压入法施工;墩往往单独承担荷载,且承载力比桩高得多。

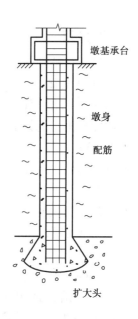

图 8.30　大直径桩墩基础构造

大直径桩墩设计一柱一桩,不需承台。通常这类工程为一级建筑物,单桩承载力应由桩的静载荷试验确定,但因大直径桩墩的单桩承载力极大,难以进行静载荷试验,只能采用经验参数法计算。因为大直径桩墩施工精细,通常在成孔后人员下至孔底检查合格才浇灌混凝土,所以质量可以保证。

为节省混凝土量与造价,将上下一般粗的大直径桩墩发展为桩身减小,底部增大的扩底桩墩,可用较少的混凝土量获得较大的承载力,其技术可靠,经济效益显著,是目前最佳的桩型。

大直径桩墩施工类似于灌注桩,但要注意以下事项:准确定桩位,开挖成孔要规整、足尺,清除桩底虚土,验孔,安设钢筋笼、装导管、混凝土一次连续浇成。如用人工挖桩孔应注意安全,预防孔壁坍塌,同时应有通风设备,防止中毒。每一根桩都必须有施工的详细记录,确保质量。

项目小结

随着我国工程建设规模的日益扩大,桩基础及其他深基础得到了越来越广泛的应用,其中桩基础是一种重要的深基础形式。本项目学习了桩基础的基本知识,包括桩的类型、单桩竖向承载力的确定方法,桩基设计等内容;讲解了各类灌注桩基础的构造与施工、预制桩基础的构造、制作、吊运、堆放及施工的相关知识;介绍了几种其他深基础的类型及施工。本项目知识点与实际工程联系紧密,为从事设计施工工作打好基础。

习　题

一、选择题

1.不属于深基础的是(　　　)。

　　A.沉井基础　　　　　　　　　　　　B.地下连续墙基础

　　C.人工挖孔灌注桩基础　　　　　　　D.筏板基础

2.灌注桩桩身混凝土强度等级不应低于(　　　)。

　　A.C30　　　　　　B.C20　　　　　　　C.C25　　　　　　　　D.C40

3.预应力桩桩身混凝土强度等级不宜低于(　　　)

　　A.C30　　　　　　B.C20　　　　　　　C.C25　　　　　　　　D.C40

4.桩通过极软弱土层,端部打入岩层面的桩可视作(　　　)。

　　A.摩擦端承桩　　　　　　　　　　　　B.端承摩擦桩

　　C.端承桩　　　　　　　　　　　　　　D.以上都不对

5.深基础的常用类型主要包括(　　　)。

　　A.桩基础、沉井及地下连续墙　　　　　B.桩基础、沉井及沉箱、箱基础

　　C.桩基础、沉井及筏基础　　　　　　　D.桩基础及箱基础

6.水下灌注桩的保护层厚度不得小于(　　　)。

　　A.30 mm　　　　　　B.40 mm　　　　　C.50 mm　　　　　　　D.60 mm

二、填空题

1. 桩按承载性状分类,可分为_____桩和_____桩。

2. 桩按成桩工艺是否挤土,可分为_____桩、_____桩和_____桩。

3. 凡桩径_____的桩称为大直径桩。

4. 桩侧负摩阻力对桩基产生的荷载方向是_____的。

5. 排数不少于 3 排且桩数不少于 9 根的摩擦型挤土灌注桩,在饱和黏性土中,桩基中心距的要求是_____。

6. 除条形承台外,桩的外边缘至承台边缘的距离不小于_____。

三、简答题

1. 单桩竖向极限承载力可按哪几种方法确定?

2. 桩按承载性状分为哪几类? 其特点各是什么?

3. 桩基础设计包括哪些内容?

4. 常见的灌注桩基础有哪些? 各自有什么施工方法?

5. 简述地下连续墙的施工程序。

四、计算题

某场地从天然地面起往下的土层分布为:粉质黏土,层厚 $l_1 = 3$ m,$q_{s1a} = 24$ kPa;粉土,层厚 $l_2 = 6$ m,$q_{s2a} = 20$ kPa;中密的中砂,$q_{s3a} = 30$ kPa,$q_{pa} = 2\ 600$ kPa。现采用截面边长为 350 mm×350 mm 的预制桩,承台底面在天然底面以下 1 m,桩端进入中密中砂层的深度为 1 m,试确定单桩承载力特征值。

项目 9

基坑工程

项目导读

中国有句俗话叫"兵来将挡,水来土掩",那么水土两路大军一起来袭,如之奈何? 这是地下工程建设中所面临的问题,也是基坑支护所要解决的问题。随着城市化进程的加快,城市规模和人口不断膨胀,城市地下空间成为一种重要的资源,城市地下工程成为岩土工程的一个重点。地下管线、地下商场、停车场、地下铁道、地下存储空间等的修建不避免地涉及地下工程及基坑的开挖、支护和地下水控制等问题。

本项目主要介绍基坑工程的特点、基坑支护结构形式及其选用、常见的几种基坑支护结构施工、基坑降水和开挖以及基坑工程监测等。通过本项目的学习,要求学生掌握基坑支护结构形式及其选用,排桩支护的施工与检测,土钉墙支护的施工与检测;熟悉常见的降水方法、适用件及环境影响,基坑工程监测的内容、手段及其报警。

案例:

北京财源国际中心位于朝阳区东长安街延长线,原北京第一机床厂院内。基坑北侧距居民楼最近距离为 3.36 m,西侧距丽晶苑(24)层 6.9 m。工程占地面积 9 444.8 m²,总建筑面积 23.96 万 m²。该工程基坑开挖长 279 m,宽 47 ~ 67 m,开挖深度为 24.86 ~ 26.56 m。

基坑北侧:砖砌挡墙 + 灌注桩 + 5 层锚杆支护体系(图 9.1)。

西侧、南侧:连续墙 + 5 层锚杆支护体系(图 9.2)。

基坑的东侧、南侧东段:采用土钉墙 + 灌注桩 + 锚杆支护体系。

连续墙厚度 600 ~ 800 mm,深度 20.24 ~ 34.1 m;管棚采用 φ108 钢花管,水平间距 1.5 m,竖向间距 1.5 m;护坡桩采用 φ800 钢筋混凝土灌注桩,桩间距均为 1.4 m;锚杆长度 21 ~ 30 m。

降水方式:采用大口管、渗井抽渗结合的闭合降水方案。

图 9.1　基坑北侧:砖砌挡墙 + 灌注桩 + 锚杆桩

图 9.2　连续墙 + 5 层锚杆支护体系

9.1　认识基坑工程

认识基坑工程

9.1.1　基坑工程的定义、发展及特点

1)基坑工程的定义

基坑是指为进行建(构)筑物地下部分的施工由地面向下挖出的空间。

基坑工程是为保护基坑施工、地下结构的安全和周边环境不受损害而采取的支护、基坑土体加固、地下水控制、开挖等工程的总称,包括勘察、设计、施工、监测、试验等。

基坑周边环境是指与基坑开挖相互影响的周边建(构)筑物、地下管线、道路、岩土体与地下水体的统称。

基坑支护是指为保护地下主体结构施工和基坑周边环境的安全,对基坑采用的临时性支挡、加固、保护与地下水控制的措施。

支护结构是指支挡或加固基坑侧壁的结构。

基坑设计使用期限是指设计规定的从基坑开挖到预定深度至完成基坑支护使用功能的时段。

2)基坑工程技术发展

第一阶段:20 世纪 80 年代末到 90 年代末,研究、探索阶段。

第一阶段标志:2000 年前后基坑工程的国家行业标准和地方标准的颁布。

第二阶段:21 世纪初的 10 多年,发展阶段。

第二阶段标志:2009 年《建筑基坑工程监测技术规范》(GB 50497—2009)的颁布,一批相关的规范全面修订。

基坑设计方法主要有:①极限平衡法:卜鲁姆法、盾恩法、相当梁法等;②弹性支点法:解决变形分析问题;③有限元法:平面、空间;土体与结构共同作用;考虑土的弹塑性等。

随着大量高层建筑的建造,相应的基坑开挖深度越来越深,基坑工程的地下土层通常分布复杂、土质软弱、地下水赋存形态及运动形式复杂、分布变化大。基坑的开挖及支护技术十分复杂,成为岩土工程中一个极具风险性和挑战性的课题。

我国基坑工程发展迅速,但相应的理论和技术落后于工程实践:一方面,设计偏于保守而造成财力和时间的浪费;另一方面,基坑工程事故频发,造成很大经济损失和人员伤亡。导致基坑工程事故的主要原因是:①设计理论不完善。许多计算方法尚处于半经验阶段,理论计算结果尚不能很好地反映工程实际情况。②设计者概念不清、方案不当、计算漏项或错误。③设计、施工人员经验不足。实践表明,工程经验在决定基坑支护设计方案和确保施工安全中起着举足轻重的作用。

基坑工程是实践性很强的岩土工程问题,发展至今天,需要依赖岩土力学理论的发展完善和工程师们经验的积累,更需要在施工过程中,对基坑及支护结构进行严密精细的实时监测,用监测获得的信息及时修正设计并采取必要的工程措施以保证基坑的安全。

3)基坑工程的特点

(1)综合性很强的系统工程

基坑工程不仅涉及结构、岩土、工程地质及环境等多门学科,还与勘察、设计、施工、监测等工作环环相扣,紧密相连。

(2)临时性、风险性大及灵活性高

一般情况下,基坑支护是临时结构,支护结构的安全储备较小,风险大。在我国的高层建筑总造价中,地基基础部分常占 $1/4 \sim 1/3$。地基基础的工期常占总工期的 $1/3$ 以上。基坑工程是保证地基基础工程完成的关键。基坑工程一般是临时性工程,在设计施工中常有很大的节省造价和缩短工期的空间,具有很大风险的同时也有很高的灵活性。

(3)很强的区域性和个案性

由场地的工程水文地质条件和岩土的工程性质以及周边环境条件的差异性所决定,设计必须因地制宜,切忌生搬硬套。

(4)对周边环境会产生较大影响

基坑开挖、降水势必引起周边场地土的应力和地下水位发生改变,使土体产生变形,对相邻建(构)筑物和地下管线等产生影响,严重者将危及它们的安全和正常使用。

(5)较强的时空效应

支护结构所受荷载(如土压力)及其产生的应力和变形在时间上和空间上具有较强的变异性,在软黏土和复杂体型基坑工程中尤为突出。

以上特点决定了基坑工程设计、施工的复杂性。多种不确定因素导致经常发生概念性的错误,这是基坑事故的主要原因。

9.1.2 基坑工程的设计要求

基坑土方开挖应严格按设计要求进行,不得超挖。基坑周边堆载不得超过设计规定。土方开挖完成后应立即施工垫层,对基坑进行封闭,防止水浸和暴露,并及时进行地下结构施工。

1)安全等级及功能要求

基坑支护设计应规定其设计使用期限,基坑支护的设计使用期限不应小于 1 年。

基坑支护设计时,应综合考虑基坑周边环境和地质条件的复杂程度、基坑深度等因素,

按表9.1采用支护结构的安全等级,对同一基坑的不同部位,可采用不同的安全等级。

表9.1   支护结构的安全等级

安全等级	破坏后果
一级	支护结构失效、土体过大变形对基坑周边环境或主体结构施工安全的影响很严重
二级	支护结构失效、土体过大变形对基坑周边环境或主体结构施工安全的影响严重
三级	支护结构失效、土体过大变形对基坑周边环境或主体结构施工安全的影响不严重

基坑支护应满足下列功能要求:

①保证基坑周边建(构)筑物、地下管线、道路的安全和正常使用。

②保证主体地下结构的施工空间。

2)基坑工程设计应包括的内容

①支护结构体系的方案和技术经济比较。

②基坑支护体系的稳定性验算。

③支护结构的承载力、稳定和变形计算。

④地下水控制设计。

⑤对周边环境影响的控制设计。

⑥基坑土方开挖方案。

⑦基坑工程的监测要求。

3)基坑支护设计时采用的极限状态

(1)承载能力极限状态

①支护结构构件或连接因超过材料强度而破坏,或因过度变形而不适于继续承受荷载,或出现压屈、局部失稳。

②支护结构和土体整体滑动。

③坑底因隆起而丧失稳定。

④对支挡式结构,挡土构件因坑底土体丧失嵌固能力而推移或倾覆。

⑤对锚拉式支挡结构或土钉墙,锚杆或土钉因土体丧失锚固能力而拔动。

⑥对重力式水泥土墙,墙体倾覆或滑移。

⑦对重力式水泥土墙、支挡式结构,其持力土层因丧失承载能力而破坏。

⑧地下水渗流引起土体渗透破坏。

(2)正常使用极限状态

①造成基坑周边建(构)筑物、地下管线、道路等损坏或影响其正常使用的支护结构位移。

②因地下水位下降、地下水渗流或施工因素而造成基坑周边建(构)筑物、地下管线、道路等损坏或影响其正常使用的土体变形。

③影响主体地下结构正常施工的支护结构位移。

④影响主体地下结构正常施工的地下水渗流。

4）支护结构的作用效应及规定

①支护结构的作用效应包括下列几项：

a. 土压力。

b. 静水压力、渗流压力。

c. 基坑开挖影响范围以内的建（构）筑物荷载、地面超载、施工荷载及邻近场地施工的影响。

d. 温度变化及冻胀对支护结构产生的内力和变形。

e. 临水支护结构尚应考虑波浪作用和水流退落时的渗流力。

f. 作为永久结构使用时建筑物的相关荷载作用。

g. 基坑周边主干道交通运输产生的荷载作用。

②主动土压力、被动土压力可采用库仑或朗肯土压力理论计算。当对支护结构水平位移有严格限制时，应采用静止土压力计算。

③作用于支护结构的土压力和水压力，对砂性土宜按水土分算计算；对黏性土宜按水土合算，也可按地区经验确定。

④基坑工程采用止水帷幕并插入坑底下部相对不透水层时，基坑内外的水压力可按静水压力计算。

⑤当按变形控制原则设计支护结构时，作用在支护结构的计算土压力可按支护结构与土体的相互作用原理确定，也可按地区经验确定。

5）基坑工程设计的规定

①基坑支护结构应符合下列规定：

a. 所有支护结构设计均应满足强度和变形计算以及土体稳定性验算的要求。

b. 设计等级为甲级、乙级的基坑工程，应进行因土方开挖、降水引起的基坑内外土体的变形计算。

c. 高地下水位地区设计等级为甲级的基坑工程，应按规定进行地下水控制的专项设计。

②基坑工程设计的土体强度指标应符合下列规定：

a. 对淤泥及淤泥质土，应采用三轴不固结不排水抗剪强度指标。

b. 对正常固结的饱和黏性土应采用在土的有效自重应力下预固结的三轴不固结不排水抗剪强度指标；当施工挖土速度较慢排水条件好，土体有条件固结时，可采用三轴固结不排水抗剪强度指标。

c. 对砂类土，采用有效应力强度指标。

d. 验算软黏土隆起稳定性时，可采用十字板剪切强度或三轴不固结不排水抗剪强度指标。

e. 灵敏度较高的土，基坑邻近有交通频繁的主干道或其他对土的扰动源时，计算采用土的强度指标宜适当进行折减。

f. 应考虑打桩、地基处理的挤土效应等施工扰动原因造成土强度指标降低的不利影响。

③因支护结构变形、岩土开挖及地下水条件变化引起的基坑内外土体变形应符合下列规定：

a. 不得影响地下结构尺寸、形状和正常施工。

b. 不得影响既有桩基的正常使用。

c. 对周围已有建(构筑物)引起的地基变形不得超过地基变形允许值。

d. 不得影响周边地下建(构)筑物、地下轨道交通设施及管线的正常使用。

6)基坑工程设计应具备的资料

①岩土工程勘察报告。

②建筑物总平面图、用地红线图。

③建(构)筑物地下结构设计资料,以及桩基础或地基处理设计资料。

④基坑环境调查报告,包括基坑周边建(构)筑物、地下线、地下设施及地下交通工程等的相关资料。

7)设计前的环境调查

基坑支护设计前,应查明下列基坑周边环境条件:

①既有建(构)筑物的结构类型、层数、位置、基础形式和尺寸、埋深、使用年限、用途等;

②各种既有地下管线、地下建筑物的类型、位置、尺寸、埋深等。对既有供水、污水、雨水等地下输水管线,尚应包括其使用状况及渗漏状况。

③道路的类型、位置、宽度、道路行驶情况、最大车辆荷载等。

④基坑开挖与支护结构使用期内施工材料、施工设备等临时荷载的要求。

⑤雨期时的场地周围地表水汇流和排泄条件。

9.2　基坑支护结构的形式和选用

通俗一点说,基坑支护需要保证"前方(基坑内)"和"后方(周边相邻建筑、道路、管线等设施)"的安全,为地下工程建设提供合适的施工空间。要选出合适的基坑支护形式,需要了解项目建设场地内的水文地质条件。同时,需要仔细摸查场地周边建筑的埋深、基础形式、周边地下工程及市政管线排布情况。地质勘查报告完成后,需要完成必要的审查工作,确认地质勘查报告各项土体、岩体参数取值合理,之后就可以根据具体情况选择合适的基坑支护结构形式了。

9.2.1　支护结构的形式

1)放坡开挖

放坡是指将基坑开挖成一定坡度的人工边坡,当基坑较深时可分级放坡,并保证边坡自身能够稳定,主要验算的是边坡的圆弧滑动稳定性。当坡体存在地下水时,应在坡面设泄水孔以减少水压力的不利影响。放坡的基坑开挖范围加大,只有在周边场地许可时才能采用。

放坡开挖的指导思想是"放",通过"撤军",挖除部分土,放出足够的边坡,实现"前方(基坑内)"的安全(图9.3)。土方边坡一般用边坡坡度表示,不同的土质允许的边坡坡度也不同(图9.4)。

放坡开挖的优点是施工速度快,造价较低;缺点是开挖和回填土方均较大,坑边变形大。

适用条件:①基坑周边开阔,满足放坡条件;②基坑周边土体允许有较大位移;③开挖面以上一定范围内无地下水或已经降水处理。

不适用范围:①淤泥和流塑土层;②地下水高于开挖面或未降水处理。

图9.3 某工程项目的多级放坡

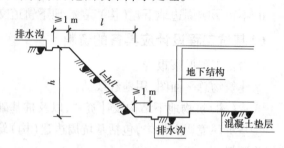

图9.4 放坡开挖剖面示意图

2)土钉墙和复合土钉墙

土钉墙是将基坑边坡通过由钢筋制成的土钉进行加固,边坡表面铺设一道钢筋网再喷射一层混凝土面层,使之与土方边坡相结合的边坡加固支护施工方法(图9.5、图9.6)。除了被加固的原位土体外,土钉墙由土钉、面层及必要的防排水系统组成。土钉墙可以与水泥土桩、微型桩及预应力锚杆组合形成复合土钉墙。

(1)土钉

土钉是土钉墙的主要受力构件,承受土体传递的摩擦力等,并将力传给稳定区域的土体。密排土钉和周围土体组成复合土体,约束土体的变形,提高基坑边坡的整体稳定性。

土钉一般采用HRB400级钢筋,钢筋直径为16~32 mm,孔径根据成孔机具确定,一般为70~120 mm。注浆材料为水泥浆(水泥砂浆),强度等级不低于M10。土钉长度取基坑深度的0.5~1.2倍,与水平面夹角为5°~20°,土钉的水平和垂直间距取1~2 m。

(2)面层

面层是土钉墙的组成部分,可以约束坡面的变形、并将土钉连成整体,土钉墙的墙面坡度视场地环境条件而定,一般不宜大于1∶0.2(坡度=墙面垂直高度/水平宽度)。

面层采用强度等级不低于C20的喷射混凝土,厚度不小于80 mm,且在其中配置钢筋网和通长的加强钢筋,钢筋网采用HPB300级钢筋,钢筋直径为6~10 mm,间距为150~250 mm;搭接长度大于300 mm;加强钢筋的直径为14~20 mm;钢筋的直径为6~10 mm,间距为150~300 mm。

土钉和面层应有效连接,以便面层能够发挥约束坡面变形的作用,其连接一般采用螺栓连接和钢筋焊接连接,设置承压钢板或井字形加强钢筋等构造措施,如图9.5所示。

(3)防水系统

当地下水位高于基坑底面时,为避免造成土钉墙边坡失稳,应采取降水或截水措施。

复合土钉墙结构是指将土钉墙与深层搅拌桩、微型桩以及预应力锚杆等有机组合成的复合支护体系。它是一种改进或加强型土钉墙,如图9.6所示,它弥补了一般土钉墙的许多缺陷和使用限制,极大地扩展了土钉墙技术的应用范围,具有安全可靠、造价低、工期短、使用范围广等特点,获得了越来越广泛的工程应用。

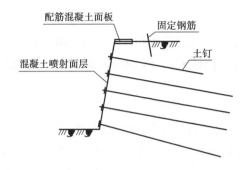

图9.5　土钉墙剖面示意图　　　　　图9.6　某工程土钉墙施工

复合土钉墙主要由土钉、面层、预应力锚杆、截水帷幕和微型桩等组合而成,常见的类型有预应力锚杆复合土钉墙、截水帷幕预应力锚杆复合土钉墙、微型桩-预应力锚杆复合土钉墙、截水帷幕-微型桩-预应力锚杆复合土钉墙4类,如图9.7所示

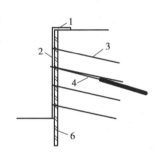

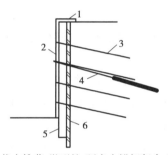

(a)微型桩-预应力锚杆复合土钉墙　　(b)截水帷幕-微型桩-预应力锚杆复合土钉墙

图9.7　复合土钉墙结构体系

1—护顶;2—面层;3—土钉;4—预应力锚杆;5—截水帷幕;6—微型桩

土钉墙的优点:材料用量和工程量少,施工速度快,经济性好;施工设备轻便,操作方法简单;对场地土层的适应性强;结构轻巧,柔性大,有很好的延性。

土钉墙的缺点:要求锚杆能避开场地周边其他建筑的基础和管线;在松散砂土、软塑、流塑黏性土以及有丰富地下水源的情况下不能单独使用土钉支护,必须与其他的土体加固支护方法相结合;基坑变形大。

适用条件如下:

①岩土条件较好。

②基坑周边土体允许有较大位移。

③已经降水处理或止水处理的岩土。

④地下水位以上为黏土、粉质黏土、粉土和砂土。

⑤开挖深度不宜大于12 m。

不适用范围如下:

①土层为富含地下水的岩土层、含水砂土层,且未降水处理。

②膨胀土等特殊土层。

③基坑周边有严格控制位移的建(构)筑物和地下管线等。

3)桩墙结构体系

桩墙结构体是由围护墙及支撑系统组成(悬臂式、内撑式、锚拉式)。围护墙有排桩式(钻孔灌注桩、沉管灌注桩、人工挖孔桩、板桩、钻孔咬合桩和墙式(现浇或预制的地下连续墙)。

(1)悬臂桩墙结构体系

悬臂桩墙结构体系是指没有内支撑和拉锚(图9.8),仅靠结构的入土深度和抗弯能力,来维持基坑坑壁稳定和结构安全的板桩墙、排桩墙和地下连续墙支护结构。悬臂式支护结构一般用于坑深7 m以下。悬臂式支护结构可以采用不同的挡土结构,主要有排桩、钢板桩、型钢混凝土搅拌墙等。

①排桩——一字长蛇阵。

排桩支护结构是指将桩体按照一定的距离或者咬合排列形成的支护挡土结构。根据成桩工艺的不同,可以将排桩分为钻孔灌注桩、挖孔桩、压浆桩、预制混凝土桩和钢管桩等。

②钢板桩——八门金锁阵(八字状的钢板桩手挽手肩并肩列阵迎敌,称为八门金锁阵)。

钢板桩是一种带锁口的热轧型钢,靠锁口相互连接咬合,形成连续的钢板桩墙,用来挡土和挡水。

钢板桩的优点:材料质量可靠,施工快捷,工期短;占用场地较小;在防水要求不高的工程中,可采用自身防水;基坑施工完毕回填土后可将槽钢拔出回收以便再次使用。

钢板桩的缺点:钢板桩抗侧刚度相对较小,变形较大;钢板桩打入和拔出对土体扰动较大;钢板桩拔出后需对土体中留下的孔隙进行回填处理。

钢板桩适用于开挖深度不大于7 m、周边环境保护要求不高的基坑工程。钢板桩打入和拔出对周边环境影响较大,邻近对变形敏感的建(构)筑物的基坑工程不宜采用。

图9.8　钢板桩　　　　　　　　图9.9　型钢混凝土搅拌墙

③型钢混凝土搅拌墙——外圆内方阵(圆形的搅拌桩中插入方形的型钢加强,称为外圆内方阵)。

型钢混凝土搅拌墙是指在水泥土深层搅拌桩墙体中插入型钢所形成的一种同时具有受力和防渗功能的加筋复合围护结构。SMW工法桩是在国内应用最多的型钢混凝土搅拌墙。

(2)地下连续墙

地下连续墙已成为深基坑的主要支护结构挡墙之一(图9.10),国内大城市深基坑工程利用此支护结构为多,常用厚度为600~800 mm。尤其是地下水位高的软土地区,当基坑深度大且邻近的建(构)筑物、道路和地下管线相距甚近时,它是首先考虑的支护方案,往往与地下结构构件合二为一使用。

图9.10　地下连续墙现场

地下连续墙的优势:刚度大,止水效果好,是支护结构中最强的支护形式。

地下连续墙的劣势:造价较高,对施工场地要求较高,施工要求专用设备。

地下连续墙适用于地质条件差、复杂、基坑深度大、周边环境要求较高的基坑。

4)重力式水泥土墙

重力式水泥土墙是指利用深层搅拌机械将地基土和水泥强制搅拌,固化形成的具有一定强度和水稳定性的水泥土墙体。水泥土重力式围护墙是无支撑自立式挡土墙,依靠墙体自重、墙底摩阻力和墙前基坑开挖面以下土体的被动土压力稳定墙体。重力式水泥土围护墙一般都比较墩重厚实,墙厚一般为0.7~0.8倍的开挖深度,这就要求基坑边与红线间有足够的宽度。

重力式水泥土墙的平面布置有壁状布置、格栅状布置、锯齿形布置等形式(图9.11)。工程实践中,为了节省工程造价,以格栅状平面布置较为常用。

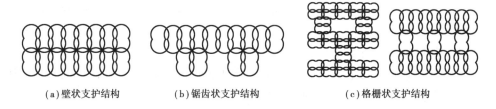

(a)壁状支护结构　　　　(b)锯齿状支护结构　　　　(c)格栅状支护结构

图9.11　重力式水泥土墙的平面布置形式

重力式水泥土墙的优点:一般坑内无支撑,便于机械化快速挖土;具有挡土、止水的双重功能;一般情况下较经济;施工中无振动、无噪声、污染少、挤土轻微。

重力式水泥土墙的缺点:首先是位移相对较大,尤其在基坑长度大时;其次是厚度较大,只有在红线位置和周围环境允许时才能采用,而且在水泥土搅拌桩施工时要注意防止影响周围环境。

重力式水泥土墙的适用条件如下:

①基坑开挖深度不宜大于7 m,基坑周边土体允许有较大位移,基坑周边有足够的施工场地。

②填土、可塑、流塑黏性土、粉土、粉细砂、松散的中粗砂。

③坡顶超载不宜大于 20 kPa。

不适用范围如下：

①周边无足够施工场地。

②基坑周边有严格控制位移的建筑物、构筑物和地下管线等。

③墙深度范围内存在富含有机质的淤泥。

图 9.12　内环式支撑

5）内支撑与土层锚杆

（1）内支撑

内支撑包括钢筋混凝土支撑（永久钢筋混凝土结构支撑、临时钢筋混凝土支撑）、钢支撑、钢与钢筋混凝土组合支撑。

形式：对撑、桁架式对撑、角撑及内环式支撑（图 9.12）。

构造：压顶梁、围檩。

支护结构的内支撑必须采用稳定的结构体系和连接构造，优先采用超静定内支撑结构体系，其刚度应满足变形计算要求。支撑结构的施工与拆除顺序，应与支护结构的设计工况一致，必须遵循先撑后挖的原则。

（2）土层锚杆

形式：钢绞线、高强钢丝或高强螺纹钢筋，并宜施加预应力。

适应范围：黏性土、粉性土及砂土层，不宜用于淤泥及淤泥质土层中。

土层锚杆设置时应注意以下几点：

①土层锚杆锚固段不应设置在未经处理的软弱土层、不稳定土层和不良地质地段及钻孔注浆引发较大土体沉降的土层。

②锚杆杆体材料宜选用钢绞线、螺纹钢筋，当锚杆极限承载力小于 400 kN 时，可采用 HRB335 钢筋。

③锚杆布置与锚固体强度应满足下列要求：

a. 锚杆锚固体上下排间距不宜小于 2.5 m，水平方向间距不宜小于 1.5 m；锚杆锚固体上覆土层厚度不宜小于 4 m。锚杆的倾角宜为 15°～35°。

b. 锚杆定位支架沿锚杆轴线方向宜每隔 1～2 m 设置一个，锚杆杆体的保护层不得少于 20 mm。

c. 锚固体宜采用水泥砂浆或纯水泥浆，浆体设计强度不宜低于 20 MPa。

d. 土层锚杆钻孔直径不宜小于 120 mm。

④锚杆应在锚固体和外锚头强度达到设计强度的 80% 以上后逐根进行张拉锁定，张拉荷载宜为锚杆所受拉力值的 1.05～1.1 倍，并在稳定 5～10 min 后退至锁定荷载锁定。锁定荷载宜取锚杆设计承载力的 0.7～0.85 倍。

⑤锚杆自由段超过潜在的破裂面不应小于 1 m，自由段长度不宜小于 5 m，锚固段在最危险滑动面以外的有效长度应满足稳定性计算要求。

⑥对设计等级为甲级的基坑工程，锚杆轴向拉力特征值应按相应规范土层锚杆试验确定。对设计等级为乙级、丙级的基坑工程可按物理参数或经验数据设计，现场试验验证。

9.2.2 基坑支护结构的选型

1)支护结构选型时应综合考虑的因素

①基坑深度。

②土的性状及地下水条件。

③基坑周边环境对基坑变形的承受能力及支护结构失效的后果。

④主体地下结构和基础形式及其施工方法、基坑平面尺寸及形状。

⑤支护结构施工工艺的可行性。

⑥施工场地条件及施工季节。

⑦经济指标、环保性能和施工工期。

2)基坑支护结构形式的选用

基坑支护结构应按表9.2选用。

表9.2 基坑支护结构的适用条件

结构类型		适用条件		
		安全等级	基坑深度、环境条件、土类和地下水条件	
支挡式结构	锚拉式结构	一级 二级 三级	适用于较深的基坑	1. 排桩适用于可采用降水或截水帷幕的基坑 2. 地下连续墙宜同时用作主体地下结构外墙,可同时用于截水 3. 锚杆不宜用在软土层和高水位的碎石土、砂土层中 4. 当邻近基坑有建筑物地下室、地下构筑物等,锚杆的有效锚固长度不足时,不应采用锚杆 5. 当锚杆施工会造成基坑周边建(构)筑物的损害或违反城市地下空间规划等规定时,不应采用锚杆
	支撑式结构		适用于较深的基坑	
	悬臂式结构		适用于较浅的基坑	
	双排桩		当锚拉式、支撑式和悬臂式结构不适用时,可考虑采用双排桩	
	支护结构与主体结构结合的逆作法		适用于基坑周边环境条件很复杂的深基坑	
土钉墙	单一土钉墙	二级 三级	适用于地下水位以上或降水的非软土基坑,且基坑深度不宜大于12 m	当基坑潜在滑动面内有建筑物、重要地下管线时,不宜采用土钉墙
	预应力锚杆复合土钉墙		适用于地下水位以上或降水的非软土基坑,且基坑深度不宜大于15 m	
	水泥土桩复合土钉墙		用于非软土基坑时,基坑深度不宜大于12 m;用于淤泥质土基坑时,基坑深度不宜大于6 m;不宜用在高水位的碎石土、砂土层中	
	微型桩复合土钉墙		适用于地下水位以上或降水的基坑,用于非软土基坑时,基坑深度不宜大于12 m;用于淤泥质土基坑时,基坑深度不宜大于6 m	

续表

结构类型	安全等级	适用条件
		基坑深度、环境条件、土类和地下水条件
重力式水泥土墙	二级 三级	适用于淤泥质土、淤泥基坑,且基坑深度不宜大于 7 m
放坡	三级	1.施工场地满足放坡条件 2.放坡与上述支护结构形式结合

特别注意:

①当基坑不同部位的周边环境条件、土层性状、基坑深度等不同时,可在不同部位分别采用不同的支护形式。

②支护结构可采用上、下部以不同结构类型组合的形式。

③采用两种或两种以上支护结构形式时,其结合处应考虑相邻支护结构的相互影响,且应有可靠的过渡连接措施。

④支护结构上部采用土钉墙或放坡、下部采用支挡式结构时,上部土钉墙应符合设计规定,支挡式结构应考虑上部土钉墙或放坡的作用。

⑤当坑底以下为软土时,可采用水泥土搅拌桩、高压喷射注浆等方法对坑底土体进行局部或整体加固。水泥土搅拌桩、高压喷射注浆加固体可采用格栅或实体形式。

9.3 排桩支护

排桩支护是指在开挖基坑周围,以挖孔灌注桩、钻孔灌注桩、锤击沉管灌注桩、预制桩等按行列式布置而形成的基坑支护体系。

排桩支护结构按桩的排列方式分为间隔式、双排式和连续式;按基坑开挖深度及支挡结构受力情况分为悬臂式排桩支护、单支点排桩支护和多支点排桩支护。

支点是指内支撑、锚杆或两者的组合。内支撑材料按材料不同分为钢筋混凝土支撑、钢管支撑和型钢支撑及组合支撑;按支撑方式不同分为角撑、对撑等。

悬臂式支护结构施工方便、受力简单,适用于地基土质较好、基坑开挖深度较浅时。地基土质较差、基坑开挖深度较大的基坑支护则选用单层或多层支点支护结构。

9.3.1 排桩支护的设计

排桩支护方式的设计内容有:①嵌固深度计算;②桩墙内力与截面承载力计算;③支撑体系设计计算;④锚杆设计计算;⑤构造要求及施工和检测要求;⑥绘制施工图。

本节主要介绍排桩的桩型与成桩工艺、桩长、桩径的设计要求;排桩支护的构造要求;其余设计计算内容请参照《建筑基坑支护技术规程》(JGJ 120—2017)。

1）排桩的桩型与成桩工艺

应根据土层的性质、地下水条件及基坑周边环境要求等选择混凝土灌注桩、型钢桩、钢管桩、钢板桩、型钢水泥土搅拌桩等桩型。

当支护桩施工影响范围内存在对地基变形敏感、结构性能差的建筑物或地下管线时，不应采用挤土效应严重、易塌孔、易缩径或有较大振动的桩型和施工工艺。

采用挖孔桩且成孔需要降水时，降水引起的地层变形应满足周边建筑物和地下管线的要求，否则应采取截水措施。

能作为基础桩的所有类型几乎都能作为支护桩，其适用条件与基础桩相同。在具体工程中，可根据基坑开挖深度、工程地质与水文地质条件以及周边环境条件选用。

桩长主要取决于基坑开挖深度和嵌固深度。同时应考虑桩顶嵌入冠梁内的长度。一般嵌入冠梁内的长度不应小于 50 mm。

排桩桩径的确定取决于支护结构的截面承载力计算要求。当采用混凝土灌注桩时，对悬臂式排桩，支护桩的桩径宜大于或等于 600 mm；对锚拉式排桩或支撑式排桩，支护桩的桩径宜大于或等于 400 mm。排桩的中心距不宜大于桩直径的两倍。

2）排桩支护的构造要求

①支护桩顶部应设置混凝土冠梁。冠梁的宽度不宜小于桩径，高度不宜小于桩径的 0.6 倍。冠梁钢筋应符合现行国家标准《混凝土结构设计规范》（GB 50010—2019）对梁的构造配筋要求。冠梁用作支撑或锚杆的传力构件或按空间结构设计时，尚应按受力构件进行截面设计。

②在有主体建筑地下管线的部位，排桩冠梁宜低于地下管线。

③当采用混凝土灌注桩时，支护桩的桩身混凝土强度等级、钢筋配置和混凝土保护层厚度应符合下列规定：

a. 桩身混凝土强度等级不宜低于 C25。

b. 支护桩的纵向受力钢筋宜选用 HRB400，HRB500 级钢筋，单桩的纵向受力钢筋不宜少于 8 根，净间距不应小于 60 mm；支护桩顶部设置钢筋混凝土构造冠梁时，纵向钢筋锚入冠梁的长度宜取冠梁厚度；冠梁按结构受力构件设置时，桩身纵向受力钢筋伸入冠梁的锚固长度应符合现行国家标准《混凝土结构设计规范》（GB 50010—2019）对钢筋锚固的有关规定；当不能满足锚固长度的要求时，其钢筋末端可采取机械锚固措施。

c. 箍筋可采用螺旋式箍筋，箍筋直径不应小于纵向受力钢筋最大直径的 1/4，且不应小于 6 mm；箍筋间距宜取 100～200 mm，且不应大于 400 mm 及桩的直径。

d. 沿桩身配置的加强箍筋应满足钢筋笼起吊安装要求，宜选用 HRB300，HRB400 级钢筋，其间距宜取 1 000～2 000 mm。

e. 纵向受力钢筋的保护层厚度不应小于 35 mm；采用水下灌注混凝土工艺时，不应小于 50 mm。

f. 当采用沿截面周边非均匀配置纵向钢筋时，受压区的纵向钢筋根数不应少于 5 根；当施工方法不能保证钢筋的方向时，不应采用沿截面周边非均匀配置纵向钢筋的形式。

g. 当沿桩身分段配置纵向受力主筋时，纵向受力钢筋的搭接应符合现行国家标准《混凝土结构设计规范》（GB 50010—2019）的相关规定。

④排桩的桩间土应采取防护措施。桩间土防护措施宜采用内置钢筋网或钢丝网的喷射混凝土面层。喷射混凝土面层的厚度不宜小于 50 mm，混凝土强度等级不宜低于 C20。

混凝土面层内配置的钢筋网的纵横向间距不宜大于 200 mm。钢筋网或钢丝网宜采用横向拉筋与两侧桩体连接，拉筋直径不宜小于 12 mm，拉筋锚固在桩内的长度不宜小于 100 mm。钢筋网宜采用桩间土内打入直径不小于 12 mm 的钢筋钉固定，钢筋钉打入桩间土中的长度不宜小于排桩净间距的 1.5 倍且不应小于 500 mm。

⑤采用降水的基坑，在有可能出现渗水的部位应设置泄水管，泄水管应采取防止土颗粒流失的反滤措施。

⑥排桩采用素混凝土桩与钢筋混凝土桩间隔布置的钻孔咬合桩形式时，支护桩的桩径可取 800 ~ 1 500 mm，相邻桩咬合长度不宜小于 200 mm。素混凝土桩应采用塑性混凝土或强度等级不低于 C15 的超缓凝混凝土，其初凝时间宜控制在 40 ~ 70 h，坍落度宜取 12 ~ 14 mm。

9.3.2 排桩支护的施工

排桩的施工应符合现行行业标准《建筑桩基技术规范》（JGJ 94—2019）对相应桩型的有关规定（图 9.13）。

图 9.13 排桩施工现场

1）排桩成孔要求

当排桩桩位邻近的既有建筑物、地下管线、地下构筑物对地基变形敏感时，应根据其位置、类型、材料特性、使用状况等相应采取下列控制地基变形的防护措施：

①宜采取间隔成桩的施工顺序：对混凝土灌注桩，应在混凝土终凝后进行相邻桩的成孔施工。

②对松散或稍密的砂土、稍密的粉土、软土等易坍塌或流动的软弱土层，对钻孔灌注桩宜采取改善泥浆性能等措施，对人工挖孔桩宜采取减小每节挖孔和护壁的长度、加固孔壁等措施。

③支护桩成孔过程出现流沙、涌泥、塌孔、缩径等异常情况时，应暂停成孔并及时采取有针对性的措施进行处理。防止继续塌孔。

④当成孔过程中遇到不明障碍物时，应查明其性质，且在不会危害既有建筑物、地下管

线、地下构筑物的情况下方可继续施工。

2) 混凝土灌注桩钢筋设置

①对混凝土灌注桩,其纵向受力钢筋的接头不宜设置在内力较大处。在同一连接区段内,纵向受力钢筋的连接方式和连接接头面积百分率应符合现行国家标准《混凝土结构设计规范》(GB 50010—2019)对梁类构件的规定。

②混凝土灌注桩采用沿纵向分段配置不同钢筋数量时,钢筋笼制作和安放时应采取控制非通长钢筋竖向定位的措施。

③混凝土灌注桩采用沿桩截面周边非均匀配置纵向受力钢筋时,应按设计的钢筋配置方向进行安放,其偏转角度不得大于10°。

④混凝土灌注桩设有预埋件时,应根据预埋件的用途和受力特点的要求,控制其安装位置及方向。

3) 钻孔咬合桩施工

钻孔咬合桩的施工可采用液压钢套管全长护壁、机械冲抓成孔工艺,其施工应符合下列要求:

①桩顶应设置导墙,导墙宽度宜取 3 ~ 4 m,导墙厚度宜取 0.3 ~ 0.5 m。

②相邻咬合桩应按先施工素混凝土桩、后施工钢筋混凝土桩的顺序进行。钢筋混凝土桩应在素混凝土桩初凝前,通过成孔时切割部分素混凝土桩身形成与素混凝土桩的互相咬合,但应避免过早切割。

③钻机就位及吊设第一节钢套管时,应采用两个测斜仪贴附在套管外壁并用经纬仪复核套管垂直度,其垂直度允许偏差应为0.3%。液压套管应正反扭动加压下切。抓斗在套管内取土时,套管底部应始终位于抓土面下方,且抓土面与套管底的距离应大于 1 m。

④孔内虚土和沉渣应清除干净,并用抓斗夯实孔底。灌注混凝土时,套管应随混凝土浇筑逐段提拔。套管应垂直提拔,阻力过大时应转动套管同时缓慢提拔。

4) 冠梁施工

冠梁是设置在挡土构件顶部的将挡土构件连为整体的钢筋混凝土梁。

冠梁施工时,应将桩顶浮浆、低强度混凝土及破碎部分清除。冠梁混凝土浇筑采用土模时,土面应修理整平(图9.14)。

图9.14　桩顶冠梁

5)排桩的施工偏差

除有特殊要求外,排桩的施工偏差应符合下列规定:

①桩位的允许偏差应为 50 mm。

②桩垂直度的允许偏差应为 0.5%。

③预埋件位置的允许偏差应为 20 mm。

④桩的其他施工允许偏差应符合现行行业标准《建筑桩基技术规范》(JGJ 94—2019)的规定。

9.3.3　排桩支护的检测要求

采用混凝土灌注桩时,其质量检测应符合下列规定:

①应采用低应变动测法检测桩身完整性,检测桩数不宜少于总桩数的20%,且不得少于5根;

②当根据低应变动测法判定的桩身完整性为Ⅲ类或Ⅳ类时,应采用钻芯法进行验证,并应扩大低应变动测法检测的数量。

9.4　土钉墙和复合土钉墙支护

土钉墙支护是指在基坑逐层开挖后,逐层在边坡原位以较密排列钻孔、放置土钉并注浆,再在表面布设钢筋网、喷射混凝土形成面层的基坑支护体系。它适用于地下水位以上或经降水后的人工填土、黏性土、粉土及弱胶结砂土等土质,支护深度不宜超过 12 m。

复合土钉墙是指将土钉墙与深层搅拌桩、微型桩以及预应力锚杆等有机组合成的复合支护体系(图 9.15)。它是一种改进或加强型土钉墙,弥补了一般土钉墙的许多缺陷和使用限制,极大地扩展了土钉墙技术的应用范围,可用于回填土、淤泥质土、黏性土、砂土、粉土等常见土层,在开挖深度 16 m 以内的基坑工程均可根据具体条件,灵活、合理地应用。

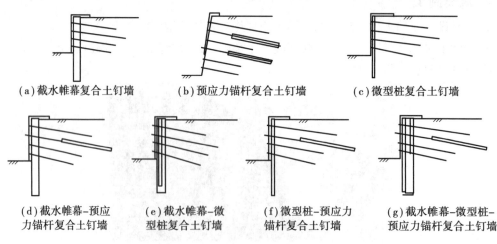

(a)截水帷幕复合土钉墙　　(b)预应力锚杆复合土钉墙　　(c)微型桩复合土钉墙

(d)截水帷幕-预应力锚杆复合土钉墙　　(e)截水帷幕-微型桩复合土钉墙　　(f)微型桩-预应力锚杆复合土钉墙　　(g)截水帷幕-微型桩-预应力锚杆复合土钉墙

图 9.15　复合土钉墙结构体系

9.4.1 构造要求

①土钉墙、预应力锚杆复合土钉墙的坡比不宜大于1:0.2。当基坑较深、土的抗剪强度较低时,宜取较小坡比。对砂土、碎石土、松散填土,确定土钉墙坡度时应考虑开挖时坡面的局部自稳能力。微型桩、水泥土桩复合土钉墙,应采用微型桩、水泥土桩与土钉墙面层贴合的垂直墙面。

注:土钉墙坡比是指其墙面垂直高度与水平宽度的比值。

②土钉墙宜采用洛阳铲成孔的钢筋土钉。对易塌孔的松散或稍密的砂土、稍密的粉土、填土,或易缩径的软土宜采用打入式钢管土钉。对洛阳铲成孔或钢管土钉打入困难的土层,宜采用机械成孔的钢筋土钉。

③土钉水平间距和竖向间距宜为1~2 m。当基坑较深、土的抗剪强度较低时,土钉间距应取小值。土钉倾角宜为5°~20°。土钉长度应按各层土钉受力均匀、各土钉拉力与相应土钉极限承载力的比值相近的原则确定。

④成孔注浆型钢筋土钉的构造应符合下列要求:

a. 成孔直径宜取70~120 mm。

b. 土钉钢筋宜选用HRB400,HRB500钢筋,钢筋直径宜取16~32 mm。

c. 应沿土钉全长设置对中定位支架,其间距宜取1.5~2.5 m,土钉钢筋保护层厚度不宜小于20 mm。

d. 土钉孔注浆材料可采用水泥浆或水泥砂浆,其强度不宜低于20 MPa。

⑤钢管土钉的构造应符合下列要求:

a. 钢管的外径不宜小于48 mm,壁厚不宜小于3 mm。钢管的注浆孔应设置在钢管末端1/2~2/3内。每个注浆截面的注浆孔宜取两个,且应对称布置,注浆孔的孔径宜取5~8 mm,注浆孔外应设置保护倒刺。

b. 钢管的连接采用焊接时,接头强度不应低于钢管强度。钢管焊接可采用数量不少于3根、直径不小于16 mm的钢筋沿截面均匀分布拼焊,双面焊接时钢筋长度不应小于钢管直径的两倍。

⑥土钉墙高度不大于12 m时,喷射混凝土面层的构造应符合下列要求。

a. 喷射混凝土面层厚度宜取80~100 mm。

b. 喷射混凝土设计强度等级不宜低于C20。

c. 喷射混凝土面层中应配置钢筋网和通长的加强钢筋,钢筋网宜采用HRB300级钢筋,钢筋直径宜取6~10 mm,钢筋间距宜取150~250 mm,钢筋网间的搭接长度应大于300 mm,加强钢筋的直径宜取14~20 mm。当充分利用土钉杆体的抗拉强度时,加强钢筋的截面面积不应小于土钉杆体截面面积的1/2。

⑦土钉与加强钢筋宜采用焊接连接,其连接应满足承受土钉拉力的要求。当在土钉拉力作用下喷射混凝土面层的局部受冲切承载力不足时,应采用设置承压钢板等加强措施。

⑧当土钉墙后存在滞水时,应在含水层部位的墙面设置泄水孔或采取其他疏水措施。

⑨采用预应力锚杆复合土钉墙时(图9.16),对预应力锚杆的要求如下。

a. 宜采用钢绞线锚杆。

　　b.用于减小地面变形时,锚杆宜布置在土钉墙的较上部位;用于增强面层抵抗土压力的作用时,锚杆应布置在土压力较大及墙背土层较软弱的部位。

　　c.锚杆的拉力设计值不应大于土钉墙墙面的局部受压承载力。

　　d.预应力锚杆应设置自由段,自由段长度应超过土钉墙坡体的潜在滑动面。

　　e.锚杆与喷射混凝土面层之间应设置腰梁连接,腰梁可采用槽钢腰梁或混凝土腰梁,腰梁与喷射混凝土面层应紧密接触,腰梁规格应根据锚杆拉力设计值确定。

　　⑩微型桩垂直复合土钉墙时,对微型桩的要求如下。

　　a.应根据微型桩施工工艺对土层特性和基坑周边环境条件的适用性选用微型钢管桩、型钢桩或灌注桩等桩型。

　　b.采用微型桩时,宜同时采用预应力锚杆。

　　c.微型桩的直径、规格应根据对复合墙面的强度要求确定。采用成孔后插入微型钢管桩、型钢桩的工艺时,成孔直径宜取 130 ~ 300 mm。对钢管,其直径宜取 48 ~ 250 mm;对工字钢,其型号宜取 I10 ~ I22。孔内应灌注水泥浆或水泥砂浆并充填密实。采用微型混凝土灌注桩时,其直径宜取 200 ~ 300 mm。

　　d.微型桩的间距应满足土钉墙施工时桩间土的稳定性要求。

　　e.微型桩伸入坑底的长度宜大于桩径的 5 倍,且不应小于 1 m。

　　f.微型桩应与喷射混凝土面层贴合。

　　⑪水泥土桩复合土钉墙时(图 9.17),对水泥土桩的要求如下:

　　a.应根据水泥土桩施工工艺对土层特性和基坑周边环境条件的适用性选用搅拌桩、旋喷桩等桩型。

　　b.水泥土桩伸入坑底的长度宜大于桩径的两倍,且不应小于 1 m。

　　c.水泥土桩应与喷射混凝土面层贴合。

　　d.桩身 28 d 无侧限抗压强度不宜小于 1 MPa。

　　e.水泥土桩用作截水帷幕时,应符合《建筑地基基础设计规范》(GB 5000—2018)对截水的要求。

图 9.16　预应力锚杆复合土钉墙　　　　　　图 9.17　水泥土桩复合土钉墙

9.4.2　土钉墙和复合土钉墙施工

1)施工机械

　　土钉墙的施工机械包括钻孔机具(洛阳铲、螺旋钻、冲击钻、地质钻等)、空气压缩机、混凝土喷射机、注浆泵和混凝土搅拌机等。

复合土钉墙的施工机械包括钻孔机具(洛阳铲、螺旋钻、冲击钻、地质钻等)、空气压缩机、混凝土喷射机、注浆泵、混凝土搅拌机、搅拌桩机、旋喷桩机等。

2)施工工序

土钉墙的施工程序:开挖工作面并修整坡面→埋设混凝土厚度控制标志→设置钢筋网,喷射第一层混凝土→钻孔、安设土钉、注浆→设置钢筋网、连接件、泄水管→喷射第二层混凝土→养护→继续开挖下一层工作面→重复以上工作,直到完成。

复合土钉墙的施工程序:放线定位→施工截水帷幕或微型桩并养护→开挖工作面并修整坡面→喷射第一层混凝土→施工土钉、预应力锚杆并养护→挂网、喷射第二层混凝土→(无预应力锚杆部位)养护48 h后继续分层下挖→(布置预应力锚杆部位)浆体强度达到设计要求后施工围檩,张拉、锁定预应力锚杆→继续分层开挖→重复以上工作,直到完成。

3)施工要求

①土钉墙应按土钉层数分层设置土钉、喷射混凝土面层、开挖基坑。

②当有地下水时,对易产生流沙或塌孔的砂土、粉土、碎石土等土层,应通过试验确定土钉施工工艺及其参数。

③钢筋土钉的成孔应符合下列要求:

a.土钉成孔范围内存在地下管线等设施时,应在查明其位置并避开后,再进行成孔作业。

b.应根据土层的性状选用洛阳铲、螺旋钻、冲击钻、地质钻等成孔方法,采用的成孔方法应能保证孔壁的稳定性,减小对孔壁的扰动。

c.当成孔遇不明障碍物时,应停止成孔作业,在查明障碍物的情况并采取针对性措施后方可继续成孔。

d.对易塌孔的松散土层宜采用机械成孔工艺。成孔困难时,可采用注入水泥浆等方法进行护壁。

④钢筋土钉杆体的制作安装应符合下列要求:

a.钢筋使用前,应调直并清除污锈。

b.当钢筋需要连接时,宜采用搭接焊、帮条焊连接。焊接应采用双面焊,双面焊的搭接长度或帮条长度不应小于主筋直径的5倍,焊缝高度不应小于主筋直径的0.3倍。

c.对中支架的截面尺寸应符合对土钉杆体保护层厚度的要求,对中支架可选用直径为6~8 mm的钢筋焊接。

d.土钉成孔后应及时插入土钉杆体,遇塌孔、缩径时,应在处理后再插入土钉杆体。

⑤钢筋土钉的注浆应符合下列要求:

a.注浆材料可选用水泥浆或水泥砂浆。水泥浆的水灰比宜取0.5~0.55,水泥砂浆的水灰比宜取0.4~0.45,同时,灰砂比宜取0.5~1。拌和用砂宜选用中粗砂,按质量计的含泥量不得大于3%。

b.水泥浆或水泥砂浆应拌和均匀,一次拌和的水泥浆或水泥砂浆应在初凝前使用。

c.注浆前应将孔内残留的虚土清除干净。

d. 注浆时应将注浆管插至孔底,采用孔底注浆的方式,且注浆管端部至孔底的距离不宜大于 200 mm。注浆及拔管时,注浆管出浆口应始终埋入注浆液面内,应在新鲜浆液从孔口溢出后停止注浆。注浆后,当浆液液面下降时,应进行补浆。

⑥打入式钢管土钉的施工应符合下列要求:

a. 钢管端部应制成尖锥状,钢管顶部宜设置防止施打变形的加强构造。

b. 注浆材料应采用水泥浆,水泥浆的水灰比宜取 0.5 ~ 0.6。

c. 注浆压力不宜小于 0.6 MPa,应在注浆至钢管周围出现。返浆后停止注浆。当不出现返浆时,可采用间歇注浆的方法。

⑦喷射混凝土面层的施工应符合下列要求:

a. 细骨料宜选用中粗砂,含泥量应小于 3%。

b. 粗骨料宜选用粒径不大于 20 mm 的级配砾石。

c. 水泥与砂石的质量比宜取 1:4 ~ 1:4.5,砂率宜取 45% ~ 55%,水灰比宜取 0.4 ~ 0.45。

d. 使用速凝剂等外加剂时,应通过试验确定外加剂掺量。

e. 喷射作业应分段依次进行,同一分段内应自下而上均匀喷射,一次喷射厚度宜为 30 ~ 80 mm。

f. 喷射作业时,喷头应与土钉墙面保持垂直,其距离宜为 0.6 ~ 1 m。

g. 喷射混凝土终凝 2 h 后应及时喷水养护。

h. 钢筋与坡面的间隙应大于 20 mm。

i. 钢筋网可采用绑扎固定。钢筋连接宜采用搭接焊,焊缝长度不应小于钢筋直径的10 倍。

j. 采用双层筋网时,第二层钢筋网应在第一层钢筋网被喷射混凝土覆盖后铺设。

4)施工偏差

土钉墙的施工偏差应符合下列要求:

①土钉位置的允许偏差应为 100 mm。

②土钉倾角的允许偏差应为 3°。

③土钉杆体长度不应小于设计长度。

④钢筋网间距的允许偏差应为 ±30 mm。

⑤微型桩桩位的允许偏差应为 50 mm。

⑥微型桩垂直度的允许偏差应为 0.5%。

复合土钉墙中预应力锚杆的施工应符合《建筑基坑支护技术规程》(JGJ 120—2017)有关规定。微型桩的施工应符合现行行业标准《建筑桩基技术规范》(JGJ 94—2019)的有关规定。水泥土桩的施工应符合《建筑基坑支护技术规程》(JGJ 120—2017)的有关规定。

9.4.3 检测要求

①土钉墙抗拔承载力检测应符合下列要求:

a. 应对土钉的抗拔承载力进行检测,土钉检测数量不宜少于土钉总数的 1%,且同一土层中的土钉检测数量不应少于 3 根。

b. 对安全等级为二级、三级的土钉墙,抗拔承载力检测值分别不应小于土钉轴向拉力标准值的 1.3 倍、1.2 倍。

c. 检测土钉应采用随机抽样的方法选取。检测试验应在注浆固结体强度达到 10 MPa 或达到设计强度的 70% 后进行,应按《建筑基坑支护技术规程》(JGJ 120—2017)规定的试验方法进行。

d. 当检测的土钉不合格时,应扩大检测数量。

②应进行土钉墙面层喷射混凝土的现场试块强度试验,每 500 m² 喷射混凝土面积的试验数量不应少于一组,每组试块不应少于 3 个。

③应对土钉墙的喷射混凝土面层厚度进行检测,每 500 m² 喷射混凝土面积的检测数量不应少于一组,每组的检测点不应少于 3 个。全部检测点的面层厚度平均值不应小于厚度设计值,最小厚度不应小于厚度设计值的 80%。

④复合土钉墙中的预应力锚杆,应按《建筑基坑支护技术规程》(JGJ 120—2017)的规定进行抗拔承载力检测。

⑤复合土钉墙中的水泥土搅拌桩或旋喷桩用作截水帷幕时,应按《建筑基坑支护技术规程》(JGJ 120—2017)的规定进行质量检测。

9.5　逆作法

逆作法,也称逆筑法,是利用地下室的梁、板、柱结构,取代内支撑体系去支撑围护结构,此时的地下室梁板结构要随着基坑由地面向下开挖而由上往下逐层浇筑,直到地下室底板封底。与顺作法由底板逐层向上浇筑地下室结构的顺序相逆。

逆作法适用于支护结构水平位移有严格限制的基坑工程。根据工程具体情况,可采用全逆作法、半逆作法和部分逆作法。

当逆作地下结构的同时还进行地上结构的施工时,称为全逆作法。当仅逆作地下结构而并不同步施工地上结构时,称为半逆作法。当部分结构采用顺作法,部分结构采用逆作法时,称为部分逆作法。

9.5.1　逆作法的工艺原理和工序

1)逆作法的工艺原理

①先沿建筑物地下室轴线(地下连续墙也是地下室结构承重墙)或周围(地下连续墙等只用作支护结构)施工地下连续墙或其他支护结构,同时在建筑物内部的有关位置(柱子或隔墙相交处等,根据需要计算确定)浇筑或打下中间支承柱,作为施工期间于底板封底之前承受上部结构自重和施工荷载的支撑。

②施工地面一层的梁板楼面结构,作为地下连续墙刚度很大的支撑,随后逐层向下开挖土方和浇筑各层地下结构,直至底板封底。

③与此同时,由于地面一层的楼面结构已完成,为上部结构施工创造了条件,因此可以同时向上逐层进行地上结构的施工。这样地面上、下同时进行施工,直至工程结束。

（a）首层楼板预留孔

（b）挖掘机入孔内继续挖土

（c）地下一层暗挖

（d）临时通风管道

图 9.18　逆作法施工

2）施工工序

（1）第一种施工程序（图 9.19）

地下连续墙和支承柱施工→地下一层顶盖施工，与支护结构和支承柱结合形成第一道内支撑→地下一层挖土→地下二层楼盖施工，与支护结构和支承柱结合形成第二道内支撑→地下二层挖土→重复上述步骤，直至最底层地下室挖土结束，浇筑基础底板混凝土。

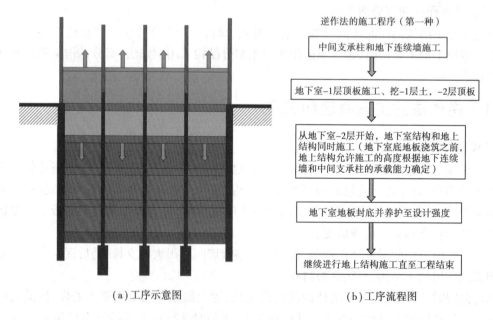

（a）工序示意图　　　　　　　　　　　（b）工序流程图

图 9.19　逆作法第一种施工程序

（2）第二种施工程序（图9.20）

地下连续墙和支承柱施工→地下一层挖土（地下连续墙呈悬臂状态）→地下一层顶面楼盖混凝土结构施工，与支护结构和支承柱结合形成内支撑→地下二层挖土→地下二层顶面楼盖混凝土结构施工，与支护结构和支承柱结合形成内支撑→重复上述步骤，直至完成基础底板混凝土的浇筑。

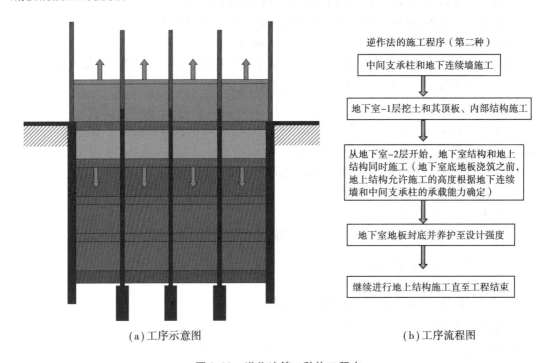

（a）工序示意图　　　　　　　　　　（b）工序流程图

图9.20　逆作法第二种施工程序

9.5.2　逆作法设计内容和施工特点

1）逆作法设计内容

基坑工程逆作法设计应保证地下结构的侧墙、楼板、底板、柱满足基坑开挖时作为基坑支护结构及作为地下室永久结构工况时的设计要求。

①基坑支护的地下连续墙或排桩与地下结构侧墙、内支撑、地下结构楼盖体系一体的结构分析计算。

②土方开挖及外运。

③临时立柱做法。

④侧墙与支护结构的连接。

⑤立柱与底板和楼盖的连接。

⑥坑底上卸载和回弹引起的相邻立柱之间、立柱与侧墙之间的差异沉降对已施工结构受力的影响分析计算。

⑦施工作业程序、混凝土浇筑及施工缝处理。

⑧结构节点构造措施。

2)逆作法施工特点

（1）优点

①可使建筑物上部结构的施工和地下基础结构施工平行立体作业，在建筑规模大、上下层次多时，大约可节省工时1/3。

②受力良好合理，围护结构变形量小，对邻近建筑的影响小。

③施工可少受风雨影响，且土方开挖可较少或基本不占总工期。

④最大限度利用地下空间，扩大地下室建筑面积。

⑤一层结构平面可作为工作平台，不必另外架设开挖工作平台与内撑，这样大幅度削减了支撑和工作平台等大型临时设施，减少了施工费用。

（2）缺点

①支撑位置受地下室层高的限制，无法调整高度，如遇较大层高的地下室，有时需另设临时水平支撑或加大围护墙的断面及配筋。

②挖土作业空间狭小，不利于规模机械化施工，土方施工困难。

③结构接头处理多。

④对围护结构施工精度要求高。

⑤需要增设一些垂直运输土方和材料设备，增设地下施工用的通风、照明设备。

9.5.3 逆作法施工要点

1)支护体系与地下室结合的施工方案

①地下结构墙体作为基坑支护结构。

②地下结构水平构件（梁、板体系）作为基坑支护的内支撑。

③地下结构竖向构件作为支护结构支承柱。

2)地下连续墙同时作为地下室永久结构使用时的规定

①地下连续墙墙身的防水等级应满足永久结构使用防水设计要求。地下连续墙与主体结构连接的接缝位置（如地下结构顶板、底板位置）根据地下结构的防水等级要求，可设置刚性止水片、遇水膨胀橡胶止水条以及预埋注浆管等构造措施。

②地下连续墙与主体结构的连接应根据其受力特性和连接刚度进行设计计算。

3)主体地下结构的水平构件用作支撑时的规定

①用作支撑的地下结构水平构件宜采用梁板结构体系进行分析计算。

②宜考虑由立柱桩差异变形及立柱桩与围护墙之间差异变形引起的地下结构水平构件的结构次应力，并采取必要措施防止有害裂缝的产生。

③对地下结构的同层楼板面存在高差的部位，应验算该部位构件的抗弯、抗剪、抗扭承载能力，必要时应设置可靠的水平转换结构或临时支撑等措施。

④对结构楼板的洞口及车道开口部位，当洞口两侧的梁板不能满足支撑的水平传力要求时，应在缺少结构楼板处设置临时支撑等措施。

⑤在各层结构留设结构分缝或基坑施工期间不能封闭的后浇带位置，应通过计算设置水平传力构件。

4）竖向支承结构的规定

①竖向支承结构宜采用一根结构柱对应布置一根临时立柱和立柱桩的形式（一柱一桩）。

②在主体结构底板施工之前，相邻立柱桩间以及立柱桩与邻近基坑围护墙之间的差异沉降不宜大于1/400柱距，且不宜大于20 mm。作为立柱桩的灌注桩宜采用桩端后注浆措施。

5）立柱立桩的正确定位

逆作法施工时，支承垂直力的是由工程桩接高的型钢支柱，将来在立柱外再包裹混凝土作正式地下室柱，其轴线位置与垂直度必须正确，否则会影响正式工程柱子位置的正确性，立柱施工时应采用专用装置控制定位、垂直度和转向偏差。建筑地基基础施工规范有相应规定。

6）沉降差异控制

各根立柱桩之间或立柱桩与地下墙之间有较大的沉降差，已浇筑的楼板与梁系就会产生裂缝，危及正式结构的安全。

采取的措施主要为：①设定工况并计算沉降；②施工动态控制。

地下墙、立柱桩、垂直与水平变形、地下水位、挖土工况条件等要全面进行监测，当出现相邻柱间沉降差超过报警值时，可以采取停止上部结构施工、局部放慢或加速挖土，个别地方可采取注浆加固等措施。

7）逆作法施工中的挖土技术

挖土是逆作法施工的重要环节，有顶盖的地下挖土难度大，周期长，不仅是影响工期的关键因素，而且挖土是产生变形的主要原因，也是施工安全的关键。挖土均采用0.4 m³，0.15 m³小型挖机与人工相结合，地下水平运输采用人力拖车运输到出土孔下，出土吊运由专门设计的抓土行车完成，再由卡车运出工地。

（1）取土口平面布置

取土口平面布置应分布均匀，充分考虑施工行车路线，平均每1 000 m²布置一个取土口。取土口大小应充分考虑施工机械及材料运输需要，一般不小于8 m×8 m空间大小。

（2）取土设备

目前国内挖土一般在基坑内设置小型挖机设备，地面设置大型取土设备以解决挖土施工作业，如图9.21、图9.22所示。地面取土设备有取土架、长臂挖机、伸缩臂挖机等。

8）逆作法施工中的地下通风、用电和照明措施

通风、照明和用电安全是逆作法施工措施中的重要组成部分。这方面稍有不慎就会酿成事故，给工程施工带来严重影响，必须予以充分注意。在浇筑地下室各层楼板时，按挖土行进路线应预先留设通风口。根据柱网轴线和实际送风量的要求，通风口间距控制在8.5 m左右。

图9.21　地面大型取土架　　　　　　　　图9.22　基坑内取土

随着地下挖土工作面的推进，当露出通风口后应及时安装大功率涡流风机，并启动风机向地下施工操作面送风，清新空气向各送风口流入，经地下施工操作面再从第二个取土口流出，形成空气流通循环，保证施工作业的安全。

地下施工动力、照明线路设置了专用的防水线路，并埋设在楼板、梁、柱等结构中，专用的防水电箱应设置在柱上，不得随意挪动。在整个施工过程中，各施工操作面上需派专职安全巡视员监护各类安全措施和指导落实。

9)柱、梁、板、墙的节点施工

墙梁、柱梁的节点施工，是先在中柱桩预留的钢圈上与地下连续墙上预留的埋件上分别焊上钢板，并在钢板上再焊上钢筋，然后绑扎梁的钢筋、浇捣混凝土，再浇捣外包复合柱和复合墙的混凝土。

9.6　基坑降水与排水

9.6.1　基坑排水

对基底表面汇水、基坑周边地表汇水及降水井抽出的地下水，可采用明沟排水；对坑底以下渗出的地下水，可采用盲沟排水，当地下室底板与支护结构间不能设置明沟时，基坑坡脚处也可采用盲沟排水；对降水井抽出的地下水，可采用管道排水。各种集水明排应符合下列要求：

①明沟和盲沟坡度不宜小于0.3%。采用明沟排水时，沟底应采取防渗措施。采用盲沟排出坑底渗出的地下水时，其构造、填充料及其密实度应满足主体结构的要求。

②沿排水沟宜每隔30~50 m设置一口集水井。集水井的净截面尺寸应根据排水流量确定。集水井应采取防渗措施。采用盲沟时，集水井宜采用钢筋笼外填碎石滤料的构造形式。

③基坑坡面渗水宜采用渗水部位插入导水管排出。导水管的间距、直径及长度应根据

渗水量及渗水土层的特性确定。

④采用管道排水时,排水管道的直径应根据排水量确定。排水管的坡度不宜小于0.5%,排水管道材料可选用钢管、PVC 管。排水管道上宜设置清淤孔,清淤孔的间距不宜大于10 m。

⑤基坑排水与市政管网连接前应设置沉淀池,明沟、集水井、沉淀池使用时应排水畅通并应随时清理淤积物。

图9.23   管井排水

9.6.2   基坑降水

基坑降水也指地下水控制,即在基坑工程施工过程中,地下水要满足支护结构和挖土施工的要求。并且不因地下水位的变化对基坑周围的环境和设施带来危害。

1)降水方法及其适用条件

基坑降水可采用管井(图9.23)、真空井点、喷射井点等方法,并宜按表9.3的适用条件选用。

表9.3   各种降水方法适用条件

方　法	土　类	渗透系数/(m·d^{-1})	降水深度/m
管井	粉土、砂土、碎石土	0.1～200	不限
真空井点	黏性土、粉土、砂土	0.005～20	单级井点<6 多级井点<20
喷射井点	黏性土、粉土、砂土	0.005～20	<20

2)降水要求

①基坑内的设计降水水位应低于基坑底面0.5 m。当主体结构的电梯井、集水井等部位使一些坑局部加深时,应按其深度考虑设计降水水位或对其另行采取局部地下水控制措施。基坑采用截水结合坑外减压降水的地下水控制方法时,尚应规定降水井水位的最大降深值。

②各降水井井位应沿基坑周边以一定间距形成闭合状。当地下水流速较小时,降水井宜等间距布置;当地下水流速较大时,在地下水补给方向宜适当减小降水井间距;对宽度较小的狭长形基坑,降水井可在基坑一侧布置(图9.24)。

图9.24   单排线井点排水

③真空井点降水的井间距宜取 0.8 ~ 2 m;喷射井点降水的井间距宜取 1.5 ~ 3 m。当真空井点、喷射井点的井口至设计降水水位的深度大于 6 m 时,可采用多级井点降水,多级井点上下级的高差宜取 4 ~ 5 m。

9.6.3 基坑截水

1)截水帷幕的选择

基坑截水应根据工程地质条件、水文地质条件及施工条件等选用水泥土搅拌桩帷幕、高压旋喷或摆喷注浆帷幕、地下连续墙或咬合式排桩。

支护结构采用排桩时,可采用高压旋喷或摆喷注浆与排桩相互咬合的组合帷幕。

对碎石土、杂填土、泥炭质土、泥炭、pH 值较低的土或地下水流速较大时,水泥土搅拌桩帷幕、高压喷射注浆帷幕宜通过试验确定其适用性或外加剂品种及掺量。

当坑底以下存在连续分布、埋深较浅的隔水层时,应采用落底式帷幕。

落底式帷幕进入下卧隔水层的深度应满足下式要求,且不小于 1.5 m:

$$l \geqslant 0.2\Delta h - 0.5b \tag{9.1}$$

式中 l—帷幕进入隔水层的深度,m;

  Δh——基坑内外的水头差值,m;

  b——帷幕的厚度,m。

截水帷幕在平面布置上应沿基坑周边闭合。当采用沿基坑周边非闭合的平面布置形式时,应对地下水沿帷幕两端绕流引起的渗流破坏和地下水位下降进行分析。

2)水泥搅拌桩帷幕

(1)搭接宽度

采用水泥土搅拌桩帷幕时,搅拌桩直径宜取 450 ~ 800 mm,搅拌桩的搭接宽度应符合下列规定:

①当搅拌深度不大于 10 m 时,单排搅拌桩帷幕的搭接宽度不应小于 150 mm;当搅拌深度为 10 ~ 15 m 时,单排搅拌桩帷幕的搭接宽度不应小于 200 mm;当搅拌深度大于 15 m 时,单排搅拌桩帷幕的搭接宽度不应小于 250 mm。

②对地下水位较高、渗透性较强的地层,宜采用双排搅拌桩截水帷幕。当搅拌深度不大于 10 m 时,搅拌桩的搭接宽度不应小于 100 mm;当搅拌深度为 10 ~ 15 m 时,搅拌桩的搭接宽度不应小于 150 mm;当搅拌深度大于 15 m 时,搅拌桩的搭接宽度不应小于 200 mm。

(2)水灰比

搅拌桩水泥浆液的水灰比宜取 0.6 ~ 0.8。搅拌桩的水泥掺量宜取土的天然质量的 15% ~ 20%。

(3)搅拌桩的施工偏差应符合的要求

①桩位的允许偏差应为 50 mm。

②垂直度的允许偏差应为 1%。

3)高压喷射注浆帷幕

(1)有效直径的确定

①采用高压旋喷、摆喷注浆帷幕时,注浆固结体的有效半径宜通过试验确定。

②缺少试验时,可根据土的类别及其密实程度、高压喷射注浆工艺,按工程经验采用。摆喷注浆的喷射方向与摆喷点连线的夹角宜取 10°~25°,摆动角度宜取 20°~30°。

（2）搭接宽度

①当注浆孔深度不大于 10 m 时,水泥土固结体的搭接宽度不应小于 150 mm。

②当注浆孔深度为 10~20 m 时,水泥土固结体的搭接宽度不应小于 250 mm。

③当注浆孔深度为 20~30 m 时,水泥土固结体的搭接宽度不应小于 350 mm。对地下水位较高、渗透性较强的地层,可采用双排高压喷射注浆帷幕。

（3）水灰比

高压喷射注浆水泥浆液的水灰比宜取 0.9~1.1,水泥掺量宜取土的天然质量的 25%~40%。

（4）水泥体固结有效半径

高压喷射注浆应按水泥土固结体的设计有效半径与土的性状确定喷射压力、注浆流量、提升速度、旋转速度等工艺参数,对较硬的黏性土、密实的砂土和碎石土宜取较小提升速度、较大喷射压力。当缺少类似土层条件下的施工经验时,应通过现场试验确定施工工艺参数。

（5）高压喷射注浆帷幕的施工

①采用与排桩咬合的高压喷射注浆帷幕时,应先进行排桩施工,后进行高压喷射注浆施工。

②高压喷射注浆的施工作业顺序应采用隔孔分序方式,相邻孔喷射注浆的间隔时间不宜小于 24 h。

③喷射注浆时,应由下而上均匀喷射,停止喷射的位置宜高于帷幕设计顶面 1 m。

④可采用复喷工艺增大固结体半径、提高固结体强度。

⑤喷射注浆时,当孔口的返浆量大于注浆量的 20% 时,可采用提高喷射压力等措施。

⑥当因浆液渗漏而出现孔口不返浆的情况时,应将注浆管停置在不返浆处持续喷射注浆,并同时采取从孔口填入中粗砂、注浆液掺入速凝剂等措施,直至出现孔口返浆。

⑦喷射注浆后,当浆液析水、液面下降时,应进行补浆。

⑧当喷射注浆因故中途停喷后,继续注浆时应与停喷前的注浆体搭接,其搭接长度不应小于 500 mm。

⑨当注浆孔邻近既有建筑物时,宜采用速凝浆液进行喷射注浆。

（6）施工偏差

高压喷射注浆的施工偏差应符合下列要求:

①孔位的允许偏差应为 50 mm。

②注浆孔垂直度的允许偏差应为 1%。

4）截水帷幕的质量检测

截水帷幕的质量检测应符合下列规定:

①与排桩咬合的高压喷射注浆、水泥土搅拌桩帷幕,与土钉墙面层贴合的水泥土搅拌桩帷幕,应在基坑开挖前或开挖时,检测水泥土固结体的尺寸、搭接宽度。检测点应按随机方法选取或选取施工中出现异常、开挖中出现漏水的部位。对设置在支护结构外侧单独的截水帷幕,其质量可通过开挖后的截水效果判断。

②对施工质量有怀疑时,可在搅拌桩、高压喷射注浆液固结后,采用钻芯法检测帷幕固结体的单轴抗压强度、连续性及深度。

③检测点的数量不应少于 3 个。

9.6.4　减小基坑降水对周围环境影响的措施

人工降低地下水位对周围环境的最大影响就是在抽水半径范围内水位线下降,浮力消失,土的自重应力增加,导致不均匀沉降,进而影响临近建(构)筑物的安全。为减少基坑降水对周围环境的影响,避免产生过大的地面沉降,可采取以下措施。

1)采用回灌井点回灌

在降水井点和要保护的建(构)筑物之间打设一排井点,在降水的同时,通过回灌井点向土层内灌入一定数量的水(即降水井点抽出的水),形成一道止水帷幕,从而减少回灌井点外侧被保护的建(构)筑物地下的地下水流失,使地下水位基本保持不变,这样就不会因降水使地基自重应力增加而引起地面沉降。

回灌井点采用一般真空井点降水的设备和技术,井口用黏土封闭,井底进入渗透性好的土层,深于稳定水位下 1 m,且仅增加回灌水箱、闸阀和水表等少量设备,易于施工。回灌井点与降水井点的距离不宜小于 6 m。其间距根据降水井点的间距和被保护建(构)筑物的平面位置确定,回灌水量可通过水位观测孔中水位变化进行控制和调节,如图 9.25 所示。

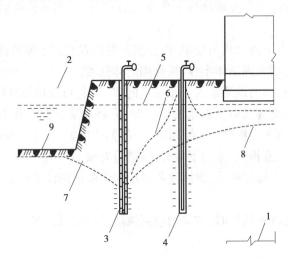

图 9.25　回灌井点示意图
1—原有建筑物;2—开挖基坑;3—降水井点;4—回灌井点;
5—原有地下水位线;6—降灌井点间水位线;7—降水后的水位线;
8—不回灌时的水位线;9—基坑底

2)采用砂沟、砂井回灌

在降水井点与要保护的建(构)筑物之间设置砂井作为回灌井,沿砂井布置一道砂沟。将降水井点抽出的水,适时、适量排入砂沟,再经砂井回灌到地下。实践证明采用砂沟、砂井回灌能达到良好效果(回灌砂井的灌砂量,取井孔体积的 95%,填料采用含泥量不大于 3%、不均匀系数为 3~5 的纯净中粗砂)。

3)采用减缓降水的速度

在砂质粉土中降水影响范围可达 80 m 以上,降水曲线较平级,为此可将井点管加长,减缓降水速度,防止产生过大的沉降,也可在井点系统降水过程中,调小离心泵阀,减缓抽水速度,还可在邻近被保护建(构)筑物一侧,将井点管间距加大,需要时甚至暂停抽水。为防止抽水过程中将细微土粒带出,可根据土的粒径选择滤网。另外,确保井点管周围砂滤层的厚度和施工质量,也能有效防止降水引起的地面沉降。

4)设置截水帷幕

在基坑开挖前沿基坑四周设置截水帷幕,帷幕的底部宜深入基坑底一定深度或到达不通水层,截水后可采用基坑内井点降水,既降低水位,改善了施工作业条件,又有效地保护了周边环境,如图 9.26 所示。

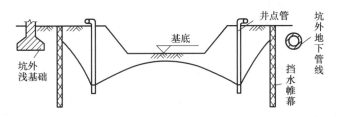

图 9.26　设置截水帷幕

降水引起地下水位下降,离降水井点不同的距离,水位的下降程度也有不同,从而引起不同的地基土沉降,即不均匀沉降。应严格控制其对邻近建筑物的影响。

9.7　基坑开挖与监测

基坑开挖是基坑工程设计与施工的重要阶段。开挖前,应根据工程结构形式、基坑深度、地质条件、气候条件、周围环境、施工方法、施工工期等资料,确定基坑开挖方案。基坑开挖方案通常包括土方施工机械、开挖形式、开挖工艺及土方施工设施等。

深基坑开挖原则:先深后浅、开槽支撑、先撑后挖、分层开挖、严禁超挖。

9.7.1　基坑开挖

基坑监测预警

1)一般规定

基坑开挖应符合下列规定:

①当支护结构构件强度达到开挖阶段的设计强度时,方可下挖基坑。对采用预应力锚杆的支护结构,应在锚杆施加预加力后,方可下挖基坑。对土钉墙,应在土钉、喷射混凝土面层的养护时间大于 2 d 后,方可下挖基坑。

②应按支护结构设计规定的施工顺序和开挖深度分层开挖。

③锚杆、土钉的施工作业面与锚杆、土钉的高差不宜大于 500 mm。

④开挖时,挖土机械不得碰撞或损害锚杆、腰梁、土钉墙面、内支撑及其连接件等构件,不得损害已施工的基础桩。

⑤当基坑采用降水时,应在降水后开挖地下水位以下的土方。

⑥当开挖揭露的实际土层性状或地下水情况与设计依据的勘察资料明显不符,或出现异常现象、不明物体时,应停止开挖,在采取相应处理措施后方可继续开挖。

⑦挖至坑底时,应避免扰动基底持力土层的原状结构。

2)软土基坑

软土基坑开挖除应符合一般规定外,还应符合下列规定:

①应按分层、分段、对称、均衡、适时的原则开挖。

②当主体结构采用桩基础且基础桩已施工完成时,应根据开挖面下软土的性状,限制每层开挖厚度,不得造成基础桩偏位。

③对采用内支撑的支护结构,宜采用局部开槽方法浇筑混凝土支撑或安装钢支撑。开挖到支撑作业面后,应及时进行支撑的施工。

④对重力式水泥土墙,沿水泥土墙方向应分区段开挖,每一开挖区段的长度不宜大于40 m。

3)使用期内基坑维护

基坑开挖和支护结构使用期内,应按下列要求对基坑进行维护:

①雨期施工时,应在坑顶、坑底采取有效的截排水措施。对地势低洼的基坑,应考虑周边汇水区域地面径流向基坑汇水的影响。排水沟、集水井应采取防渗措施。

②基坑周边地面宜作硬化或防渗处理。

③基坑周边的施工用水应有排放措施,不得渗入土体内。

④当坑体渗水、积水或有渗流时,应及时进行疏导、排泄、截断水源。

⑤开挖至坑底后,应及时进行混凝土垫层和主体地下结构施工。

⑥主体地下结构施工时,结构外墙与基坑侧壁之间应及时回填。

4)其他规定

①当基坑开挖面上方的锚杆、土钉、支撑未达到设计要求时,严禁向下超挖土方。

②采用锚杆或支撑的支护结构,在未达到设计规定的拆除条件时,严禁拆除锚杆或支撑。

③基坑周边施工材料、设施或车辆荷载严禁超过设计要求的地面荷载限值。

④支护结构或基坑周边环境出现规定的报警情况或其他险情时,应立即停止开挖,并应根据危险产生的原因和可能进一步发展的破坏形式,采取控制或加固措施。危险消除后,方可继续开挖。必要时,应对危险部位采取基坑回填、地面卸土、临时支撑等应急措施。当危险由地下水管道渗漏、坑体渗水造成时,应及时采取截断渗漏水源、疏排渗水等措施。

9.7.2 基坑监测

基坑工程监测是指由于土层具有多变性和高散性,基坑工程支护设计常常很难全面、准确地反映工程进行过程中的实际变化情况,为了改善这一情况,对支护结构和周围环境进行监测,利用反馈的信息和数据来进行信息化施工或优化设计理论等的活动。

1) 基坑监测项目

基坑支护设计应根据支护结构类型和地下水控制方法，按表9.4选择基坑监测项目，并应根据支护结构构件、基坑周边环境的重要性及地质条件的复杂性确定监测点部位及数量，选用的监测项目及其监测部位应能够反映支护结构的安全状态和基坑周边环境受影响的程度。安全等级为一级、二级的支护结构，在基坑开挖过程与支护结构使用期内，必须进行支护结构的水平位移监测和基坑开挖影响范围内建(构)筑物、地面的沉降监测。

表9.4 基坑监测

监测项目	支护结构的安全等级		
	一级	二级	三级
支护结构顶部水平位移	应测	应测	应测
基坑周边建(构)筑物、地下管线、道路沉降	应测	应测	应测
坑边地面沉降	应测	应测	宜测
支护结构深部水平位移	应测	应测	选测
锚杆拉力	应测	应测	选测
支撑轴力	应测	应测	选测
挡土构件内力	应测	宜测	选测
支撑立柱沉降	应测	宜测	选测
挡土构件、水泥土墙沉降	应测	宜测	选测
地下水位	应测	应测	选测
土压力	宜测	选测	选测
孔隙水压力	宜测	选测	选测

注：表内各监测项目中，仅选择实际基坑支护形式所含有的内容。

2) 基坑监测要求

①各类水平位移观测，沉降观测的基准点应设置在变形影响范围外，且基准点数量不应少于两个。

②基坑各监测项目采用的监测仪器的精度、分辨率及测量精度应能反映监测对象的实际状况，并应满足基坑监控的要求。各监测项目应在基坑开挖前或测点安装后测得稳定的初始值，且次数不应少于两次。

③支护结构顶部水平位移的监测频次应符合下列要求：

a.基坑向下开挖期间，监测不应少于每天一次，直至开挖停止后连续3 d的监测数值稳定。

b.当地面、支护结构或周边建筑物出现裂缝、沉降，遇到降雨、降雪，气温骤变，基坑出现异常的渗水或漏水，坑外地面荷载增加等各种环境条件变化或异常情况时，应立即进行连续监测，直至连续3 d的监测数值稳定。

c. 当位移速率大于或等于前次监测的位移速率时,应进行连续监测。

d. 在监测数值稳定期间,尚应根据水平位移稳定值的大小及工程实际情况定期进行监测。

3)支护结构的监测

①支护结构桩(墙)顶位移监测。

②支护结构桩(墙)倾斜监测。

③支护及支撑结构应力监测。

④土压力及孔隙水压力监测。

4)周围环境的监测

①裂缝监测。

②邻近道路和地下管线沉降观测。

③边坡土体的位移和沉降观测。

5)地下水位的监测

地下水位采用水位观测孔进行监测。水位观测孔钻孔深度必须达到隔水层。钻孔中应安装带滤网的硬塑料管。一般情况下,每隔 3~5 d 观测一次。当发现基坑侧壁明显渗漏或沿基坑底产生管涌时,每天观测 1~2 次。地下水位的变化对基坑支护结构的稳定性影响很大。地下水位快速上升,对支护结构产生的土压力将增大,严重时导致支护结构破坏;地下水位明显下降,则可能在开挖面以上发生渗漏,也可能在坑底发生渗流。

6)邻近建筑物的沉降观测

邻近建筑物的沉降采用在开挖影响范围外的建筑物柱上埋设基准点。基准点个数为 2~3 个,在被观测建筑物的首层柱上设置测点,测点布置间距以 15~20 m 为宜。在基坑开挖期间,一般每隔 5~7 d 观测 1 次。当沉降速率较大,相邻柱基之间的差异沉降超过地基规范规定的稳定标准时,应每天观测 1 次。当基坑有坍塌危险时,应连续 24 h 观测。

7)基坑监测报警

(1)基坑监测报警情况

《建筑基坑支护技术规程》(JGJ 120—2017)规定:基坑监测数据、现场巡查结果应及时整理和反馈。当出现下列危险征兆时应立即报警:

①支护结构位移达到设计规定的位移限值,且有继续增长的趋势。

②支护结构位移速率增长且不收敛。

③支护结构构件的内力超过其设计值。

④基坑周边建筑物、道路、地面的沉降达到设计规定的沉降限值,且有继续增长的趋势;基坑周边建筑物、道路、地面出现裂缝,或其沉降、倾斜达到相关规范的变形允许值。

⑤支护结构构件出现影响整体结构安全性的损坏。

⑥基坑出现局部坍塌。

⑦开挖面出现隆起现象。

⑧基坑出现流土、管涌现象。

（2）监测项目的监控报警值

在基坑工程的监测中，每一项监测的项目都应该根据工程的实际情况、周边环境和设计计算书，事先确定相应的监控报警值，用以判断支护结构的受力情况、位移是否超过允许的范围，进而判断基坑的安全性，决定是否对设计方案和施工方法进行调整，并采取有效及时的处理措施。

基坑监测报警值由监测项目累计变化量和变化速率共同控制，由基坑工程设计方根据土质特征、设计结果及当地经验确定。

8）测试项目警戒值的确定

险情发生时刻的预报是很困难的，但如加强监测，对有前兆的险情完全可以防止巨大偶然灾害的发生。在工程监测中，每一测试项目都应事先确定相应的警戒值，以判断位移或受力状况是否已超过允许的范围，工程施工是否安全可靠，是否需调整施工步序或优化原设计方案。

（1）警戒值确定的原则

①满足设计计算的要求，不可超出设计值。

②满足测试对象安全要求，达到保护目的。

③对相同的保护对象，应针对不同的环境和不同的施工因素而确定。

④满足各保护对象的主管部门提出的要求。

⑤满足现行的相关规范、规程的要求。

⑥综合考虑，减少不必要的资金投入。

（2）警戒值的确定

根据以上原则，结合工程实践经验，具体分析后确定警戒值，切不可生搬硬套。

①基坑支护桩（墙）水平位移（包括测斜）

对关系基坑本身安全问题的测试，最大位移一般取 80 mm，且最大位移与开挖深度的比值 λ 不超过 0.7%，每天不超过 10 mm。周围有需严格保护构筑物的基坑，应根据保护对象的需要来确定，一般最大不超过 30 mm 且 λ 不超过 0.35%，每天不超过 5 mm。支护结构水平位移连续急剧增大的速率不超过 2.5 ~ 5.5 mm/d。

②煤气管道的变位沉降或水平位移不得超过 10 mm，每天发展不得超过 2 mm。

③自来水管道变位沉降或水平位移均不得超过 30 mm，每天发展不得超过 5 mm。

④基坑外水位坑内降水或开挖引起坑外水位下降不得超过 1 000 mm，每天不得超过 500 mm。

⑤立柱桩差异隆起或沉降不得超过 10 mm，每天发展不得超过 2 mm。

⑥弯矩及轴力根据设计计算书确定，一般将警戒值定在80%的设计允许最大值内。

⑦邻近地面及建筑物的沉降不得超过设计容许值且地面最大沉降与开挖深度的比值不超过 0.5% ~ 0.7%，地面裂缝不得急剧扩展。建筑物的差异沉降不得超过有关规范中的沉降限值。

⑧对测斜、支护结构纵深弯矩等曲线，若曲线上出现明显的折点变化，应作报警处理。另外，当肉眼巡视检查到严重的不良现象，如锁口梁上裂缝过大，邻近建筑物裂缝不断扩展，严重的基坑渗漏、管涌等，也应及时发出警报。

⑨对渗漏、管涌等,可提出引流堵漏、压密注浆止水堵漏、化学浆液注浆止水堵漏、降水堵漏、钢丝网水泥砂浆护壁、喷射混凝土护壁堵漏等。

⑩建议对周边地面浇混凝土薄层,增设排水通道,及时用水泥砂浆封闭土体裂缝,以防地表水的渗流。

⑪建议变更设计、施工方案等。

基坑监测报警值分为基坑及支护结构监测报警值和建筑基坑工程周边环境监测报警值,详细可参阅《建筑基坑工程监测技术规范》(GB 50497—2019)。

项目小结

随着城市化进程的加快,城市规模和人口不断膨胀,城市地下工程成为岩土工程的重点工程。地下管线、地下商场、停车场、地下铁道、地下存储空间等的修建不可避免地涉及地下工程及基坑的开挖、支护和地下水控制等问题。本项目主要学习了基坑工程的特点、基坑支护结构形式及其选用、常见的几种基坑支护结构施工方法(排桩支护、土钉墙和复合土钉墙支护、逆作法)、基坑降水排水、基坑开挖及监测预警等内容。

习　题

一、选择题

1.支护结构正常使用极限状态表现为支护结构的变形(　　)。

A.已影响地下室侧墙施工及周边环境的正常使用

B.已使周边环境破坏

C.已导致支护结构破坏

D.对地下室侧墙施工及周边环境尚无明显影响

2.在城市住房密集地区或拟建建筑物周围地下设施较多,且不能被损坏的情况下,基坑支护结构宜选择(　　)形式。

A.密排灌注桩　　　　　　　　B.组合式支护结构

C.水泥土墙　　　　　　　　　D.H型钢桩加横挡板

3.在深基坑土方开挖时,应对临时支护结构进行现场监测,其监测内容不包括(　　)。

A.支护结构水平位移　　　　　B.邻近建筑物沉降

C.挡土结构竖向位移　　　　　D.挡土结构侧向变形

4.基坑总体方案设计宜在(　　)进行。

A.地下主体结构施工图完成之前

B.地下主体结构施工图完成之后,基坑施工前

C.地下主体结构施工图完成之后,基坑土方开挖前

D.基础桩施工图完成后

5.基坑开挖土方时,对支护结构受力和位移影响最小的施工方法是(　　)。

A.从边缘向中央对称进行　　　　B.分层且从边缘向中间对称进行

C. 分层且从中间向边缘对称进行　　　　D. 从中间向边缘对称进行

6. 基坑支护结构形式的确定与(　　)无关。

  A. 基坑开挖深度　　　　　　　　　　B. 坑壁土体的物理力学性质

  C. 工程桩长度　　　　　　　　　　　D. 施工单位技术水平

7. 基坑支护结构均应进行承载力极限状态的计算,其计算内容不包括(　　)。

  A. 土体稳定性计算

  B. 挡土结构的承载力计算

  C. 支撑系统承载力计算和稳定性验算

  D. 邻近周围环境的沉降计算

8. 在深基坑设计与施工中,对周围环境的影响应控制(　　)。

  A. 不得沉降,不得变形

  B. 允许沉降一定值,不得侧向变形

  C. 不允许沉降,可侧向变形在允许限度内

  D. 沉降和侧向变形在一定范围内

9. 对深基坑工程的基本技术要求,不正确的说法是(　　)。

  A. 在确保基坑和周围环境安全的前提下,再考虑经济合理性

  B. 在确保经济合理性的条件下,考虑安全、施工和工期要求

  C. 在安全可靠、经济合理的原则下,最大限度地满足施工方便和工期要求

  D. 支护结构既要安全可靠,又要经济合理、施工方便不影响工期

10. 在已建高层建筑物旁进行新的高层深基础施工时,不宜采用(　　)支护方案。

  A. 内撑式排桩加止水帷幕　　　　　　B. 拉锚式地连墙

  C. 地连墙逆施法　　　　　　　　　　D. 内撑式地连墙

11. 加固挡土结构被动区(坑内侧)的目的是(　　)。

  A. 增加挡土结构刚度　　　　　　　　B. 减小挡土结构的内力

  C. 减小挡土结构侧向变形　　　　　　D. 增加水平支撑效果

12. 支护结构上的侧压力不包括(　　)。

  A. 静止水压力　　　　　　　　　　　B. 风压力

  C. 地震力　　　　　　　　　　　　　D. 冰荷载

13. 基坑支护结构的破坏有强度、稳定性破坏两种形式,其中强度破坏不包括(　　)。

  A. 基坑底面隆起　　　　　　　　　　B. 支撑压曲

  C. 支撑节点滑动　　　　　　　　　　D. 挡土结构破坏

14. 支护结构所受的土压力(　　)。

  A. 随深度变化而一成不变

  B. 随深度变化而增加

  C. 随结构水平位移而动态变化

  D. 随结构变化而静止不变

15. 在支护结构的支撑与开挖之间必须遵守的原则是(　　)。

  A. 先开挖后支撑　　　　　　　　　　B. 先支撑后开挖

C. 支撑与开挖同时　　　　　　　　D. 以上三者均可

16. 在基坑开挖监测过程中,应根据设计要求提交(　　)。
    A. 完整的监测数据　　　　　　　　B. 全部的监测数据
    C. 阶段性监测报告　　　　　　　　D. 完成的监测报告

17. 挡土(围护)结构、支撑及锚杆的应力应变观测点和轴力观测点,应布置在(　　)。
    A. 受力较大的且有代表性的部位　　B. 受力较大、施工方便的部位
    C. 受力较小的且有代表性的部位　　D. 受剪力较大、施工方便的部位

18. 在深基坑开挖施工中,易造成周边建筑和地面的不均匀沉降,对此可采取的合理措施之一是(　　)。
    A. 开挖基坑周边土方　　　　　　　B. 降低开挖深度
    C. 继续开挖,加固支撑　　　　　　D. 停止降水,考虑坑外保水措施

19. 基坑工程的险情预防的主要方法之一为(　　)。
    A. 及时开挖,减少亮槽时间　　　　B. 减缓开挖时间
    C. 加强信息化施工　　　　　　　　D. 减缓降水速度

20. 在基坑开挖前,应对所有监测项目测得其初始值,且次数不应少于(　　)。
    A. 1 次　　　　　　B. 2 次　　　　　　C. 3 次　　　　　　D. 4 次

二、简答分析题

1. 常用的基坑支护形式有哪些?基坑工程的安全等级分为哪几个级别?如何根据基坑工程的安全等级正确选用基坑支护结构类型?

2. 简述排桩支护的分类、排桩支护的施工程序和质量检测内容。

3. 土钉墙在构造上有哪些要求?

4. 复合土钉墙的构造要求有哪些?

5. 减小基坑降水对周围环境影响的措施有哪些?

6. 什么是基坑工程监测?具体包括哪些监测内容?

项目 10
地基处理

项目导读

当地基的承载力不足、压缩性过大或渗透性不能满足设计要求时,可以针对不同情况,对地基进行处理,以增强地基土的强度,提高地基的承载力和稳定性,减小地基变形,控制渗流量和防止渗透破坏,以满足建筑物安全承载和正常使用的要求。

10.1　地基处理的基本规定

当建筑物的地基存在承载力不足、压缩性过大或渗透性不满足要求时,为保证建筑物的安全与正常使用,有时必须考虑对地基进行人工处理。需要处理的地基大多为软弱土和不良土,主要有软黏土、湿陷性黄土、杂填土、饱和粉细砂与粉土、膨胀土、泥炭土、多年冻土、岩溶和土洞等。随着我国经济建设的发展和科学技术的进步,高层建筑物和重型结构物不断修建,对地基的强度和变形要求越来越高。地基处理越来越广泛和重要。

地基处理是一项历史悠久的工程。早在 2000 年前,我国就开始利用夯实法和在软土中夯入碎石等压密土层的方法处理地基。中华人民共和国成立后,先后采用过砂垫层、砂井和硅化法、振冲法、强夯法及加筋法等处理软弱地基。我国各地自然地理环境不同,土质各异,地基条件区域性较强,要善于针对不同的地质条件、不同的结构物选定最合适的基础形式、尺寸和布置方案,而且要善于选取最恰当的地基处理方法。

地基是指位于建筑物基础之下,受建筑物荷载影响的那部分地层。当基础直接建造在未经加固的天然土层上时,这种地基称为天然地基。如果天然地基很软弱,不能满足建筑物对地基的强度和变形要求时,则应事先对地基进行人工改良加固,再建造基础,这种加固地基的方法称为地基处理,所形成的地基称为人工地基。

10.1.1　地基处理的目的与意义

在软弱地基上建造工程,可能会出现沉降或差异沉降特大、大范围地基沉降、地基剪切破坏、承载力不足、地基液化、地基渗漏、管涌等一系列问题。地基处理的目的是针对软土地基上建造建筑物可能产生的问题,采取人工的方法改善地基土的工程性质,达到满足上部结构对地基稳定和变形的要求,这些措施主要包括以下5个方面:

(1)改善剪切特性

地基的剪切破坏以及在土压力作用下的稳定性,取决于地基土的抗剪强度。为了防止剪切破坏以及减轻土压力,需要采取一定措施以提高地基土的抗剪强度,增大地基承载力,防止剪切破坏或减轻土压力。

(2)改善压缩特性

需要研究采用何种措施以提高地基土的压缩模量,改善地基土压缩特性,减少沉降和不均匀沉降。另外,防止侧向流动(塑性流动)产生的剪切变性,也是改善剪切特性的目的之一。

(3)改善特性

需要研究采取何种措施使地基土变成不透水或减轻其水压力,改善其渗透性,加速固结沉降过程。

(4)改善动力特性

地震时饱和松散粉细砂(包括一部分粉土)将会产生液化。为此,需要研究采取何种措施防止地基土液化,并改善其振动特性以提高地基的抗震性能。

(5)改善特殊土的不良地基特性

改善特殊土的不良地基特性主要是消除或减少黄土的湿陷性和膨胀土的胀缩性等特殊土的不良地基的特性。

10.1.2　地基处理的对象

地基处理的对象包括软弱地基和不良地基。

1)软弱地基

软弱地基在地表下相当深范围内为软弱土。

(1)软弱土的特性

软弱土包括淤泥、淤泥质土、冲填土和杂填土。这类土的工程特性为压缩性高、抗剪强度低,通常很难满足地基承载力和变形的要求,不能作为永久性大型建筑物的天然地基。

淤泥和淤泥质土具有下列特性:

①天然含水量高。淤泥和淤泥质土的天然含水量很高,大于土的液限,呈流塑状态。

②孔隙比大。这类土的孔隙比 $e \geq 1$,即土中孔隙的体积等于或大于固体的体积。其中,$e \geq 1.5$ 的土称为淤泥;$1 \leq e \leq 1.5$ 的土称为淤泥质土。

③压缩性高。淤泥和淤泥质土的压缩性很高,一般压缩系数为 $0.7 \sim 1.5$ MPa^{-1},属高压缩性土。最差的淤泥可达 4.5 MPa^{-1},属超高压缩性土。

④渗透性差。这类土的固体直径小,渗透系数也小。这类地基的沉降可能会持续几年或几十年才能稳定。

⑤具有结构性。这类土一旦受到扰动,其絮状结构受到破坏,土的强度显著降低。这类土灵敏度大,通常大于 4 St。

（2）软弱土的分布

淤泥和淤泥质土比较广泛地分布在上海、天津、宁波、连云港、广州、厦门等沿海地区,以及昆明、武汉内陆平原以山区。

冲填土分布在我国长江、黄浦江、珠江两岸等地区,是在整治和疏通江河航道时,用挖泥船通过泥浆泵将泥沙夹大量水分堆到江河两岸而形成的沉积土。

杂填土的分布最广。杂填土是由人类活动而任意堆填的建筑垃圾、工业废料和生活垃圾。杂填土成因没有规律,组成的物质杂乱,分布极不均匀,结构松散。

2）不良地基

不良地基包括饱和松散粉细砂,湿陷性黄土,膨胀土,季节性冻土,泥炭土,岩溶与土洞地基、山区地基等特殊土,需要进行地基处理。

10.1.3　地基处理方法的分类

地基处理的方法分类多种多样,按处理深度可分为浅层处理和深层处理;按时间可分为临时处理和永久处理;按土的性质可分为砂性土处理和黏性土处理;按地基处理的作用机理大致可分为土质改良、土的置换和土的补强。

近几十年来,大量的土木工程实践推动了软弱土地基处理技术的迅速发展,地基处理的方法多样化,地基处理的新技术、新理论不断涌现并日趋完善,地基处理已成为基础工程领域中一个较有生命力的分枝。根据地基处理方法的基本原理,基本上可以分为表10.1中的3类。

表 10.1　地基处理方法的分类

物理处理					化学处理		热处理	
置换	挤密	排水	夯实	加筋	搅拌	灌浆	热加固	冻结

在实践工程中,物理处理法最常见,化学处理法次之,热处理法应用得较少。

很多地基处理的方法都具有多种处理效果。例如,碎石桩具有挤密、置换、排水和加筋多重作用;石灰桩又挤密,又吸水,吸水后进一步挤密等。在选择地基处理的方法时,要综合考虑其所获得的多种处理效果。地基处理的主要方法、加固原理及适用范围见表10.2。

表 10.2　地基处理的主要方法、加固原理和适用范围

分类	处理方法	原理及作用	适用范围
排水固结法	堆载预压法、真空预压法、降水预压法、电渗排水法	通过布置垂直排水井,改善地基的排水条件,以及采取加压、抽气、抽水和电渗等措施,以加速地基土的固结和强度增长,提高地基土的稳定性,并使沉降提前完成	适用于处理厚度较大的饱和软土和冲积土地基,但对厚的泥炭层要慎重对待

续表

分类	处理方法	原理及作用	适用范围
加筋法	加筋土、土锚、土钉、锚定板	在人工填土的路堤或挡墙内铺设土工合成材料、钢带、钢条、尼龙绳或玻璃纤维作为拉筋,或在软弱土层上设置树根桩或碎石桩等,使这种人工复合土体,可承受抗拉、抗压、抗剪和提高地基承载力、减小沉降和增加地基稳定性	加筋土适用于人工填土的路堤和挡墙结构、土锚、土钉、锚定板适用于土坡稳定
	土工合成材料		适用于砂土、黏性土和软土
	树根桩		适用于各类土,可用于稳定土坡支挡结构,或经试验证明对施工有效时方可采用
	砂桩、砂石桩、碎石桩		适用于黏性土、疏松砂性土、人工填土。对软土,经试验证明施工有效时方可采用
热学法	热加固法	通过渗入压缩的热空气和燃烧物,并依靠热传导,将细颗粒土加热到适当温度(在100°C以上),则土的强度就会增加,压缩性随之降低	适用于非饱和黏性土、粉土和湿陷性黄土
	冻结法	采用液态氮或二氧化碳膨胀的方法,或采用普通的机械制冷设备与一个封闭式液压系统相连接,而使冷却液在内流动,从而使软而湿的土进行冻结,以提高土的强度和降低土的压缩性	适用于各类土,特别在软土地质条件,开挖深度大于7~8 m,以及低于地下水位的情况下是一种普遍而有效的施工措施
换土垫层法	机械碾压法	挖除浅层软弱土或不良土,分层碾压或夯实土,按回填的材料可分为砂(石)垫层、碎石垫层、粉煤灰垫层、干渣垫层、土(灰土、二灰)垫层等。它可提高持力层的承载力,减小沉降量,消除或部分消除土的湿陷性、胀土以及土的抗液化性	常用于基坑面积宽大、开挖土方量较大的回填土方工程,适用于处理浅层非饱和软弱地基、湿陷性黄土地基、膨胀土地基、季节性冻土地基、素填土和杂填土地基
	重锤夯实法		适用于地下水位以上稍湿的黏性土、砂土、湿陷性黄土、杂填土以及分层填土地基
	平板振动法		适用于处理非饱和无黏性土和饱和无黏性土或黏粒含量少和透水性好的杂填土地基
	强夯挤淤法	采用边强夯、边填碎石、边挤淤的方法,在地基中形成碎石墩体,可以提高地基承载力和减小沉降	适用于厚度较小的淤泥和淤泥质土地基,应通过现场实验才能确定其适用性
	爆破法	由于振动而使土体产生液化和变形,从而达到较大密实度,用以提高地基承载力和减小沉降	适用于饱和净砂,非饱和但经常灌水饱和的砂、粉土和湿陷性黄土

续表

分类	处理方法	原理及作用	适用范围
深层密实法	强夯法	利用强大的夯击能,迫使深层土液化和动力固结,使土体密实,用以提高地基承载力,减小沉降,消除土的湿陷性、胀缩性和液化性。强夯置换是指将厚度小于 8 m 的软弱土层,边夯边填碎石,形成深度为 3~6 m、直径为 2 m 左右的碎石柱体,与周围土体形成复合基础	适用于碎石土、砂土、素填土、杂填土、低饱和度的粉土和黏性土、湿陷性黄土。强夯置换适用于软弱土
	挤密法(碎石、砂石桩挤密法)(土、灰土、二灰桩挤密法)(石灰桩挤密法)	利用挤密或振动使深层土密实,并在振动或挤密过程中,回填砂、碎石、黏土、灰土或石灰,形成砂桩、碎石桩、土桩、灰土桩或石灰桩,与桩间土一起组成复合基础,从而提高地基承载力,减小沉降,消除或部分消除土的湿陷性或液化性	砂(砂石)桩挤密法、振动水冲法、干振碎石桩法,一般适用于杂填土和松散砂土,对软土地基经试验证明加固有效时方可使用土桩、灰土桩、二灰桩)。挤密法一般适用于地下水位以上深度为 5~10 m 的湿陷性黄土和人工填土)。石灰桩适用于软弱黏性土和杂填土

10.1.4　地基处理方法的选用原则

①选用方案应与工程的规模、特点和当地土的类别相适应。

②处理后土的加固深度。

③上部结构的要求。

④能使用的材料。

⑤能选用的机械设备,并掌握加固原理与技术。

⑥周围环境因素和邻近建筑的安全。

⑦对施工工期的要求,应留有余地。

⑧专业技术施工队伍的素质。

⑨施工技术条件与经济技术比较,尽量节省材料与资金。

总之,应做到技术先进、经济合理、安全适用、确保质量、因地制宜、就地取材、保护环境、节约资源。

表 10.2 中的各类地基处理方法,均有各自的特点和作用机理,在不同的土类中产生不同的加固效果,但存在着局限性。地基的工程地质条件是千变万化的,工程对地基的要求也是不尽相同的,材料、施工机具和施工条件等也存在显著差别,没有哪一种方法是万能的。对每一项工程必须进行综合考虑,通过方案的比选,选择一种技术可靠、经济合理、施工可行的方案,既可以是单一的地基处理方法,也可以是多种方法的综合处理。

选定了地基处理方案后,地基加固处理应尽量提早进行,地基加固后强度的提高往往需

机械碾压法
加固

要一定的时间,随着时间的延长,强度会继续增长。施工时应调整施工速度,确保地基的稳定和安全,还要在施工过程中加强管理,以防止管理不善导致未能取得预期的处理效果。

在施工中对各个环节的质量标准要严格掌握,如换土垫层压实时的最优含水量和最大干重度、堆载预压的填土速率和边桩位移控制。施工结束后应按国家规定进行工程质量检查。

经地基处理的建筑应在施工期间进行沉降观测,要对被加固的软弱地基进行现场勘探,以便以及了解地基加固效果、修正加固设计、调整施工速度。有时在地基加固前,为保证对邻近建筑物的安全,还要对邻近建筑物进行沉降和裂缝等观测。

10.1.5　地基处理的程序

首先,根据建筑物对地基的各种要求和勘察结果所提供的地基资料,初步确定需要进行处理的地层范围及地基处理的要求。其次,根据天然地层条件和地基处理的范围和要求,分析各类地基处理方法的原理和适用性,参考过去的工程经验以及当地的技术供应条件(机械设备和材料),进行各种处理方案的可行性研究,在此基础上,提出几种可能的地基处理方案。再次,对提出的处理方案进行技术、经济、进度等方面的比较,在这一过程中还应考虑环境的要求,经过仔细论证后,提出1种或2~3种拟采用的方案。组成和物理状态相同或相似的地基土常具有自身的特殊性,对要进行大规模地基处理的工程,需要在现场进行小型地基处理试验,进一步论证处理方法的实际效果,或者进行一些必要的补充调查,以完善处理方案和肯定选用方案的实际可行性。最后进行施工设计。

在比较的过程中常常难以得出理想的处理方法,这时,需要将几种处理方法进行有利的组合,或者稍微修改建筑物的条件,甚至需要另辟蹊径。一般来说,完美无缺的方案是很难求得的,只能选用利多弊少的方案。

10.2　地基处理方法

10.2.1　换填法

换填法是指将基础底面下一定范围内的软弱土层挖去,然后分层回填强度较大的砂、碎石、素土或灰土等材料,并加以分层夯压或振密的一种地基处理方法。

根据回填材料不同,垫层可分为砂垫层、砂石垫层、碎石垫层、混凝土垫层、素土垫层、灰土垫层、粉煤灰垫层和干渣垫层等。不同的材料其力学性质不同,但其作用和计算原理相同。垫层的夯压或振密可采用机械碾压、重锤夯实和振动压实等方法。

1)换填法的作用及适用范围

(1)换土垫层的作用

①提高地基的承载力。

因地基中的剪切破坏是从基础底面开始,随应力增大逐渐向纵深发展,故以抗剪强度较大的砂或其他回填材料置换掉可能产生剪切破坏的软弱土层,可以提高地基的承载力,避免地基的破坏。

②减少地基沉降量。

一般浅层土的侧向变形引起地基的竖向沉降量占地基的总沉降量比例较大。用密实砂或经夯压振密的回填材料替代浅层软弱土后，可减少大部分沉降量。同时，通过砂石垫层的应力扩散作用，可以减小垫层下天然软弱土层（下卧土层）所受附加压力，下卧土层的沉降也相应减少。

③加速软弱土层的排水固结。

砂、碎石或砂石等垫层材料的透水性大，软弱土层受压后，砂、石垫层作为良好的排水面，使基础下面的孔隙水压力迅速消散，加速了垫层下软弱土层的排水固结，并使其强度提高。

④防止冻胀和消除膨胀土地基的胀缩作用。

采用砂、碎石或砂石垫层时，材料颗粒较粗、孔隙大，不易产生毛细现象，可以防止水的集聚而产生季节性冻土的冻胀。在膨胀土地基上用砂石垫层代替部分或全部膨胀土，可以有效地避免土的胀缩作用。采用灰土或素土垫层可以消除湿陷性黄土的湿陷性。

（2）换土垫层的适用范围

换土垫层法适用于淤泥、淤泥质土、湿陷性黄土、素填土、杂填土及暗沟、暗塘等的浅层处理。

换土垫层法多用于多层或低层建筑的条形基础或独立基础的情况，换土的宽度与深度有限，处理深度一般控制在3 m以内，但不宜小于0.5 m。垫层太厚，施工土方量和坑壁放坡占地面积均较大，使处理费用增高、工期拖长；而垫层太薄，处理效果又不显著。特别要指出的是，砂垫层不宜用于处理湿陷性黄土地基，砂垫层较大的透水性易引起黄土的湿陷。用素土或灰土垫层处理湿陷性黄土地基，可消除1～3 m厚黄土的湿陷性。

对不同的工程，砂垫层的作用是不一样的，在房屋建筑工程中主要起换土作用，而在路堤和土坝工程中则主要起排水固结作用。

在我国渝、云、贵、川等山地地貌地区，常就地取材采用碎石土换填，这时还需注意其土石比等级配。

2）垫层压实方法及施工要点

（1）垫层压实方法

垫层施工的关键是将换填材料压实至设计要求的密实度。压实方法常有人工压实法（古代用得较多）、机械碾压法、重锤夯实法和振动压实法。

机械碾压法是指用压路机、推土机、平碾、羊足碾、振动碾或蛙夯机等压实机械来压实地基表层的一种地基处理方法；重锤夯实法是指用起重机械将15～30 kN的重锤提升到2.5～4.5 m的高度，然后自由落下，重复夯打，使地基表面形成一硬壳层的地基处理方法；振动压实法是指利用振动压实机产生的垂直振动力来振实地基表层的地基处理方法。

垫层压实方法的选择，取决于换填材料的种类。素土垫层宜采用平碾或羊足碾；砂、石垫层宜用振动碾和振动压实；当有效夯实深度内土的饱和度小于并接近60%时，可采用重锤夯头法。

机械碾压法、重锤夯实法和振动压实法不仅能用于垫层加密处理，也适宜于浅层软弱地基土处理。其中，机械碾压法可用于大面积填土地基处理，重锤夯实法可用于地下水位距地

表 0.8 m 以上的黏性土、砂土和杂填土地基,振动压实法适用于无黏性土地基。

(2)砂垫层的施工要点

砂垫层的施工要点如下:

①砂垫层所用材料必须具有良好的压实性,宜采用中砂、粗砂、砾砂、碎(卵)石等粒料。细砂也可作为垫层材料,但不易压实,且强度不高,宜掺入一定数量碎(卵)石。砂和砂石材料不得含有草根和垃圾等有机物质。用作排水固结的垫层材料含泥量不宜超过 3%。碎石和卵石的最大粒径不宜大于 50 mm。

②在地下水位以下施工时,应采用排水或降低地下水位的措施,使基坑保持无积水状态。

③砂和砂石垫层底面宜铺设在同一标高处,若深度不同,基坑底土面应挖成阶梯或斜坡搭接,并按先深后浅的顺序进行垫层施工,搭接处应夯压密实。

④砂垫层的施工方法可采用碾压法、振动法、夯实法等多种方法。施工时应分层铺筑,在下层密实度经检验达到质检标准后,方可进行上层施工。砂垫层施工时含水量对压实效果影响很大,含水量低,碾压效果不好;砂若浸没于水,效果也很差。其最优含水量应湿润或接近饱和最好。

⑤人工级配的砂石地基,应将砂石拌和均匀后,再进行铺填捣实。

3)施工质量检测

垫层质量可用标准贯入试验、静力触探、动力触探和环刀取样法检测。对垫层的总体质量验收也可通过载荷试验进行。

垫层的质量检验是保证工程建设安全的必要手段,一般包括分层施工质量检查和工程质量验收。垫层的施工质量检查必须分层进行,并在每层的压实系数符合设计要求后铺填上层土。换填结束后,可按工程的要求进行垫层的工程质量验收。

对粉质黏土、灰土、粉煤灰和砂石垫层的分层施工质量检验可用环刀法、贯入仪、静力触探、轻型动力触探或标准贯入试验检验;对砂石、矿渣垫层可用重型动力触探检验。压实系数可采用环刀法、灌砂法、灌水法或其他方法检验。

采用环刀法检验垫层的施工质量时,取样点应位于每层厚度的 2/3 深度处。对大基坑检验点数量每 50~100 m² 不应少于 1 个检验点;对基槽检验点数量每 10~20 m 不应少于 1 个检测点。每个独立柱基不应少于 1 个检测点。采用贯入仪或动力触探检验垫层的施工质量时,每分层检验点的间距应小于 4 m。

工程质量验收可通过荷载试验进行,在有充分试验依据时,可采用标准贯入试验或静力触探试验。采用载荷试验检验垫层承载力时,每个单体工程检验点不宜少于 3 个;对大型工程则应按单体工程的数量或工程的面积确定检验点数。

10.2.2 排水固结法

1)概述

我国沿海地区广泛分布着饱和软黏土,这种土的特点是含水量大、孔隙比大、颗粒细、压缩性高、强度低、透水性差。在软土地区修建建筑物或进行填方工程时,会产生很大的固结沉降和沉降差,而且地基土强度不够,承载力和稳定性也往往不能满足工程要求。在工程中,常采用排水固结法对软土地基进行处理。

排水固结法是指给地基预先施加荷载,为加速地基中水分的排出速率,同时在地基中设置竖向和横向的排水通道,使得土体中的孔隙水排出,逐渐固结,地基发生沉降,同时强度逐步提高的方法。该法常用于解决软黏土地基的沉降和稳定问题,可使地基的沉降在加载预压期间基本完成或大部分完成,使建筑物在使用期间不致产生过大的沉降和沉降差。同时,可增加地基土的抗剪强度,从而提高地基的承载力和稳定性。实际上,排水固结法是由排水系统和加压系统两部分共同组合而成的。

2)加固机理

根据太沙基固结理论,饱和黏性土固结所需的时间和排水距离的平方成正比。为了加速土层固结,最有效的方法就是增加土层排水途径,缩短排水距离。排水固结法就是在被加固地基中置入砂井、塑料排水板等竖向排水体,使土层中孔隙水主要从水平向通过砂井和部分从竖向排出,极大地加速了地基的固结速率。

3)排水系统

排水系统的作用主要在于改变地基原有的排水边界条件,增加孔隙水排出的途径,缩短排水距离。排水系统由竖向的排水体和水平向的排水垫层构成。竖直排水体有普通砂井、袋装砂井和塑料排水板。在地基中设置竖向排水体,常用的是砂井,它是先在地基中成孔,然后灌砂使之密实而成。近几年来袋装砂井在我国得到较广泛的应用,它具有用砂料省、连续性好、不致因地基变形而折断、施工简便等优点,但砂井阻力对袋装砂井的效应影响较为显著。由塑料芯板和滤膜外套组成的塑料排水板作为竖向排水通道在工程上的应用日益增加,塑料排水板可在工厂制作,运输方便,尤其适合缺乏砂源的地区使用,可同时节省投资。

当软土层较薄或土的渗透性较好,施工期允许较长时,可仅在地面铺设一定厚度的砂垫层,然后加载。当工程上遇到透水性很差的深厚软土层时,可在地基中设置砂井等竖向排水体,地面连以排水砂垫层,构成排水系统,加快土体固结。

4)加载系统

加载系统是指施加起固结作用的荷载,土中的孔隙水因产生压差而渗流使土固结。加压系统的作用是通过对地基施加预压荷载,使地基土的固结压力增加而产生固结。其材料有固体(土、石料等)、液体(水等)、真空负压力荷载等。加载系统包括堆载预压法、真空预压法、降低地下水位法、电渗法、联合法等。

堆载预压法是指在被加固软基面积范围内,预先堆筑等于或大于设计荷载的材料,使软基排水固结、消除沉降、提高强度,满足设计要求的预压排水固结法。

堆载预压的材料一般以散料为主,如石料、砂、砖等。大面积施工时通常采用自卸汽车与推土机联合作业。对超软地基的堆载预压,第一级荷载宜用轻型机械或人工作业。

无论利用建筑物荷载加压还是堆载预压,最危险的是急于求成,不尊重科学,不认真进行设计,忽视对加荷速率的控制,施加超过地基承载力的荷载。从沉降角度来分析,对一定面积的地基沉降,是由固结沉降、次固结沉降及侧向变形引起的附加沉降组成的,特别是当预压荷载大时,如果不注意加荷速率的控制,地基内产生局部塑性区而使得侧向变形引起过大的附加沉降,夸大了地基的总沉降,给分析软基加固效果带来困难。

真空顶压法是指在被加固软基深宽范围内完全密封,并抽真空特定条件下,利用自然大气压力的一种预压排水固结法。

真空预压法适用于无法堆载的倾斜地面和施工场地狭窄的地基处理。真空预压法所用的设备和施工工艺均比较简单,无须大量的大型设备,便于大面积施工。

10.2.3 强夯法

1)加固机理

强夯法,又称动力固结法或动力密实法。这种方法是利用起吊设备将 100～400 kN 的重锤(最重可达 2 000 kN)吊离地面 6～40 m 高后,自由落下,对地基土施以强大冲击能量的夯击,通过反复多次夯打,使土体受到强力夯实,从而提高地基承载力,降低其压缩性。

强夯法加固地基,主要是靠强大的夯击能量在地基中产生的冲击波和动应力对土体作用的结果,但土的类型和饱和程度不同时,其作用机理也不同。对非饱和土,巨大的冲击力破坏了土粒间的连接,迫使土体产生塑性变形,土颗粒相互靠拢,孔隙中的水和气体排出后,土粒重新排列而密实。

对饱和土,其作用机理可分为以下 3 个阶段:

①加载阶段,即夯击的一瞬间,夯锤的冲击使地基土产生强烈的振动和动应力,孔隙水压力急剧上升,但动应力仍大于孔隙水压力。动应力使土体产生塑性变形,破坏土的结构。在无黏性土中,迫使土粒重新排列,孔隙体积减小。对黏性土,将导致部分结合水从颗粒间析出,土中形成裂缝。

②卸载阶段,即夯击能量卸去的一瞬间,动应力迅速消失,但土中孔隙水压力仍然保持较高的水平,此时孔隙水压力大于土中有效应力。砂土中,土颗粒将随水流动,形成液化现象。对黏性土,土体则会开裂,水迅速从孔隙中排出,孔隙水压力下降。

③动力固结阶段。卸载之后,土体仍然保持一定的孔隙水压力,土体就在此压力作用下排水固结。此过程在无黏性土中的持续时间很短。黏性土中,孔隙水压力消散较慢,可能延续较长时间。

2)适用范围

强夯法施工简便、费用低廉,且效果显著,在工程中应用广泛。适用于处理碎石土、砂土、低饱和度的粉土与黏性土、湿陷性黄土、杂填土和素填土等地基,但应用于饱和度的粉土和黏性土地基时应慎重对待。

3)主要施工工艺

①清理并平整施工场地,标出第一遍夯击点位置,并测量场地标高。

②起重机就位,使夯锤对准夯点位置,测量夯前锤顶高程。

③将夯锤起吊到预定高度,待夯锤脱钩自由下落后放下吊钩,测量锤顶高程。若出现坑底不平而造成夯锤歪斜时,应及时将坑底整平。

④重复步骤③,按设计规定的夯击次数和控制标准,完成一个夯点的夯击。

⑤重复步骤②—④,完成第一遍全部夯点的夯击。

⑥用推土机填平夯坑,并测量场地高程。

⑦在规定的间歇时间后,重复以上步骤逐次完成全部夯击遍数,最后用低能量满夯,使场地表层松土密实,并测量夯后场地高程。

10.2.4 挤密法和振冲法

1)土或灰土桩挤密法

(1)加固机理

土或灰土桩挤密法,是将钢管通过锤击、振动等方式沉入土中,形成孔位,孔中分层填入黏性土或石灰与土的混合料,经分层捣实后,形成土桩或灰土桩。土中成孔方法也可使用冲击、爆破等形式。

土或灰土桩挤密法的加固机理是:成孔过程中,桩位处土体被迫挤向桩周土中,土受挤压后,孔隙体积减小,桩间土密实,地基承载力提高。同时,桩体捣实后,自身强度很高,桩与桩间土组成复合地基,共同承担建筑物荷载。

(2)适用范围

土或灰土桩挤密法适用于处理地下水位以上的湿陷性黄土、素填土和杂填土等地基。当以消除地基湿陷性为主要目的时,宜选用土桩;当以提高地基承载力或水稳定性为主要目的时,宜选用灰土桩。处理深度宜为 5 ~ 15 m。当地基含水量大于23%及其饱和度大于65%时,拔管过程中,桩体易产生颈缩现象,沉管时桩周土易隆起,成桩质量得不到保证,不宜采用土或灰土桩挤密法。

2)砂石桩挤密法

(1)加固机理与适用范围

砂石桩挤密法,是指借助打桩机械,通过振动或锤击作用将钢管沉入软弱地基中成孔,孔中灌入砂、石等材料后,形成砂石桩的地基处理方法。适用于处理松散砂土、素填土和杂填土等地基。对在饱和黏性土地基上,主要不以变形控制的工程也可采用砂石桩置换处理。

①松砂加固机理。松散砂土具有疏松的单粒结构,土中孔隙大,颗粒骨架极不稳定。而在砂石桩成桩过程中,因钢管采用振动或锤击方式下沉,桩管对周围砂层将产生很大的横向挤密作用。桩周土体受挤压后,土中颗粒产生移动,土孔隙体积减小,桩间砂土密实度增大,从而提高了地基承载力,减少了地基沉降,防止了砂土的地震液化。由此可知,砂石桩在松砂地基中主要起横向挤密作用。应注意的是,排水固结法中的砂井是以砂为填料的桩体,但砂井的作用是排水,没有挤密作用。

②黏性土加固机理。因饱和软黏土透水性极低,受扰动后地基强度有所下降,故砂石桩在成桩过程中,很难起到横向挤密加固作用。砂石桩在饱和软黏土中的作用效果主要体现在置换和排水两个方面,替换了软土的密实砂石桩与桩间土组成复合地基,共同承担建筑物荷载,提高了地基承载力。同时,砂石桩是良好的排水通道,加速了软土的排水固结。

(2)设计要点

①桩径。根据地基土质情况和成桩设备等因素确定,一般为 300 ~ 800 mm。

②桩位布置。砂石桩的平面布置可采用等边三角形或正方形。对砂土地基,宜用等边

三角形布置;对软黏土地基,可选用任何一种。

③桩距。砂石桩桩距取决于地层土质条件、成桩机械能力和要求达到的密实度等因素,应通过现场试验确定,但不宜大于砂石桩直径的4倍。

④加固深度。当地基中的松软土层厚度不大时,砂石桩宜穿过松软土层;当松软土层厚度较大时,砂石桩长应根据建筑物地基的允许变形值确定。对可液化砂层,砂石桩长应穿透可液化层。

⑤加固范围。砂石桩挤密地基宽度应超出建筑物基础宽度,每边放宽不应少于1~3排桩。

砂石桩用于防止砂层液化时,每边放宽不宜小于处理深度的1/2,并不应小于5 m。当可液化土层上覆盖有厚度大于3 m的非液化层时,每边放宽不宜小于液化层厚度的1/2,并不应小于3 m。

3)振冲法

(1)振冲法的概念

振冲法也称振动水冲法,是依靠振冲器对地基施加振动和水冲动作,达到加固地基的目的。振冲器由装入钢制外套内的潜水电动机、偏心块和通水管3个部分组成,类似于插入式混凝土振捣器,如图10.1所示。

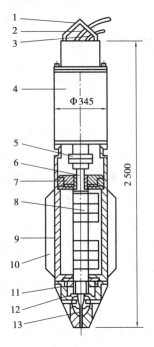

图 10.1　振冲器的构造

1—吊具;2—水管;3—电缆;4—电机瓶;5—联轴器;6—轴;7—轴承;
8—偏心块;9—壳体;10—翅片;11—轴承;12—头部;13—水管

振冲法加固地基,是以起重机吊起振冲器,启动潜水电动机带动偏心块转动,振冲器产生高频振动,同时开动水泵,通过振冲器前端喷嘴喷射高压水流。在振动和高压水流共同作用下,土被挤向两边,振冲器下沉到土中预定深度,然后进行清孔,用循环水带出较稠泥浆。

此后从地面向孔中逐段添加碎石或其他散粒材料,每段填料均在振冲器的振动作用下被振捣密实,达到要求的密实度后,提升振冲器。于第二段重复上述操作,如此直至地面,使地基中形成一根大直径的密实桩体,称为碎石桩。其施工程序如图10.2所示。

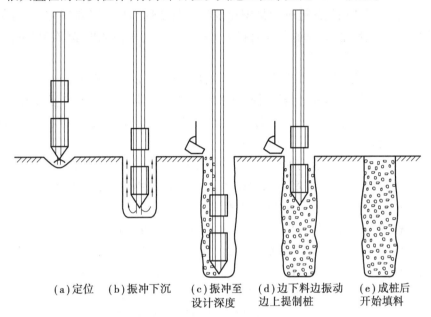

(a)定位　(b)振冲下沉　(c)振冲至设计深度　(d)边下料边振动边上提制桩　(e)成桩后开始填料

图 10.2　振冲法施工程序示意

(2)振冲密实法加固机理

振冲法在砂土和黏性土地基中的作用机理不同,振冲法又分为振冲置换法和振冲密实法两类。

振冲密实法适用于处理松砂地基。振冲时,振动力强大,振冲器周围一定范围内的饱和砂土发生液化。液化后的土粒在自重、上覆土层压力以及碎石挤压力作用下重新排列,土因孔隙体积减小而得到密实,提高了地基承载力,减少了沉降。另外,预先经历了人工液化,砂土抗地震液化能力得到提高。同时,已形成的碎石桩,作为良好的排水通道,可使地震时产生的孔隙水压力迅速消散。振冲密实法的加固机理就是振动密实和振动液化。应注意的是,根据砂土性质不同,振冲密实中也可不加碎石,仅靠振冲器对砂土振冲挤密即可。

(3)振冲置换法加固机理

振冲法在黏性土地基中起振冲置换作用。黏性土(特别是饱和黏性土)的透水性较小,在振冲器振动力作用下,孔隙水不易排出,孔隙水压力不易消散,所形成的碎石桩起不到挤密作用。但碎石桩透水性较好又经过了振密,用其置换掉原来的软土后,能与桩周土体形成复合地基,从而使黏性土地基排水能力得到很大改善,加速了地基的排水固结,提高了地基承载力,减少了沉降。

(4)适用范围

振冲法是一种有效的地基处理方法,适用范围较广,可提高地基承载力,减少地基沉降。对砂土,能增强地基抗地震液化能力。一般经振冲加固后,地基承载力可提高一倍以上。一般振冲置换法适用于处理不排水抗剪强度大于等于 20 kPa 的黏性土、粉土、饱和黄土和人工填土等地基。振冲密实法适用于处理砂土和粉土地基。不加填料的振冲密实法仅适用于处理黏粒含量小于 10% 的粗砂、中砂地基。

（5）振冲置换法设计要点

①加固范围。振冲法加固范围应根据建筑物的重要性和场地条件确定，通常都大于基础底面面积。对一般地基，在基础外缘宜扩大 1~2 排桩；对可液化地基，在基础外缘应扩大 2~4 排桩。

②桩位布置。桩位布置形式有等边三角形、正方形、矩形和等腰三角形 4 种。

③桩距。桩的间距应根据上部结构荷载大小和振冲前地基的抗剪强度确定，可采用 1.5~2.5 m。荷载大或振冲前土的抗剪强度低时，宜取较小间距；反之，宜取较大间距。对桩端未达到相对较硬土层的短桩，应取小间距。

④加固深度。振冲置换法的加固深度，当相对较硬土层的埋藏深度不大时，应按相对硬层埋藏深度确定；当相对硬层的埋藏深度较大时，应按建筑物地基的变形允许值确定。加固深度不宜小于 4 m。在可液化的地基中，加固深度应按抗震要求确定。

⑤桩径。桩的直径可按每根桩所用的填料量计算，一般可取 0.8~1.2 m。

⑥填料。振冲桩体所用填料可就地取材，一般采用碎石、卵石、角砾、圆砾等硬质材料。材料的最大粒径应小于等于 80 mm。对碎石，常用的粒径为 20~50 mm。

⑦垫层。在振冲桩体顶部，地基上覆压力小，桩体密实程度较难满足设计要求，振冲施工完毕后，常将桩体顶部 1 m 左右的一段挖去，再铺设 200~500 mm 厚的碎石垫层，垫层本身要压实，然后于其上做基础。

（6）振冲密实法设计要点

①加固范围。振冲密实法加固范围应大于建筑物基础范围。一般在建筑物基础外缘每边放宽应大于等于 5 m。

②桩位布置与桩距。振冲点布置宜按等边三角形或正方形布置，对大面积挤密处理，用等边三角形布置可得到更好的处理效果。

③振冲孔位的间距与土的颗粒组成、要求达到的密实程度、地下水位、振冲器功率和出水量等因素有关，应通过现场试验确定，一般可取 1.8~2.5 m。

④加固深度。当可液化土层不厚时，振冲深度应穿透整个可液化土层；当可液化土层较厚时，振冲深度应按抗震要求确定。

⑤填料。振冲密实法桩体填料可用碎石、卵石、角砾、圆砾、砾砂、粗砂、中砂等硬质材料。常用粒径为 5~50 mm。填料粒径越粗，挤密效果越好。

10.2.5　化学加固法

1）概述

化学加固法，是指通过高压喷射、机械搅拌等方法，将各种化学浆液注入土中，浆液与土粒胶结硬化后，形成含化学浆液的加固体，从而改善地基土物理和力学性能，达到加固地基的目的。

化学浆液一般分化学类和水泥类两大系列。化学类浆液大部分有毒性，成本较高，建筑工程中较少采用，常用水泥类浆液加固地基。

本节主要介绍用水泥浆液加固地基的高压喷射注浆法和深层搅拌法。

2) 高压喷射注浆法

(1) 加固机理

高压喷射注浆法是通过高压喷射的水泥浆与土混合搅拌来加固地基的。首先,利用钻机钻孔至设计深度,插入带特殊喷嘴的注浆管,借助高压设备,使水泥浆或水以 20 ~ 40 MPa 的压力,从喷嘴喷出,冲击破坏土体;其次,注浆管边旋转、边上提,浆液与土粒充分搅拌混合并凝固后,土中即形成一固结体,从而使地基加固。施工程序如图 10.3 所示。

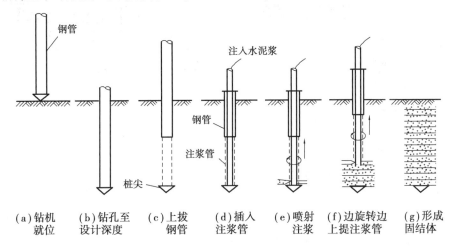

图 10.3　高压喷射注浆法施工程序

(2) 固结体形状

固结体形状与高压喷射液流作用方向和注浆管移动轨迹有关。当注浆管边上提边作 360° 旋转喷射(简称旋喷)时,固结体呈圆柱状;若注浆管提升时仅固定于一个方向喷射(简称定喷),固结体呈墙壁状;当注浆管作摆动方向小于 180° 的往复喷射(简称摆喷)时,固结体呈扇形。

在地基加固中,通常采用固结体为圆柱状的旋喷形式,本节以此为主。

(3) 高压喷射注浆法分类

高压喷射注浆法按注浆管类型不同分为单管法、二重管法和三重管法 3 种。

①单管法。

单管法即单管旋喷注浆法。利用钻机将只能喷射一种材料的单重注浆管置于土中设计深度后,借助高压泥浆泵产生 20 ~ 40 MPa 的压力,使水泥浆从喷嘴喷出,冲击破坏土体,随着注浆管的旋转和提升,浆液与土粒搅拌混合,并凝固成固结体来加固地基。固结体直径一般为 0.3 ~ 0.8 m,如图 10.4 所示。

②二重管法。

二重管法所用注浆管为具有双通道的二重注浆管。管内每一通道只传送一种介质,外通道与空压机相连,传送压缩空气;内通道与高压泥浆泵连接,传送水泥浆。管底侧面带有同轴的内、外两个喷嘴,可分别喷射水泥浆和压缩空气。

当二重注浆管钻进土层设计深度后,通过高压泥浆泵和空压机,使位于管底侧面的同轴双重喷嘴,同时喷射出 20 MPa 的水泥浆和 0.7 MPa 的压缩空气两种介质的复合喷射流,冲击破坏土体。压缩空气裹于水泥浆外侧,喷射流冲击破坏土体的能量显著增大,随着注浆管边喷射边旋转边提升,最后在土中形成的圆柱状固结体直径明显大于单管法,一般为 1 m 左右,如图 10.5 所示。

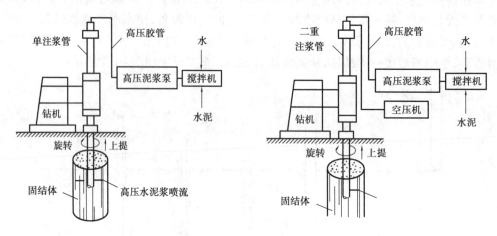

图 10.4　单管喷射注浆法示意图　　　　图 10.5　二重管喷射注浆法示意图

③三重管法。

三重管法使用分别传送高压水、压缩空气和水泥浆 3 种介质的三重注浆管。传送水、气、浆的通道分别与高压水泵、空压机和泥浆泵相连。管底侧面喷嘴,水、气通道为同轴双重喷嘴,水泥浆通道为单独喷嘴。

三重注浆管钻 A—h 层设计深度后,开启高压水泵和空压机,通过管底侧面水、气同轴双重喷嘴,喷射出 20 MPa 水射流外环绕 0.7 MPa 空气流的复合喷射流,冲切破坏土体,土中形成较大空隙,再由泥浆泵在喷头下端喷嘴,注入压力为 1～3 MPa 的水泥浆,于空隙中填充,喷嘴边旋转边提升,最后水泥浆凝固成直径较大的固结体。水气复合喷射流的能量大于浆气复合喷射流,三重管法固结体直径大于二重管法,一般为 1～2 m,如图 10.6 所示。

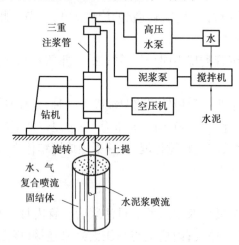

图 10.6　三重管喷射注浆法示意图

由于喷射能量大小不同,在上述3种方法中,三重管法处理深度最长,形成的固结体直径最大;二重管法次之;单管法最小。一般在旋喷时,可采用3种方法中的任何一种。定喷和摆喷时宜用三重管法。

④适用范围。

高压喷射注浆法具有施工简便、操作安全、成本低、既加固地基又防水止渗等优点,广泛应用于已有建筑和新建建筑的地基处理,适用于处理淤泥、淤泥质土、黏性土、粉土、黄土、砂土、人工填土和碎石土等地基。

3) 深层搅拌法

(1) 加固机理

深层搅拌法是利用水泥粉、石灰粉或水泥浆等材料作为固化剂,通过特制的深层搅拌机械(图10.7),在地基深处就地将软土和固化剂强制拌和。固化剂和软土产生物理化学反应后,硬结成具有整体性、水稳定性和一定强度的水泥土加固体,加固体与原地基组成复合地基,共同承担上部建筑荷载。施工程序如图10.8所示。

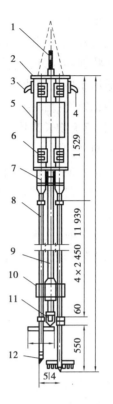

图 10.7 SJB-1 型深层搅拌机

1—输浆管;2—外壳;3—出水口;4—进水口;
5—电动机;6—导向滑块;7—减速器;8—搅拌轴;
9—中心管;10—横向系统;11—球形阀;12—搅拌头

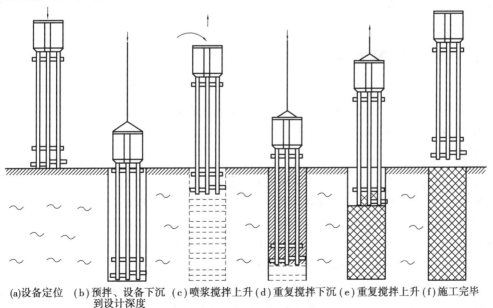

(a)设备定位 (b)预拌、设备下沉 (c)喷浆搅拌上升 (d)重复搅拌下沉 (e)重复搅拌上升 (f)施工完毕
到设计深度

图 10.8 深层搅拌法施工程序

（2）固体形状

加固体形状有柱状、壁状和块状 3 种。

①柱状。柱状加固体是通过每隔一定距离打设一根搅拌桩形成。一般呈正方形或等边三角形布置。适用于单层工业厂房独立柱基础和多层房屋条形基础下的地基加固。

②壁状。将相邻搅拌桩沿一个方向重叠搭接即形成壁状加固体。适用于深基坑开挖时的软土边坡加固，建筑物长高比较大、刚度较小且对不均匀沉降比较敏感的多层砖混结构房屋条形基础下的地基加固。

③块状。将相邻搅拌桩沿纵横两个方向重叠搭接即形成块状加固体。适合于上部结构荷载大，对不均匀下沉控制严格的构筑物基础的地基加固。

（3）适用范围

深层搅拌法施工时，无振动和噪声、对相邻建筑物无不良影响、施工工期短、造价低，应用较广泛。适用于处理淤泥、淤泥质土、粉土和含水量较高且地基承载小于等于 120 kPa 的黏性土地基。

10.3 特殊土地基

在我国不少地区，分布着一些与一般土性质显著不同的特殊土。生成过程中不同的地理环境、气候条件、地质成因以及次生变化等原因，使它们具有一些特殊的成分、结构和性质。当用作建筑物的地基时，如果不注意这些特点就容易造成事故。通常把那些具有特殊工程性质的土类称为特殊土。特殊土种类有很多，大部分都带有地区特点，又称为区域性特殊土。

我国主要的区域性特殊土包括湿陷性黄土、膨胀土、红黏土、软土和多年冻土等。限于篇幅，本项目主要介绍在我国分布较广的湿陷性黄土和膨胀土特殊的工程性质及用作地基时应采取的工程措施。

10.3.1 湿陷性黄土地基

黄土是一种第四纪地质历史时期干旱和半干旱气候条件下的堆积物，在世界许多地方分布甚广，约占陆地总面积的 9.3%。黄土的内部物质成分和外部形态特征都不同于同时期的其他沉积物，在地理分布上有一定的规律性。

1）黄土的分类

黄土分布的地域广，形成时间所跨越的年代长，其性质差异很大。为了更好地了解和应用各类黄土，长期以来我国的地质界和岩土工程界对黄土的分类和命名进行了许多研究工作，对黄土的认识不断深化和提高，从不同的角度提出各自的分类体系。目前人们经常遇到的分类体系有两种：一种是按形成的地质年代分类，黄土按形成时代的早晚分为老黄土和新黄土。老黄土是指早更新世形成的黄土（简称 Q1 黄土）和中更新世形成的黄土（Q2 黄土或离石黄土）；新黄土是指晚更新世形成的黄土（Q3 黄土或马兰黄土）和全新世形成的黄土（Q4 黄土）。在 Q4 黄土中存在一些沉积年代较短、土质不均、结构疏松、压缩性高、承载力低且湿陷性差别较大的黄土，为引起工程设计上的注意而称为新近堆积黄土。一般认为 Q1，

Q2,Q3 黄土为原生黄土,以风成为主;Q4 和新近堆积黄土为次生黄土,以水成为主。显然,黄土形成的年代越久,地层位置越深,黄土的密实度越高,工程性质越好,且湿陷性减少直至无湿陷性。另一种分类体系是按黄土遇水后的湿陷性分类,分为湿陷性黄土和非湿陷性黄土两大类。

黄土在天然含水量($w = 10\% \sim 20\%$)状态下,饱和度大都为 $40\% \sim 60\%$,一般强度较高,压缩性小,能保持直立的陡坡。当在一定压力下受水浸湿,结构迅速破坏,强度随之降低,并产生显著的附加下沉现象,称为黄土的湿陷性,具有这种湿陷性的黄土称为湿陷性黄土。

也有的黄土因含水量高或孔隙比较小,在一定压力下受水浸湿,并无显著下沉的,称为非湿陷性黄土。非湿陷性黄土的地基设计与一般地基无差异,在此不再讨论,本书后面讨论的主要指湿陷性黄土。

2)黄土湿陷的原因

黄土的湿陷现象是一个复杂的地质、物理、化学过程。黄土湿陷的原因和机理是半个世纪以来国内外岩土工程工作者所探求的重要课题,虽然他们已提出了多种不同的理论和假说,但至今尚未获得一种大家公认的理论能够充分地解释所有的湿陷现象和本质。尽管解释黄土湿陷原因的观点各异,但归纳起来可分为外因和内因两个方面:外因就是前面已讲的水和荷载;内因是组成黄土的物质成分和其特有的结构体系。本书只将其中几种被公认为能比较合理解释湿陷现象的假说和观点作简要介绍。

(1)黄土的欠压密理论

该理论首先由苏联学者捷尼索夫(H. A. IeHHcoB)于 1953 年提出。他认为黄土在沉积过程中处于欠压密状态,存在着超额孔隙是黄土遇水产生湿陷的原因。造成黄土这种欠压密状态的主要原因是与黄土在形成过程中的干旱、半干旱的气候条件分不开的。在这种干燥、少雨的气候条件下,土层中的蒸发影响深度常大于大气降水的浸湿深度。处于降水影响深度以下的土层内,水分不断蒸发,土粒间的盐类析出,胶体凝固形成固化黏聚力,从而阻止了上面的土对下面土的压密作用而成为欠压密状态,长此往复循环,使得堆积的欠压密土层越积越厚,以致形成了目前存在的这种低湿度、高孔隙比的欠压密、非饱和的湿陷性黄土。一旦水浸入较深,固化黏聚力消失,就产生湿陷。该理论中的欠压密状态的观点被公认是可取的,且易被人们接受,但该理论并未涉及黄土湿陷变形的具体机理。

(2)溶盐假说

该假说认为黄土湿陷性原因是黄土中存在大量的可溶盐。当黄土中含水量较低时,易溶盐处于微晶状态,附在颗粒表面,起着胶结作用;当受水浸湿后,易溶盐溶解,胶结作用丧失,产生湿陷。这种假说长期以来存在不同看法。应该说浸水湿陷现象与黄土中易溶盐的存在有一定的关系,但尚不能解释所有的湿陷现象,如我国湿陷性黄土中的易溶盐含量都较少。此外,拉里诺夫(LapHOHOB)于 1959 年提出,即使黄土中含水量只有 10% 左右,黄土中的易溶盐也已溶解于毛细角边水中,不存在易溶盐的浸水溶解问题。我国学者的研究也证明了这一点,如有人从西安大雁塔的马兰黄土中取样进行试验研究得知,其中易溶盐含量仅占 0.195%,而且天然含水量为 21.7%,足以将其全部溶解,认为仅是易溶盐溶解尚不足以说明黄土的湿陷性。

(3)结构学说

该学说是通过对微观黄土结构的研究,应用黄土的结构特征来解释湿陷产生的原因和机理。随着现代科学技术的发展,特别是扫描电镜和 X 射线能谱探测的应用,结构学说获得迅速发展,我国不少学者较早就对这一学说进行了深入的研究。按照该学说,黄土湿陷的根本原因是湿陷性黄土具有的特殊结构体系。这种结构体系是由集粒和碎屑组成的骨架颗粒相互连接形成的一种粒状架空结构体系。这种架空结构体系首先在堆积过程中,除了形成有正常配位排列的粒间孔隙外,还存在着大量非正常配位排列的架空孔隙;其次颗粒间的连接强度是在干旱、半干旱条件下形成的,这些连接强度主要来源于:①上覆荷重传递到连接点上的有效法向应力;②少量的水在粒间接触处形成的毛细管压力;③粒间电分子引力;④粒间摩擦系数及少量胶凝物质的固化黏聚等。这个粒状架空结构体系在水和外荷的共同作用下,必然迅速导致连接强度降低、连接点破坏,使整个结构体系失去稳定。结构学说认为这就是湿陷变形发展的机制。

3)湿陷性黄土地基的工程措施

在湿陷性黄土地区进行建设,地基应满足承载力、湿陷变形、压缩变形和稳定性的要求。计算方法与一般浅基础相同,具体的控制数值,如承载力等,则按《湿陷性黄土地区建筑规范》(GB 50025—2018)所给的资料查用。此外,尚应根据各地湿陷性黄土的特点和建筑物的类别,因地制宜,采取以地基处理为主的综合措施,以防止或控制地基湿陷,保证建筑物的安全与正常使用。建筑工程设计的综合措施主要有地基处理措施、防水措施和结构措施3 种。

(1)地基处理措施

地基处理是防止黄土湿陷性危害的主要措施。通过换土或加密等各种方法,改善土的物理力学性质,消除地基的全部湿陷量,使处理后的地基不具湿陷性,或者消除地基的部分湿陷量,控制下部未处理土层的湿陷量不超过规范规定的数值。当地基的湿陷性大,要求处理的土层深,技术上有困难或经济上不合理时,可采用深基础或桩基础穿越湿陷性土层将上部荷载直接传到非湿陷性土层或岩层中。《湿陷性黄土地区建筑规范》(GB 50025—2018)根据建筑物的重要性及地基受水浸湿可能性的大小,和在使用期间对不均匀沉降限制的严格程度,将建筑物分为甲、乙、丙、丁 4 类。

对甲类建筑要求消除地基的全部湿陷量,或采用桩基础穿透全部湿陷性土层,或将基础设置在非湿陷性黄土层上。

对乙、丙类建筑则要求消除地基的部分湿陷量。

丁类属次要建筑,地基可不作处理。

我国常用的地基处理方法在 10.2 节中已有较详细叙述。

(2)防水措施

防水措施的目的是消除黄土发生湿陷变形的外因,是保证建筑物安全和正常使用的重要措施之一,一定要做好建筑物在施工中及长期使用期间的防水、排水工作,防止地基土受水浸湿。一些基本的防水措施包括:做好场地平整和排水系统,不使地面积水;压实建筑物四周地表土层,做好散水,防止雨水直接渗入地基;主要给排水管道离开房屋要有一定防护距离;配置检漏设施,避免漏水浸泡局部地基土等。

具体要求见《湿陷性黄土地区建筑规范》(GB 50025—2018)。

(3)结构措施

对一些地基不处理,或处理后仅消除了地基的部分湿陷量的建筑,除要采用防水措施外,还应采取结构措施,如设置沉降缝等,以减小建筑物的不均匀沉降或使结构能适应地基的湿陷变形。结构措施是前两项措施的补充手段。

10.3.2　膨胀土地基

膨胀土是一种很重要的地区性特殊土类。按照我国新修订的《膨胀土地区建筑技术规范》(GB 50112—2013)中的定义,膨胀土应是土中黏粒成分主要由亲水性矿物组成,同时具有显著的吸水膨胀和失水收缩两种变形特性的黏性土。众所周知,一般黏性土都有膨胀、收缩特性,但其量不大,对工程没有太大的影响。而膨胀土的膨胀—收缩—再膨胀的周期性变形特性非常显著,常给工程带来危害,工程上将其从一般黏性土中区别出来,作为特殊土对待。此外,由于它同时具有吸水膨胀和失水收缩的往复胀缩性,因此也称为胀缩性土。

裂隙发育是膨胀土的一个重要特性,常见的裂隙有竖向、斜交和水平3种。竖向裂隙常出露地表,裂隙宽度随深度增加而逐渐尖灭,裂隙间常充填有灰绿色或灰白色黏土。

1)膨胀土的分布

膨胀土在我国分布范围很广,据现有的资料,广西、云南、湖北、安徽、四川、河南、山东等20多个省、自治区、直辖市均有膨胀土。国外也一样,如美国50个州中有膨胀土的占40个州,此外印度、澳大利亚、南美洲、非洲和中东广大地区,都不同程度地分布着膨胀土。

目前膨胀土的工程问题已成为世界性的研究课题。自1965年在美国召开首届国际膨胀土学术会议以来,每4年一届。我国对膨胀土的工程问题给予高度重视,1973年开始有组织地在全国范围内开展了大规模的研究工作,总结出在勘察、设计、施工和维护等方面的成套经验,1987年编制出第一部《膨胀土地区建筑技术规范》(GBJ 112—1987),2013年对上述规范进行了修订,编制了《膨胀土地区建筑技术规范》(GB 50112—2013),修订的规范总结了1987年以来二十余年的工程建设实践经验,参考了国外技术法规和技术标准。

2)膨胀土对建筑的危害

膨胀土这种显著的吸水膨胀、失水收缩特性,给工程建设带来极大危害,使大量的轻型房屋发生开裂倾斜,公路路基发生破坏,堤岸、路堑产生滑坡。美国土木工程学会在1973年进行过统计报道,在美国由膨胀土问题造成的损失,至少达23亿美元,据1993年第七届国际膨胀土会议中的报道,目前这种损失每年已超过100亿美元,比洪水、飓风和地震所造成的损失总和的两倍还多。在我国,据不完全统计,在膨胀土地区修建的各类工业与民用浅表层轻型结构,因地基土胀缩变形而导致损坏或破坏每年造成的经济损失达数百亿元人民币。全国通过膨胀土地区的铁路线约占铁路总长度的15%~25%,膨胀土带来的各种病害非常严重,每年直接的整修费就在数亿元人民币以上。膨胀土的工程问题引起学术界和工程界的高度重视。例如,途经膨胀土地区的南水北调中线工程,组织了专项科学研究。在我国,房屋建筑工程是涉及膨胀土较早的工程,有关膨胀土对房屋建筑造成危害的研究开展较早。研究结果表明,建造在膨胀土地基上的房屋破坏具有以下一些规律:

①建筑物的开裂破坏一般具有地区性成群出现的特点,且以低层、轻型、砌体结构损坏最为严重。这类房屋质量轻,结构刚度小,基础埋深浅,地基土易受外界环境变化的影响而产生胀缩变形。

②房屋在垂直和水平方向都受弯和受扭,在房屋转角处首先开裂,墙上出现正、倒八字形裂缝和 X 形交叉裂缝,外纵墙基础受到地基在膨胀过程中产生的竖向切力和侧向水平推力的作用,造成基础外移而产生水平裂缝,并伴有水平位移。

③坡地上的建筑物,地基变形不仅有垂直向,还伴随有水平向,损坏要比平地上普遍而又严重。

3)膨胀土地基的主要工程措施

膨胀土的变形受外界影响因素较多,对环境变化极为敏感,使得膨胀土地基问题十分复杂,在该种地基上建筑物的设计应遵循预防为主、综合治理的原则。鉴于膨胀土地基的胀缩特点,地基设计时必须严格控制地基最大变形量不超过建筑物的允许变形值。当不满足要求时,应从地基、基础、上部结构以及施工等方面采取措施。

(1)建筑措施

①建筑物应尽量布置在地形条件比较简单、土质比较均匀、地形坡度小、胀缩性较弱的场地,不宜建在地下水位升降变化大的地段。

②建筑物体型应力求简单。在挖方与填方交界处或地基土显著不均匀处、建筑物平面转折部位或高度(荷重)有显著变化部位以及建筑结构类型不同部位,应设置沉降缝。

③加强隔水、排水措施,尽量减少地基土的含水量变化。室外排水应畅通,避免积水,屋面排水宜采用外排水。散水宽度宜稍大,一般均应大于 1.2 m,并加隔热保温层。

④室内地面设计应根据要求区别对待。对 Ⅲ 级膨胀土地基和使用要求特别严格的地面,可采取地面配筋或地面架空的措施。一般工业与民用建筑地面可按普通地面进行设计,也可采用预制混凝土块铺砌,但块体间应嵌填柔性材料。大面积地面应作分格变形缝。

⑤建筑物周围散水以外的空地宜种草皮。在植树绿化时应注意树种的选择。例如,不宜种植吸水量和蒸发量大的桉树等速生树种,尽可能选用蒸发量小且宜成林的针叶树种或灌木。

(2)结构措施

①膨胀土地区宜建造 3 层以上的高层房屋以加大基底压力,防止膨胀变形。

②较均匀的弱膨胀土地基可采用条形基础,若基础埋深较大或条基基底压力较小时,宜采用墩基础。

③承重砌体结构可采用实心墙,墙厚不应小于 240 mm,不得采用空斗墙、砌块墙或无砂混凝土砌体,不宜采用砖拱结构、无砂大孔混凝土和无筋中型砌块等对变形敏感的结构。

④为增加房屋的整体刚度,基础顶部和房屋顶层宜设置圈梁,多层房屋的其他各层可隔层设置,必要时也可层层设置。

⑤钢和钢筋混凝土排架结构、山墙和内隔墙应采用与柱基相同的基础形式。围护墙应砌置在基础梁上。基础梁底与地面之间宜留有 100 mm 左右的空隙。

(3)地基处理

膨胀土地基处理的目的在于减小或消除地基胀缩对建筑物产生的危害,常用的方法有以下 4 种：

①换土垫层

在较强或强膨胀性土层出露较浅的建筑场地,或建筑物在使用上对不均匀变形有严格要求时,可采用非膨胀性的黏性土砂石、灰土等置换全部或部分膨胀土,以达到减少地基胀缩变形量的目的。换土厚度应通过变形计算确定。平坦场地上Ⅰ、Ⅱ级膨胀土的地基处理,宜采用砂、碎石垫层,垫层厚度不应小于 300 mm,基础两侧宜采用与垫层相同的材料回填,并做好防水隔水处理。

②增大基础埋深

平坦场地上的多层建筑物,当以基础埋深为主要防治措施时,基础最小埋深不应小于大气影响急剧层深度。

③石灰灌浆加固

在膨胀土中掺入一定量的石灰能有效提高土的强度,增加土中湿度的稳定性,减少膨胀势。工程上可采用压力灌浆的办法将石灰浆液灌注入膨胀土的裂隙中起加固作用。

④桩基

当大气影响深度较深,膨胀土层厚,选用地基加固或墩式基础施工有困难或不经济时,以及胀缩等级为Ⅰ级或设计等级为甲级的膨胀土地基,可选用桩基。这种情况下,桩端应锚固在非膨胀土层或伸入大气影响急剧层以下的土层中。具体桩基设计应满足《膨胀土地区建筑技术规范》(GB 50112—2013)的要求。

除这些常用的方法外,还可根据膨胀土的特性和 10.2 节所述各类地基加固方法的特点,因地制宜,选用切实可行的加固方法。

10.4　地基与基础工程事故预防及处理

地基基础工程事故是土木工程中最突出且处理难度最大的工程事故。统计资料显示,在各种土木工程事故中,地基基础工程的质量产生的问题约占总事故的 1/3。

地基基础工程属于隐蔽工程,工程竣工后难以检查,使用期间出现事故苗头也不易察觉,一旦发生事故,难以补救,甚至造成灾难性的后果。

地基基础工程发生事故可能是因勘测、设计、构造、制造、安装与使用等因素相互作用而引起的。其主要表现形式为整体超重变形或不均匀变形或局部不均匀变形,从而使上部结构出现裂缝、倾斜,整体性、耐久性受到削弱和破坏,影响正常使用,严重危及安全,甚至造成倒塌。当地基基础事故苗头出现时,应加强监测并分析原因,针对事故的类型,选择合理的加固处理方法,及时处理,防患于未然。

发生一次重大的地基基础事故后,要对事故发生的原因进行分析,从而发现事故的原发症结,明确事故的责任,吸取教训,制订出适宜的防治措施。

10.4.1　地基基础事故类型

地基基础事故有多种类型,产生的原因多种多样,对建筑的危害不一,其常见的类型和内部原因及危害见表 10.3。

表 10.3 地基基础常见事故及原因与危害

事故类型	事故原因	造成的危害
建筑物墙体开裂事故	主因是地基的不均匀沉降所致。地基中存在局部高压缩性软弱土层，或软弱土层分布不均匀，厚薄悬殊。此外，建筑置于软土地基上，邻近建造工程产生的附加应力扩散至已有建筑物会引起不均匀沉降，导致墙体开裂。基础施工不当，如基槽开挖后被水浸泡，严重扰动了地基土的原状结构，也会造成地基沉降隐患	建筑墙体开裂，轻则影响工程美观和使用，严重时危及建筑物的安全
建筑物整体倾斜事故	当同一建筑物各部分地基土软硬不同，或受压层范围内压缩性高的土层厚薄不均，基岩面倾斜其上覆盖层厚薄悬殊，以及上部建筑层数不一，结构荷载轻重变化较大时，地基都要产生不均匀沉降，致建筑物发生倾斜。另外，设计与使用不当也会造成建筑物发生倾斜	轻微的建筑物倾斜对工程美观和使用产生不良影响，严重时危及建筑物的整体安全，使建筑物开裂、倾覆、倒塌
建筑物严重下沉事故	在软弱地基上修建质量巨大的多层或高层建筑，由于地基承载力不够，可能产生较大的沉降量。如建筑物发生的是均匀沉降，从理论上讲并不可怕，可通过预先计算出沉降数值，采取提高室内地坪标高的设计措施得以解决。但通常地基沉降是不均匀的，危害难以避免	地基出现严重不均匀沉降时，往往导致墙体开裂、散水倒坡、雨水积聚。建筑物与外网之间的上下水管、暖气管、照明电缆、通信电缆、天然气管道也可能发生断裂
基础开裂事故	建筑物的地基软硬突变时，在软硬地基交界处往往产生巨大的剪应力，导致基础产生开裂事故	基础开裂比墙体开裂危害更加严重，对上部结构产生严重影响，由于破坏位置深埋地下，处理起来更为困难
地基滑动事故	在天然地基上建造各类建筑物后，由建筑物上部结构荷重传到基础底面的接触应力数值如果超过持力层地基土的抗剪强度，地基将产生滑动，建筑物基础和上部结构也一起滑动	地基滑动的同时，建筑物基础和上部结构也一起滑动而倾倒，往往是突发性和灾难性的，难以挽救
地基溶蚀与管涌事故	石灰岩地区由于长期地下水的作用会产生各类溶洞。残积土或坡积土颗粒大小悬殊，在地下水作用下，会产生溶蚀。在一些矿山的矿产采空区，地下水的作用可能会产生地表塌坑，在地下水流动区域，如土质级配不良，细的土颗粒可能被冲走，从而产生管涌	建筑地基基础几乎长期被地下水以各种形式"掏空"，一旦发生事故，往往是突发性的，且破坏巨大，轻则建筑物发生大幅度的不均匀沉降，重则整体严重倾斜或坍塌

续表

事故类型	事故原因	造成的危害
土坡滑动事故	当建筑傍山建设,自然界中原来稳定的土坡,由于修建工切削坡脚或在坡山堆放材料、建造房屋,或将大量工业与生活污水排放坡底,改变了土坡天然受力状态和土体的物理力学特性,从而导致土坡失稳而滑动	土坡滑动时,处在坡上的建筑物基础和上部结构也一起滑动而倾倒;处在坡下方的建筑则可能被埋没,或被挤压而倾倒。这类事故往往是突发性和灾难性的
地基液化失效事故	当建筑物地基为砂土或粉土,同时地下水位高、埋藏浅时,如再受强烈地震作用,就有可能产生振动液化,使地基层失去承载能力,导致工程失事	这类事故与地震关系密切,一旦发生往往是大范围的,可导致一大片地区的大部分建筑受损,建筑物发生严重的沉陷、倾覆和开裂
基槽变为滑动事故	高层建筑为保证其稳定性,基槽深度相当大,在施工过程中,一旦基槽变位滑动,大量土涌入基槽,将对现场人员及设施构成大的威胁。尤其在软土地区,即使按常规进行护坡,如果设计不当,也会发生难以补救的灾难	基槽变位滑动事故往往具有突发性,会瞬间将基槽里的一切埋没,导致重大人身安全事故或设备受损,还可能导致邻近建筑的开裂破坏
季节性冻胀事故	温度在零度以下时,地基中的水常常被冻结成冰,土中毛细作用使地下水上升,然后结成冰,造成地基中冰体越来越大,产生向上托举的冻胀力,一旦建筑物质量小于冻胀力时,建筑即被拱起。当温度上升时,地基土中的含水量增加,土体呈流塑状态,造成建筑下沉	地基土质和含水量分布不均匀、融化速度不同,以及建筑物各部位自重和刚度不均匀等原因,使地基产生不均匀沉降,进而导致墙体开裂、建筑倾斜等各种事故
特殊土地基事故	特殊土地基主要是指湿陷性黄土地基、膨胀土地基、冻土地基以及盐渍土地基等。特殊土的工程性质与一般土不同,事故产生的内因也不尽相同	特殊土地基事故内因有特殊性,但最终都表现为建筑开裂、倾斜等最常见形式

10.4.2　地基基础事故的人为因素

在各类地基基础事故中,人的因素占了很大比例。例如,建筑设计前对所在地地质情况不勘察或勘察不细致;设计过程中出现种种失误;施工过程中施工质量低劣;建筑规划部门规划错误;各种人造地下设施的影响;过量开采地下水;施工中基坑支护措施不当;使用过程中使用不当等。主要原因如下:

(1)不勘察或勘察不细

不进行地质勘察或勘察时勘测点布置过少,钻孔深度不够或只借鉴相邻建筑物的地质资料,对建筑场地没有进行认真勘察评价,提出的地质勘察报告不能真实反映场地情况,如岩溶土洞、墓穴,甚至旧的人防地下道没有被发现,使建筑物发生严重下陷、倾斜和开裂。

（2）设计工作失误

建筑物基础设计时没有认真研究建筑场地的地基土性质，采用了错误的基础方案而导致事故；在深厚淤泥地基上错误选用沉管灌注桩基础，发生颈缩、断桩或桩长达不到持力层而导致事故；在填土地基上采用条形或筏板基础方案，使基底下残留填土层厚薄不均，导致事故发生；在采用强夯技术方案处理地基时，由于夯击能量不足，影响深度不够，没有消除填土或黄土的湿陷性，埋下事故隐患；对淤泥软土地基，地面大量回填或堆载地基、饱和粉细砂已发生振动液化地基或地下水位严重下降的地基。采用桩基方案时，忽视桩的负摩擦力的作用，常发生桩基过量沉降、断桩等严重事故；在桩基设计时，对同一栋建筑物错误地选用两种以上基础方案或置于刚度不均的地基土层上，从而引发事故；设计人员对位于一般土质地基上高度变化较大且形体复杂的建筑物，未能按照变形与强度双控条件进行地基基础设计，以确保建筑物的整体均匀沉降；设计人员未按规范进行设计，如高层基础设计时总荷载的偏心距过大，超过规范规定的范围；设计人员未考虑寒冷地区地基土因季节性的冻胀，导致建筑物墙体开裂。

（3）施工质量低劣

施工现场技术人员素质低劣、为降低工程成本而随意缩小基础尺寸、减少基础埋深、减少基础配筋、采用劣质钢材、降低混凝土强度等级，以及基础施工放线不准确等，都给建筑物埋下重大事故隐患。

（4）建筑规划错误

在批准建筑用地时，常使相邻建筑物相距过近，如有的地区两栋建筑物的外墙净距规定为 800 mm，造成相邻建筑基地应力严重叠加，施工时相互影响，引起建筑物相互倾斜变形，严重者完全丧失使用条件。

（5）地下设施影响

根据城市建设的需要，修建地铁、开挖各种地下管网以及旧的人防工程等地下建筑物，或者矿区进行地下采矿、采煤，都会引发地面沉降，造成地面建筑基础的下沉、开裂和倾斜等。

（6）超量开采地下水

大量超限开采地下水，造成地面严重下陷，致使地基下沉。此外，修建水库、地下挡水工程等使地下水位上升，会导致地基土性质改变，引起基础下沉。

（7）支护措施不当

在高层建筑基础工程施工中，深基坑的开挖、支护、降水、止水等技术措施不当，造成支护结构倒塌或过大变形，基坑大量漏水，涌土失稳，桩头侧移变位、折断，引起基坑周边地面塌陷，使相邻建筑物开裂、倾斜甚至倒塌。

（8）使用维护不当

若建筑上下水管破裂长期不维修，会造成地基浸水湿陷；随意在建筑物室内外大量堆载，改变原设计的承载条件；错误进行增层改造工程，使原建筑物的地基基础承载压力过大；破坏结构承载条件，改变传力路径等，都会导致建筑发生严重损坏或倒塌。

（9）其他因素

除以上因素外，建筑施工队伍素质偏低，建设过程中工程监理不当，工程现场管理不当，盲目降低工程造价,都是可能产生各种地基基础工程事故的隐患。

10.4.3 地基基础事故预防及处理

1) 事故预防

工程建设做到精心勘察、精心设计、精心施工,绝大多数地基基础工程事故是可以预防的。

(1) 精心勘察

全面、正确地了解建筑场地工程地质和水文地质条件,关键是搞好工程勘察工作。要根据建筑场地特点、建筑场地情况,合理确定工程勘察的目的和任务。工程勘察报告要能正确反映建筑场地工程地质和水文地质情况。

(2) 精心设计

在全面正确了解场地工程地质条件的基础上,根据建筑物对地基的要求,进行地基基础设计。若天然地基不能满足要求,则应进行地基处理形成人工地基,并采用合理的基础形式。对地基基础力求做到精心设计。此外,地基、基础和上部结构是一个统一的整体,设计中应统一考虑。要认真分析地基变形,正确估计工后沉降,并控制建筑物工后沉降在允许范围内。

(3) 精心施工

合理的设计需要通过精心施工来实现。施工单位和监理单位必须是具有国家相关资质的正规企业,有严格的施工及监理工作规章制度,做到严格按照设计图施工和监理。

2) 事故处理

发生地基与基础工程事故后,一方面要对现场进行调查,对包括设计图、工程地质报告和施工记录等设计施工资料进行分析,分析工程事故原因;另一方面要对建筑物现状作评估,并对进一步发展作出预估。根据上述两个方面的分析决定事故处理意见。

对地基不均匀沉降造成建筑上部结构开裂、倾斜的,如地基沉降已稳定且未超标准,能够保证建筑物安全使用的,只需对上部结构进行补强加固处理,可不必处理地基。若地基沉降变形尚未稳定,则必须对建筑物地基进行加固,以满足建筑物对地基沉降的要求。在地基加固的基础上,对上部结构要进行修复或补强加固。若地基工程事故已造成结构严重破坏,难以补强加固,或进行地基加固和结构补强费用较大,则应拆除原有建筑物进行重建。

10.4.4 地基基础工程事故案例分析

案例1 因地基中暗沟、古墓等异物影响造成的事故

随着城市旧城改造的发展,在地基中遇到暗沟、古井、古墓、防空洞等空虚土体或旧构筑物等局部异常情况的机会增多。这些空虚土体及旧构筑物常深埋地下,加上它们形成或建造年代久远及有时其面积较小等原因,在地基土质勘察、基槽开挖、基底钎探过程中较难发现,常引起工程事故。例如,在古河道、深坑、古井内往往因土质疏散,引起基础局部严重下沉,导致上部墙体或结构开裂;在古墓、防空洞等中空构筑物上建造房屋可能引起塌陷事故;在地基中存在旧基础、废化粪池等实体构筑物时,因地基软硬突变而造成上部结构开裂等

事故。

某厂铸钢车间厂房长度 66.75 m,宽度 39 m,为三跨等高排架,下弦标高 9.5 m,跨度 15 m,主跨设 5 t 和 3 t 吊车各一台。铸钢车间东南部位基础沉降与古墓分布中探出木棺 11 个,位于基础下或旁边。木棺顶距基础底面 1.5~2 m。木棺有的为空穴,有的充填淤土。

(1)事故原因

建筑场地东南角地势低,设计时未根据地形资料加深基础埋深,该处基础埋深仅 0.6 m,使地基承载力设计值降低。

场地东南地势低,雨季地基浸水下沉。该事故是在雨季后发生的。

(2)事故处理方法

对已建厂房内加固古墓地基不易,采取墩基架梁抬柱方案。具体方法包括:

①在柱基两侧各做一混凝土墩基础,直径 $\phi900$,深度至 -8 m 卵石层。混凝土强度为 C20,掺 30% 毛石。卵石地基承载力为 250 kPa。

②用 4 根 16 号槽钢与柱中主筋 $8\phi16$ 焊接牢固,再用两根 KL-1 钢梁架在槽钢下置于柱基两侧的墩基础顶面。

③墩基础顶部预留一横槽,安放千斤顶将钢梁顶升,连同槽钢与柱子一同顶升约 20 t,小于每根柱子的恒载 22 t,然后将横槽封填。这样就能使柱子的荷载大部分传到两侧墩基础上,原基础底面基本上可以卸荷,不致因古墓继续下沉。

[特别提醒]

在地基基础施工中,遇到暗沟和各种暗埋构筑物是经常发生的,重要的是设法弄清情况。事后除进行必要的勘测、挖掘以外,虚心向当地群众和工人请教,进行细微的调查研究是十分必要的,然后才能作出符合实际的处理。例如,河北省张家口汽车配件公司在宝善街小区新建住宅楼时,施工桩基础时发现防空洞,施工技术人员只按照常规方法处理,没有进一步对防空洞勘测就进行了桩基础施工。当对防空洞上桩基础进行小应变桩完整性检测时,发现桩底是空的。挖开检查发现该防空洞为上下两层。设想进行小应变桩完整性检测时,没有选择到该桩,该工程所面临的是何种情况。规范中对小应变桩完整性检测按桩数百分比抽取进行检测的做法,选取应慎重,最好全检。

这种事故处理措施一般有以下几种(常可综合应用):

①将井、坑、窖、沟、墓等连同周围的松土(或过硬的土及砌体)全部挖掉,用适当的材料(土、灰土、砂等)回填。回填物的压缩性要与周围地基土接近。

②采取前一措施的同时,有时可将基础进行局部深埋。

③局部加大基础的底面积,减小基底应力。

④增高以基础中的地梁以及上部结构的圈梁或配筋砖带,以加强抵御不均匀沉降的能力。

⑤改变基础结构体系,采用过梁、挑梁、桩等结构构件跨越局部地段。

案例 2　因地下水渗流造成的缺陷事故

土是有连续孔隙的介质,在水头差作用下,地下水在土体中渗透流动的现象称为渗流。当渗流速度较大时会引起以下缺陷事故:

①地下水位变化。当地下水位下降时,原来处于地下水位以下的地基土的有效重度因

失去浮力而增加,从而使地基土附加应力增加,导致建筑物产生超量沉降或不均匀沉降;当地下水位上升时,会使地基土的含水量增加,强度降低而压缩性增大,同样可能使建筑物产生过大沉降或不均匀沉降。

②管涌。细土粒被渗流冲走,因土质级配不良产生地下水大量流动。

③潜蚀。细土粒被渗流冲走,留下粗土粒,导致土体结构破坏,严重时可能产生土洞,引起地表面塌陷。

④流沙。渗流自下而上,可使砂粒间的压力减小,当砂粒间压力消失,砂粒处于悬浮状态时,土体随水流动,严重时会使正在施工或已建成的建筑物倾斜或开裂。

某教学楼建于1960年,建筑面积约5 000 m²,平面为L形,门厅部分为5层,两翼3~4层,混合结构,条形基础。地基土为坡积砾质土,胶结良好,设计采用的地基承载力为200 kPa。建成后经过16年,使用正常,未出现任何不良情况。1976年在该楼附近开挖深井,过量抽取地下水,引起地基不均匀沉降,导致墙体开裂,最大开裂处手掌能进出自如,东侧墙身倾斜,危及大楼安全。

1)原因分析

为了了解沉降原因,于1976年8—10月在室内外钻了8个勘探孔。钻探查明,在建筑物中部5~8 m砾质土下埋藏有老池塘淤泥质软黏土沉积体,软土体底部与石灰岩泉口相通,在平面上呈椭圆形,东西向长轴32 m,南北向短轴23 m。该楼建成后,由于原来有承压水浮托作用,上覆5~8 m的砾质土又形成硬壳层,能承担一定外荷,因此该楼能安全使用16年。1976年5月在楼东北方200 m处有一深井,每昼夜抽水约200 m³,另一深井在该楼东南方300 m处,每昼夜抽水约100 m³,深井水位从原来高出地表0.2 m下降到距地表25 m。因过量抽水,地下水位急剧下降,土中有效应力增加而引起池塘黏性土沉积体的固结。另外,承压水对上覆硬壳层的浮托力的消失,引起池塘沉积区范围内土体的变形,抽水还造成淤泥质黏土流失。以上原因导致地基不均匀沉降,造成建筑物开裂。

2)处理措施

经各种方案比较,采用旋喷桩加固。该楼为浆砌块石条形基础,抵抗不均匀变形能力较差,而基础下持力层是砾质土,强度很高,压缩性很小,有5~8 m厚度,有一定的整体性。但是,高压缩性的淤泥质黏土的固结变形和承压水浮托作用消失而引起的不均匀沉降,并不因抽水停止而停止,而且在缓慢地发展,必须加固淤泥质黏土层。

在旋喷桩施工中,因安装钻机需要,旋喷桩中心至少距离墙面0.85 m,墙体厚0.4 m,而墙基宽仅1.5 m,旋喷桩无法直接支承墙基。本工程的基础底面的附加压力经砾质土扩散,若按22°扩散角计算,到砾质土底面应力影响范围有10~13 m,而墙基内外侧旋喷桩的桩心距仅2.1 m,完全在应力传递范围以内。另外,在旋喷桩布置较密的情况下,砾质土厚度与桩距之比为2.5~4倍,不可能产生冲切破坏。本工程中砾质土层实际起到桩基承台作用,旋喷桩顶部要嵌入砾质土硬壳层1~3 m,而不直接支承墙基,可简化施工和降低造价。

旋喷桩桩长按穿过淤泥质黏土进入坚实的凝灰岩风化残积土或石灰岩来设计,控制了砾质土与凝灰岩风化残积土之间高压缩性淤泥质黏土的变形。旋喷桩实际起支承桩的作用。在设计计算中,按支承桩估计(共用104根旋喷桩,实际有成效92根;旋喷桩直径0.6 m,单桩承载力为424.5 kN)。

本工程地基经旋喷桩加固处理,效果明显。对原有的墙面裂缝灌浆处理后,两年来,未再出现任何裂缝,说明沉降已停止发展。

案例3　因新建相邻建筑物(含室内外地面大面积堆载)造成的事故

通常建筑地基为正常固结土,在地基土的自重压力下,土体沉降已经稳定。建造建筑物后,地基中产生附加应力,使土层压缩,引起建筑物的沉降。经过一段时间后,沉降稳定,地基处于新的固结状态。若在已有建筑物相邻处建造新的建筑物或在室内外大面积堆载,它们的重力荷载引起的附加应力会扩散到已有建筑物的地基上,使已有建筑物产生新的局部附加沉降。

在有软土地基的区域,相邻新建建筑或在室内外大面积堆载对已有房屋部分基础引起的附加沉降量会很大,且很不均匀,会引起已有建筑物的墙体开裂,或者使已有建筑物的片筏基础或箱形基础整体倾斜,导致整幢房屋发生倾斜。

杭州某公司营业楼东西向长28 m,南北向宽8 m,高24 m,为6层框架结构,建筑面积1 600 m²。营业楼采用天然地基,钢筋混凝土筏板基础,基础埋深1.4 m。标准跨基底压力为63 kPa。

营业楼于1977年开工,1978年11月竣工后使用不久,发现楼房向北倾斜。1980年6月19日观测结果:楼顶部向北倾斜达25.9~28.9 cm;其中与自来水公司5层楼房相邻处倾斜量最大;两楼之间的沉降缝在房屋顶部已闭合;若继续发生倾斜,两顶部将发生碰撞挤压,墙体将发生开裂破坏。

1)事故原因分析

①建筑场地不良。场地西北角有暗塘,人工填土层厚达4.75 m,基础埋在杂填土上。尤其是人工填土层下,存在泥炭质土、有机质土和淤泥质土以及流塑状态软弱黏性土,深达12.5 m,均为高压缩性,这是楼房发生倾斜事故的根本原因。

②新建自来水公司5层大楼紧靠运输公司营业楼北侧,仅以沉降缝分开。新建大楼附加应力向外扩散,使运输公司营业楼北侧地基中附加应力显著增大,引起高压缩土层压缩,地基进一步沉降,这是导致事故的重要原因。

2)事故处理方法

1980年年初,由浙江省建筑设计院勘察分院进行沉降观测。该运输公司营业楼沉降速率:南面0.1 mm/d,北面0.3 mm/d,同时屋顶以0.3 mm/d的速率继续向北倾斜。为了解决大楼倾斜事故。曾考虑采取下列措施:

(1)压重纠倾法

大楼倾斜是由北侧新建自来水公司楼房的附加应力所引起,于是运输公司营业楼南侧堆钢锭3 400 kN来纠倾。从1980年6月起,经历3年时间,实测营业楼南北两侧沉降速率接近,但并未解决营业楼已经严重北倾问题,而且钢锭是租来的,不能永远堆在楼前。一旦钢锭运走,营业楼势必又进一步北倾,压重法无效。

(2)沉井自然挤土法

在营业楼筏板基础南侧2.9 m处开挖6个砖砌小沉井,深度4.75~5.5 m。期望地基中的泥炭质土和有机质土在上部荷载作用下,向沉井空间挤出,使营业楼向南沉降。经数日观察,未见软弱土挤出。此法未成功。

（3）冲孔挤土法

在上述 6 个沉井底部各打两个水平孔,钻进营业楼下泥炭质土中,孔径 146 mm,孔深 4 m。结果,营业楼南侧沉降速率增大为 0.6 ~ 0.7 mm/d,效果明显。接着增加水平孔和用压力水冲孔,使南侧沉降速率保持在 2 ~ 3 mm/d。冲孔挤土法从 1983 年 11 月 18 日开始,至 1984 年 1 月 27 日结束。累计冲孔进尺 1 500 m,重复冲孔约 80%,总计排泥量约 18 m³。使营业楼南侧 A 轴的人工沉降量达 140.5 ~ 144.6 mm。纠回屋顶倾斜量 242 mm,圆满完成纠倾任务。

（4）井点降水法

1984 年 2 月 13—27 日,在 6 个沉井中连续抽水,营业楼南侧沉降速率上升为 0.8 ~ 1 mm/d。抽水停止后,沉降速率即降低为 0.1 ~ 0.3 mm/d。此法是有效的。

截至 1986 年 8 月,该运输公司和自来水公司两幢大楼已分离,沉降情况已经稳定。

[特别提醒]

随着城市商业区建筑物密度的增加,相邻建筑物对基础沉降的影响事故越来越多。相邻建筑物对基础沉降的影响是设计和施工中一个不可忽视的问题。其影响因素包括两个相邻建筑物的间距、荷载的大小、地基土的性质以及施工时间先后等,其中以间距为主要因素。间距越近,荷载越大,地基越软,则影响越大。参照《软弱地基》(GB 50007—2011)第 7 章,当符合该章表 7.3.3 的净间距时可不计相邻建筑对沉降的影响。当需要考虑相邻建筑物对沉降的影响时,必须进行分层总和法的沉降验算。

案例 4　桩基质量事故的独特处理

绍兴市一住宅工程为多层混合结构,基础为单排 φ377 沉管灌注桩和宽 60 cm 承台梁,1995 年开工建设,施工至承台完工,因客观原因停工,直至 1999 年有新的业主接手后,另择施工单位重新开工。该施工单位进场后发现承台混凝土质量很差,遂委托有关单位进行取样检测,结果证明,混凝土质量确实低劣,经与设计单位联系,作承台凿除重浇处理。不料承台凿除后,暴露出来的桩基质量问题更为严重。有关部门十分重视,对此质量问题展开了认真的分析 并仔细研究了相应的处理办法。

1) 质量问题的存在形式及其特征

根据工程现场观察和有关部门的多方面严格检测,桩基严重质量问题有:①桩基偏位。共 204 根桩中 143 根偏位超过规范 7 cm 的允许偏差,占总桩数的 70%,而偏离轴线在一个桩径以上的桩占到总桩数的 38%,计 78 根。②混凝土强度不足。设计的混凝土强度等级为 C20,检测部门依据事前商定的抽检数量和桩位,对 9 根桩做混凝土强度取芯试验,结果有 4 根无法固定取芯仪器而不能取得混凝土芯体,显然这 4 根桩的混凝土强度达不到 C20 的设计强度等级,其余 5 根桩的取芯试验结果表明只有两根桩的混凝土强度满足设计要求。③桩身质量差。表现在现场观察发现部分桩桩顶标高低于设计标高,个别桩桩身断裂,相当部分的桩钢筋存在偏位现象。50 根桩的小应变动测,有 11 根桩为 Ⅱ 类桩,5 根桩为 Ⅲ 类桩,这些桩存在程度不同的缩颈乃至断裂现象。

可见该桩基工程的质量具有普遍性、严重性、离散性的特征。所谓普遍性即不是个别桩而是大部分桩的施工质量达不到设计要求,不是在一个方面而是在有关工程施工质量的各个方面存在问题。质量问题的普遍存在本身就意味着问题的严重性,质量问题的严重性还表现为实际施工质量与设计质量相差很大,如取芯的混凝土最低强度仅 13 kPa,只有设计强度的 65%,又如桩的最大偏位达 32 cm,桩的中心线已在设计承台的外侧。桩的偏位呈现各向随意性,混凝土强度也或高或低,桩的完整性或好或差,分布没有规律可循,严重离散。

2)常规处理办法的否定

该工程曾于 1995 年对两根桩做过静荷载试验,结论为承载力能满足设计要求。有专家对此结论持怀疑态度,邻近同样状况的桩基工程,1995 年静荷载是合格的,而 1999 年两根桩静荷载试验却不合格。1995 年静荷载试验的正确性固然值得怀疑,但如注意到桩基质量离散性的特征,也许该工程的桩基承载力,会有部分满足设计要求,基于工程质量正态分布的取样方法并不适用,样本的桩基承载力根本不能表征该桩基工程的整体质量。理论上要反映该桩基工程的质量全貌,只能对其逐一进行静荷载试验,这是不可能的也是没有必要的。

对该工程桩基质量问题的处理,应立足于前述 3 个质量特征进行考虑。常规处理如沉台加宽、补桩及桩板合一等方法,都是不可靠、不合适的。桩基偏位数量过多、过大,且存在比桩基偏位更严重质量问题,采用加大承台宽度不足以满足设计要求,也于事无补。要补桩又难于确定补桩位置,或使补桩数量过多而实际成为重新打桩。原桩基不予考虑,重新进行打桩,这在技术上是可行的,但实际工程中却由于工期紧迫,建设单位表示不能接受。

于是,考虑将桩顶承台梁改为板式基础,让桩土共同作用,使桩与板作为一个整体来承担上部荷载的加固措施的方案被提了出来。尽管这一处理办法尚未有规范,但在工程实践中,桩、板共同作用的处理办法确有不少成功的先例,然而这一方案也不为有关设计人员所认可。为避免处理方案留有隐患,激发了寻求一个更完善、更合理解决问题的途径。

3)板、桩分别作用的处理方案

采取取消承台梁改做钢筋混凝土板基,但桩顶不深入基础板,让桩、板两相分离,中间回填以塘渣,这便是所谓桩与板分别起作用的处理方案。

绍兴城区的地质情况普遍是在表面杂填土以下有一层厚度不大的硬土层,其下则为厚度十数米的软弱黏土层,其塑性指数一般大于 5,土层为亚黏土、黏土、淤泥质土,液性指数为 0.6~1.5,呈可塑、软塑甚至流塑状态,地基土的性能很差,属高压缩性。在这样的地基上采用浅基础建造五六层的住宅在承载力方面是没有问题的。绍兴地区一直以来也是这么做的。尽管建筑物的沉降量为 20~30 cm,甚至更大,并伴有不均匀沉降,但近年来,社会各界对住宅质量的关注程度迅速提高,促使设计人员去认真对待沉降问题。软土地基的住宅工程开始普遍采用桩基础。笔者处理该桩基质量事故的思路源于此,基础板传递上部建筑荷载,工程桩控制沉降并调节不均匀沉降。

这一方案较好地避免了桩、板共同作用所面对的问题。板将荷载传给回填土,桩不直接承受板的荷载,基础板在承载力计算时不必考虑桩的存在。桩在建筑物产生沉降时才受力,而这个力由于存在 50 cm 的回填土对基础板的作用已不是一个集中力,这样桩偏位对基础板的影响几乎可以不计,同时桩承受的荷载比原设计的荷载大为减少,桩破坏的可能性也不存在。桩的受力随着建筑沉降的增加而加大;反之,建筑物的沉降速度随着桩受力的增加而减少。也就是说桩不但能抵抗沉降,而且可能调节不均匀沉降。

这样一个方案,技术上可行,经济上合理,工期上受影响最小,是一个比较圆满的能为各方接受的处理办法。具体施工方法是将桩顶的松散部分清除,基础分层回填塘渣,用 10~

12 t的压路机压实,然后按常规方法,浇筑填层,进行钢筋混凝土基础板施工。工程现已完工,并投入使用,沉降和不均匀沉降均在规定的控制范围内,说明上述设计方案的思路是正确的,实践结果取得了预期的成效。

项目小结

　　地基处理是一项历史悠久的工程技术。地基处理的方法主要有换填法、预压法、碾压夯实法、挤密桩法和化学加固法等。在选择地基处理方案前,应结合工程情况,了解本地区地基处理经验和施工条件,以及其他相识场地上同类工程的地基处理经验和使用情况等,对经过地基处理的建筑物,应进行沉降观测。区域地基是指特殊土(湿陷性黄土、红黏土和膨胀土、冻胀土)地基、软土地基、山区地基以及地震区地基等。区域性土的种类有很多,不同的地理环境、气候条件、地质历史及物质成分等原因,使它们具有不同于一般地基的特征,分布也存在一定的规律,表现出明显的区域性,与一般的土的工程性质有显著的区别。

　　本项目重点介绍了常见地基及区域性地基的特征及分布情况,并介绍了为减少其对基础的危害而采用的方法和措施,同时剖析了建筑工程地基基础事故的种类、产生原因及案例分析,总结了地基基础事故的主要类型与原因,阐述了地基基础事故预防及处理方法与原则。通过学习要求掌握常见特殊地基的处理方法的基本原理、设计、施工要点,明确地基处理的基本概念,熟悉地基处理方法的适用范围与选用原则,明确确保基础工程安全与质量是一项复杂的系统工程,要学会分析建筑工程事故产生的原因,熟悉其预防及处理的方法和原则。

习　题

问答题

1. 简述地基处理的目的。
2. 地基处理的方法有哪几类? 其中最常见的是哪些?
3. 什么是换填法? 换填法的适用范围是什么?
4. 垫层换填压实的施工方法有哪些?
5. 简述排水固结作用机理及适用范围。
6. 高压喷射注浆法的特点是什么?
7. 简述湿陷性黄土地基的工程措施。
8. 如何预防地基基础工程事故?
9. 哪些人为因素可能导致建筑出现地基基础事故?

参考文献

[1] 陈晋中.土力学与地基基础[M].北京:机械工业出版社,2008.

[2] 陈希哲.土力学地基基础[M].北京:清华大学出版社,1989.

[3] 陈晓平,陈书申.土力学与地基基础[M].武汉:武汉理工大学出版社,2003.

[4] 丁梧秀.地基与基础[M].郑州:郑州大学出版社,2006.

[5] 东南大学,华南理工大学,浙江大学,等.土力学[M].北京:中国建筑工业出版 2001.

[6] 高大钊.土力学与基础工程[M].北京:中国建筑工业出版社,1998.

[7] 周景星.基础工程[M].北京:清华大学出版社,2015.

[8] 龚晓南.土力学[M].北京:中国建筑工业出版社,2002.

[9] 顾晓鲁,钱鸿缙,刘惠珊,等.地基与基础[M].北京:中国建筑工业出版社,2003.

[10] 何世玲.土力学与基础工程[M].北京:化学工业出版社,2005.

[11] 刘晓力,张建中,刘润.土力学与地基基础[M].北京:科学出版社,2003.

[12] 卢廷浩.土力学[M].南京:河海大学出版社,2002.

[13] 潘明远,朱坤,李慧兰.建筑工程质量事故分析与处理[M].北京:中国电力出版社,2007.

[14] 钱家欢.土力学[M].南京:河海大学出版社,1990.

[15] 孙文怀.基础工程设计与地基处理[M].北京:中国建材工业出版社,1999.

[16] 天津大学.土力学基础工程[M].北京:人民交通出版社,1980.

[17] 王秀兰,王玮,韩家宝.地基与基础[M].2版.北京:人民交通出版社,2007.

[18] 肖明和,王渊辉,张毅.地基与基础[M].北京:北京大学出版社,2011.

[19] 杨太生.地基与基础[M].北京:中国建筑工业出版社,2004.

[20] 袁聚云,李镜培,楼晓明.基础工程设计原理[M].上海:同济大学出版社,2001.

[21] 张克恭,刘松玉.土力学[M].北京:中国建筑工业出版社,2001.

[22] 张明义.基础工程[M].北京:中国建材工业出版社,2002.

[23] 赵明华,李纲,曹喜仁,等.土力学地基与基础疑难释义[M].北京:中国建筑工业出版社,2003.

［24］ 赵明华,余晓.土力学与基础工程[M].武汉:武汉理工大学出版社,2000.

［25］ 赵明华.基础工程[M].北京:高等教育出版社,2003.

［26］ 朱炳寅,娄宇,杨琦.建筑地基基础设计方法及实例分析[M].北京:中国建筑工业出版社,2010.

［27］ 中华人民共和国城乡建设环境保护部.GB 50112—2013 膨胀土地区建筑技术规范[S].北京:中国计划出版社,2013.

［28］ 中华人民共和国建设部,中华人民共和国国家质量监督检疫总局.GB 50021—2009 岩土工程勘察规范[S].北京:中国建筑工业出版社,2009.

［29］ 中华人民共和国建设部.JGJ/T 72—2017 高层建筑岩土工程勘察规程[S].北京:中国建筑工业出版社,2017.

［30］ 中华人民共和国建设部.GB 50025—2018 湿陷性黄土地区建筑规范[S].北京:中国计划出版社,2018.

［31］ 中华人民共和国建设部.GB 50324—2014 冻土工程地质勘察规范[S].北京:中国建筑工业出版社,2014.

［32］ 中华人民共和国交通部.JTGD 30—2015 公路路基设计规范[S].北京:人民交通出版社,2015

［33］ 中华人民共和国住房和城乡建设部,中华人民共和国国家质量监督检疫总局.GB 50007—2011 建筑地基基础设计规范[S].北京:中国建筑工业出版社,2011.

［34］ 中华人民共和国住房和城乡建设部,中华人民共和国国家质量监督检疫总局.GB 50011—2010 建筑抗震设计规范(2016 年版)[S].北京:中国建筑工业出版社,2016.

［35］ 中华人民共和国住房和城乡建设部.JTG 94—2008 建筑桩基技术规范[S].北京:中建工业出版社,2008.

配套微课资源列表

序号	微课名称	序号	微课名称
1	课程导学	17	认识深基础
2	土的物理性质指标	18	桩基础的分类
3	土的特性与基本特点	19	单桩竖向承载力
4	土的物理状态指标	20	基础梁浇筑
5	基础埋深的确定	21	大直径旋挖桩
6	土的压缩性与地基沉降	22	小直径旋挖桩
7	土的抗剪强度	23	基础施工图教学一
8	带你解密摩尔应力圆	24	基础施工图教学二
9	认识基坑工程	25	基础施工图教学三
10	基坑监测预警	26	钻探地质勘察
11	土中的自重应力	27	强夯法加固
12	基底压力简化计算	28	机械碾压法加固
13	矩形均布荷载的附加应力	29	挡土墙与土压力概述
14	认识浅基础	30	静止土压力与朗肯土压力理论
15	基底尺寸的确定	31	挡土墙设计
16	基础平面图的识读		